普通高等教育"十三五"规划教材
高等院校计算机系列教材

U0172584

计算机操作系统

（第二版）

主　编　龙陈锋　徐　亮
副主编　何　轶　胡　凯　匡林爱
　　　　龙　腾　蓝　岚　肖自红　许尚武

华中科技大学出版社
中国·武汉

内 容 提 要

本书全面介绍了计算机操作系统的基本概念、原理和实现方法。全书共分为 11 章，第 1 章介绍了操作系统的概况；第 2 章至第 8 章分别阐述了操作系统的基本原理、概念和实现方法，包括中断、进程和线程、调度与死锁、内存管理、设备管理、文件管理和用户接口；第 9 章对当前流行的移动平台操作系统 Android 进行了介绍；第 10 章主要介绍了系统安全方面的知识，包括程序安全、系统和网络安全、计算机系统安全技术等；第 11 章介绍了一个典型的操作系统——Linux。

本书吸取了国内外近几年来出版的同类教材的优点，除了介绍操作系统中最基本的内容外，还增加了对目前比较流行的 Android 系统的介绍。本书图文并茂，既可以作为计算机及相关专业的本科生教材，也可供从事计算机相关工作的人员参考。

图书在版编目(CIP)数据

计算机操作系统/龙陈锋,徐亮主编. —2 版.—武汉：华中科技大学出版社,2020.1（2024.9 重印）
ISBN 978-7-5680-3499-9

Ⅰ.①计…　Ⅱ.①龙…　②徐…　Ⅲ.①操作系统　Ⅳ.①TP316

中国版本图书馆 CIP 数据核字(2020)第 011543 号

计算机操作系统（第二版）　　　　　　　　　　　　　　龙陈锋　　徐　亮　主编
Jisuanji Caozuo Xitong

策划编辑：范　莹
责任编辑：范　莹
封面设计：原色设计
责任监印：徐　露
出版发行：华中科技大学出版社（中国·武汉）　　　电话：(027)81321913
　　　　　武汉市东湖新技术开发区华工科技园　　　邮编：430223
录　　排：武汉市洪山区佳年华文印部
印　　刷：武汉科源印刷设计有限公司
开　　本：787mm×1092mm　1/16
印　　张：19.5
字　　数：467 千字
版　　次：2024 年 9 月第 2 版第 4 次印刷
定　　价：49.80 元

高等院校计算机系列教材

编 委 会

第二版前言

操作系统是所有计算机系统的重要组成部分,在计算机系统中占据重要的地位,是计算机系统的核心和灵魂。同时,操作系统课程是计算机科学教育、大信息类专业教育的基础课程,也是这些专业学生进一步深入学习本专业知识,进一步提升应用软件开发能力及系统软件开发能力的重要课程。

本书是一本讲解操作系统基础知识的教科书,清晰地描述了操作系统的基本概念和原理,充分吸收了国内外近几年出版的同类教材的优点,也综合了我们从事操作系统教学的多年经验,还考虑了读者和学生对第一版提出的许多建议。全书内容丰富,图文并茂,为读者学习、使用和分析操作系统提供了基本的原理和方法。

本次修订版是对 2015 年出版的《计算机操作系统》教材进行的修改。我们首先对第一版存在的一些问题进行了进一步校正和修改,使内容描述更加准确和完善;其次,考虑了操作系统发展的现状和前沿,增加了嵌入式操作系统、华为鸿蒙系统、中断的应用、Android 系统的发展历程等方面的内容,为读者学习操作系统提供了更好的帮助。

本书共分为 11 章。第 1 章详细介绍了操作系统的基本概念、发展历史、主要功能和特征,以及 Windows 操作系统、Linux 操作系统和华为鸿蒙操作系统。第 2 章至第 8 章以操作系统的主要功能为主线,分别介绍了处理机管理、内存管理、设备管理、文件管理和用户接口,其中处理机管理又分为中断、进程和线程、调度与死锁共 3 章来进行详细介绍,让读者能够充分理解操作系统在工作时是如何实现控制的;用户接口中使用了桌面操作系统 Windows 7 来进行图形接口的讲解。第 9 章介绍了目前广泛使用的移动平台操作系统 Android,并对基于 Android 的应用程序开发进行了较为详细的介绍,有助于读者理解目前流行的手机操作系统以及应用程序是如何运行和开发的。第 10 章主要从程序安全、系统和网络安全、计算机系统安全技术等方面介绍了操作系统安全方面的知识,包括一些常见的威胁计算机安全的病毒、攻击手段以及一些基本的防范措施等内容。第 11 章介绍了一个典型的又广泛使用的桌面操作系统——Linux,让读者能够对这个极具发展潜力的操作系统有一个初步的认识。

本书在编写、修订过程中,学习和参考了有关操作系统、Windows、Linux、Android 等方面的书籍,这些书籍给予了我们很大的帮助,让我们受益匪浅。同时,也得到了华中科技大学出版社的大力支持和帮助。特别感谢在第一版和第二版修改过程中指导、帮助过我们的专家、老师和朋友,以及一直以来给予我们支持的家人,对他们的无私奉献和付出表示衷心的感谢!

　　虽然本次修改对本书做了进一步完善,希望能把它写得更好,但是本书所涉及的知识多而广,要将这些知识融合难度很大。由于编者的水平有限,在本次修改过程中,难免存在不妥或疏漏之处,为了便于以后教材的修订,恳请专家、老师和广大读者批评斧正,以使本书的质量能够不断提高。

龙陈锋

2019 年 11 月于长沙

前　　言

操作系统在计算机系统中占据重要的地位,是计算机系统的核心和灵魂,是构建在计算机硬件之上的第一层软件,也是基础软件运行平台的主要成分。它管理和控制着整个计算机系统,使之能正确、有效地运行,为用户提供方便的服务。操作系统复杂而神秘,学习好操作系统,能够为进一步深入学习计算机专业、信息类专业知识,进一步提升应用软件开发能力,乃至系统软件开发能力打下坚实的基础。

本书详细介绍了操作系统的基本原理和概念,充分吸收了国内外近几年来出版的同类教材的优点,内容丰富,图文并茂,为读者学习、使用和分析操作系统提供了基本的原理和方法。

全书共分为 11 章,第 1 章详细介绍了操作系统的基本概念和主要功能,以及操作系统的发展历程。第 2 章至第 8 章以操作系统的主要功能为主线,分别介绍了处理机管理、内存管理、设备管理、文件管理和用户接口,其中处理机管理又分成了中断、进程和线程、调度与死锁 3 章来进行详细介绍,让读者能够充分理解操作系统在工作时是如何实现控制的;用户接口中使用了当前流行的桌面操作系统 Windows 7 来进行图形接口的讲解。第 9 章介绍了目前广泛使用的移动操作系统 Android,并对基于 Android 的应用程序开发进行了较为详细的介绍,有助于读者理解目前流行的手机操作系统及其上的大量 APP 应用是如何开发和运行的。第 10 章对操作系统安全进行了相关介绍,简要介绍了一些常见的威胁计算机安全的病毒及其攻击手段和一些基本的防范措施。第 11 章介绍了当前除 Windows 操作系统外,另外一个广泛使用的桌面操作系统——Linux,让读者能够对这个极具发展潜力的操作系统有一个初步而全面的认识。

在编写本书的过程中,学习和参考了有关操作系统、Windows、Linux、Android 等方面的书籍,这些书籍给了我们很大的帮助,让我们受益匪浅。在本书出版之际,要特别感谢指导、帮助过我们的专家、老师和朋友们,还要特别感谢一直以来给予我们支持的家人,在此对他们表示衷心的感谢!

本书出版后,恳请读者赐教,对书中的不足之处进行改进,以使本书的质量能不断提高。

徐　亮

2014 年 9 月于长沙

目　　录

第1章　操作系统概述

学习目标

◈ 了解计算机操作系统及其与计算机系统之间的关系。
◈ 了解操作系统的发展历史。
◈ 熟悉操作系统的基本类型。
◈ 掌握操作系统的定义、特征和功能。

现代计算机系统由硬件、软件和数据三部分组成。操作系统(operating system,OS)是配置在计算机硬件上的第一层软件,在计算机系统中占据了十分重要的地位,其他系统软件,如编译程序、汇编程序、数据库管理系统软件等,以及大量的应用软件、数据的处理都依赖于操作系统的支持。操作系统已成为计算机系统中必须配置的系统软件。

1.1　什么是操作系统

操作系统,是计算机系统中最基本、最重要的系统软件,是其他软件的支撑软件。它控制和管理计算机系统的硬件和软件资源,合理地组织计算机工作流程,并为用户使用计算机提供公共的和基本的服务。它有以下两个主要目标:

(1) 高效性:操作系统允许以更加高效的方式使用计算机系统资源。

(2) 方便性:操作系统使得用户使用计算机更加方便。

随着计算机技术和计算机网络的迅速发展,它们对操作系统提出了一些新的要求。为了适应计算机硬件、体系结构及应用发展的要求,操作系统必须具有很好的可扩充性,在构造操作系统时,应采用新的操作系统结构,如微内核结构和客户端-服务器模式,便于增加新的功能和模块,以及修改老的功能和模块。关于操作系统的结构将在 1.4 节中介绍。在网络日益普及的今天,为了使来自不同厂家的计算机和设备能通过网络加以集成,并能正确、有效地协同工作,实现应用的可移植性和互操作性,要求操作系统具有开放性,必须遵循相应的世界标准规范,向外提供统一的开放环境,便于软硬件之间的彼此兼容和互联。

1.1.1　计算机系统组成

目前,计算机采用的都是冯·诺依曼体系结构,一台计算机由运算器、控制器、存储器、输入/输出(I/O)设备五大部件组成,每类部件有一个或多个模块。这些部件互连到一起实现计算机执行程序的主要功能。

(1) 运算器(arithmetic logic unit,ALU):用于算术、逻辑运算,并能暂存运算结果的部件。

（2）控制器（control unit，CU）：用于控制、指挥程序和数据的输入、运行及处理运算结果的部件。

（3）存储器（memory）：用于存放数据和程序的部件。

（4）输入/输出（I/O）设备：用于实现将人们熟悉的信息形式与机器能识别的信息形式相互转换的部件。

另外，系统总线（bus）用于连接计算机各模块，并为其通信提供服务。

图1.1中，运算器和控制器合在一起，统称为中央处理单元（central process unit，CPU）。CPU除具有运算功能外，还具有和存储器交换数据的功能，为此，其内部设有存储器地址寄存器（MAR）和存储器数据寄存器（MDR），分别用于存放下一次要读/写的存储器地址和要写入存储器的数据或从存储器中读取的数据。存储器则由一系列存储单元组成，这些单元由顺序编号的地址定义。在每个存储单元里面都存有一个二进制数，这个二进制数既可以表示指令，也可以表示数据。I/O模块包含缓冲区，用于临时存放数据，直到它们被发送出去。

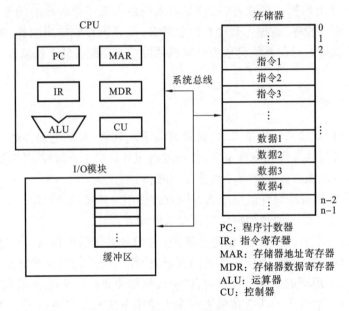

图1.1 计算机系统的基本组成

CPU执行的程序是由一组保存在存储器中的指令组成的。指令的处理简单来说包括两个步骤：取指令和执行指令。通过不断重复这两个步骤即可完成程序的执行。图1.1中的程序计数器（program counter，PC）用于存放下一次要取的指令的地址，指令寄存器（instruction register，IR）则用于存放从存储器中取出的、即将被执行的指令。

1.1.2 操作系统与计算机系统

早期的计算机配置的操作系统是单用户操作系统。这样的操作系统只允许一个用户使用计算机，用户独占计算机系统的各种资源，整个系统为用户的程序运行提供服务。这种顺序计算模型容易实现，但是不能使昂贵的计算机硬件设备得到充分的利用，计算机性能、资源利用率没有得到充分发挥。

为了解决这一问题,提高系统资源利用率,操作系统必须能够支持多个用户共用一个计算机系统,这就必须解决多个应用程序共享计算机系统资源的问题,同时还需要解决这些应用程序共同执行时的协调问题。为此,人们研究并实现了一系列新的软件技术,如多道程序设计技术、分时技术、多任务控制和协调、资源分配策略和处理机调度策略等。这些技术都被运用到了操作系统当中,使得操作系统的发展成为 20 世纪六七十年代计算机科学的奇迹。通过并行处理技术,将单处理机系统改造成了逻辑上的多计算机系统,也使得操作系统的模型由顺序计算模型转变为并行计算模型。

但由于计算机系统的计算模型仍然是顺序计算模型,其特点是集中顺序过程控制,而操作系统的并行计算模型需要支持多用户、多任务同时执行,这就产生了一对矛盾,即硬件结构的顺序计算模型和操作系统的并行计算模型之间的矛盾。为了解决这一矛盾,单处理机的操作系统被设计得越来越复杂、越来越难懂,且效果不一定很理想。在这种情况下,人们开始研究与并行计算模型相一致的计算机系统结构,出现了多处理机系统、消息传递型多计算机、计算机网络等具有并行能力的计算机系统结构,其中最为常见的是多处理机系统中的多核计算模型。

多核(multicore)是指将两个或多个处理器组装在同一块芯片上,故又名单芯片多处理器(chip multiprocessor)。每个核上通常会包含组成一个独立的处理器的所有零部件,如寄存器、运算器、控制器及多级的高速缓冲存储器等。

一个典型的多核系统的例子是 Intel 的酷睿 i7 处理器。酷睿 i7 处理器包含 4 个 x86 处理器,每个处理器都有其专用的 L2 高速缓存,所有处理器共享一个 L3 高速缓存,如图 1.2 所示。Intel 使用预取机制使高速缓存更为有效,在该机制中,硬件根据内存的访问模式来推测即将被访问到的数据,并将其预先存放到高速缓存中,这也正是其"智能化"的体现。

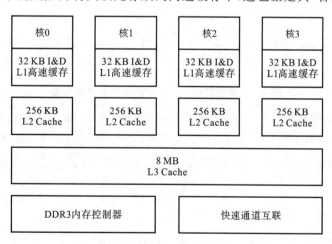

图 1.2　酷睿 i7 处理器框图

1.2　操作系统的发展历史

操作系统是由客观的需要而产生的,它随着计算机技术的发展、计算机体系结构的变化和计算机应用的日益广泛而不断发展和完善。了解这些年来操作系统的发展历史,有助于理解操作系统的关键性设计需求,也有助于理解现代操作系统的基本特征。

1.2.1　无操作系统

20 世纪四十年代后期到五十年代中期,处于电子管时代。这一时期的计算机没有配备任何操作系统,程序员直接与计算机硬件打交道。程序员将事先已穿孔的纸带(卡片)装入纸带输入机(卡片输入机),再启动输入机将程序和数据输入计算机,然后启动计算机进行运算。在一个用户运行完毕并取走结果后,才允许另一个用户上机操作。这种人工操作方式的最大特点就是用户独占整个系统:当用户在使用计算机时,系统的全部资源都由上机用户独占。这样一来,由于计算机的运算速度比人的手工操作快很多,就很容易出现 CPU、内存等资源等待人工操作的现象,造成资源的浪费,严重降低了计算机资源的利用率,这就是所谓的"人机矛盾"。随着计算机硬件技术的不断发展,这种矛盾日趋严重。另外,CPU 的速度与 I/O 设备速度之间的差距也越来越大。为了缓和这些矛盾,提高系统资源的利用率,20 世纪五十年代末期出现了脱机输入/输出(off-line I/O)技术。

具有脱机 I/O 技术的计算机系统当中,配备了外围机,专门用于控制程序和数据由输入设备到磁盘的输入及由磁盘到输出设备的输出,这种 I/O 是在脱离主机的情况下进行的,所以称为脱机 I/O 方式,如图 1.3 所示。

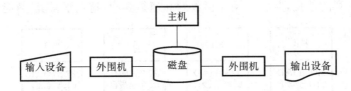

图 1.3　具有脱机 I/O 技术的计算机系统框图

由于程序和数据由低速的 I/O 设备到高速的磁盘(磁带)都是在脱机情况下完成的,不会占用主机的时间,从而有效减少了 CPU 的空闲时间。另外,CPU 计算所需的数据是直接从高速的磁盘(磁带)上获取的,从而极大提高了 I/O 速度,进一步减少了 CPU 的空闲时间,缓和了人机矛盾。

1.2.2　单道批处理系统

20 世纪五十年代中期,人们开始用晶体管代替真空管来制造计算机。这使得计算机的体积大大减小,功耗显著降低,同时可靠性和运算速度也得到了提升,但造价仍十分昂贵。为了能够充分发挥计算机的性能,通常把一批作业以脱机的方式输入磁盘(磁带),并为其配上监控程序(monitor)。在它的控制下,这批作业能够一个接一个地得到连续处理。

第一个批处理操作系统,同时也是第一个操作系统,是由美国通用动力研究实验室

(general motors research laboratory，GM 或 GMRL）为 IBM 701 开发的，后经过改进又被很多用户用在了 IBM 704 上。其中最为著名的是用于 IBM 7090/7094 上的 IBSYS 操作系统。通过使用这类操作系统，用户不再直接和机器硬件打交道，而是把作业提交给计算机操作员，由计算机操作员按顺序把作业组织成一批，并将整批作业放在输入设备上，供监控程序使用。每个作业完成后返回到监控程序，并由监控程序自动加载下一个作业。其工作流程如图 1.4 所示。

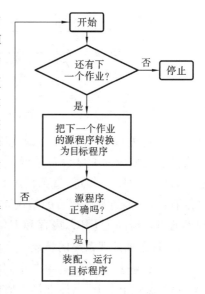

单道批处理系统具有自动性、顺序性和单道性的特点，对磁盘（磁带）上的作业能自动、逐个地依次执行。单道批处理系统在一定程度上提高了系统资源的利用率和系统吞吐量，但由于其单道性的特点，即内存中只允许有一道程序运行，系统资源的利用率仍然不高，故现在已经很少使用。

图 1.4　单道批处理系统处理流程

1.2.3　多道批处理系统

20 世纪六十年代中期，人们开始利用小规模集成电路来制造第三代计算机。在这一时期，IBM 无疑走在了计算机制造和操作系统开发的前列。由 IBM 制造的第一台小规模集成电路计算机——IBM 360，无论在体积、功耗、速度和可靠性上都较晶体管计算机有了显著改善，并最终成功在其上开发出能在一台计算机上运行多道程序的操作系统 OS/360。

在单道批处理系统中，内存中仅允许有一道程序，用户程序在处理机上运行，直到遇到一个 I/O 指令，这时 CPU 便向监控程序提出请求，并由其启动 I/O 设备，I/O 设备启动后，CPU 处于空闲等待的状态，直到 I/O 操作完成，监控程序将 CPU 的控制权交还给用户程序后，用户程序才能继续在 CPU 上运行，如图 1.5 所示。这使得系统资源没有办法得到充分利用，限制了系统性能的发挥。

图 1.5　单道批处理系统工作示意图

为了进一步提升系统资源的利用率和系统吞吐量，在 20 世纪六十年代中期，由 IBM 的第一位女研究员，也是第一位女图灵奖获得者法兰西斯·艾伦（Frances Allen）所在的研究小组提出了多道程序设计（multiprogramming）技术。多道程序设计技术的主要思想是在内存中同时存放若干道用户作业，并允许它们交替执行，共享系统中的各种软硬件资源。当一道程序因 I/O 请求而暂停执行时，CPU 便转而执行另外一道程序，由此形成了多道批处理系统（multiprogrammed batch processing system），其系统的工作原理如图 1.6 所示。

在图 1.6 中，用户程序 A 首先在 CPU 上运行，当它需要输入数据时，操作系统为它启

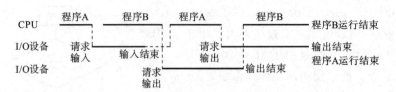

图 1.6 多道批处理系统工作示意图

动 I/O 设备进行输入工作,并调度用户程序 B 进行运行。当程序 B 请求输出时,操作系统又为其启动相应的 I/O 设备进行工作。当程序 A 的 I/O 操作结束时,程序 B 仍在 CPU 上运行,此时,程序 A 等待,直到程序 B 计算结束并请求输出时,才转而执行程序 A。从图 1.6 可以看出,在多道程序执行的情况下,CPU 的工作效率得到了很大的提高。多道程序设计技术的引入提高了 CPU、内存和 I/O 设备的利用率,增加了系统的吞吐量。

1. 多道批处理系统的特点

(1) 多道性:计算机的主存中同时存放多道相互独立的程序。

(2) 宏观上的并行性:在同一时间段内,同时进入系统的多道程序都处于运行状态。

(3) 微观上的串行性:在某一时刻,CPU 上只有一道程序在执行,多道程序轮流或分时占有 CPU。

2. 需解决的问题

多道批处理系统是一种有效,但十分复杂的系统,要使系统中的多道程序之间能够协调运行,就必须解决如下问题:

(1) 处理机的管理和分配问题:在多道程序之间,如何分配被它们共享的 CPU,使得 CPU 既能够满足各程序运行的需要,又能够提高 CPU 的利用率,以及在 CPU 被分配出去以后,何时收回等一系列问题。

(2) 内存的分配和保护问题:如何为多道程序分配内存空间,使得它们都能拥有自己相对独立的存储空间,不会因为相互重叠而丢失信息,也不会因为某一道程序出现问题而破坏其他程序的问题。

(3) I/O 设备的管理和分配问题:系统中多种类型的 I/O 设备如何在多道程序之间实现共享,如何分配这些设备,如何在方便用户使用的同时提高设备的利用率等。

(4) 文件的组织和管理问题:在现代的计算机系统中,程序和数据都是以文件的形式存在的,要如何组织和管理这些文件,才能使它们既便于用户使用,又能保证数据的一致性和安全性的问题。

为此,在计算机系统中增加一系列的程序来控制和管理上述四大类问题,并合理地对各类作业进行调度,从而方便用户使用。这样的一组程序的集合就构成了操作系统。

1.2.4　分时系统

多道批处理系统可以使批处理变得更加有效。但对于很多作业来说,往往需要计算机与用户可以直接进行交互。这就需要系统具有交互能力,用户可以通过自己的终端直接和主机进行交互,这使分时系统应运而生。除了像多道批处理系统那样能够同时处理多个批作业外,它还可以同时处理多个交互作业。由于多个用户分享了 CPU 的时间,因而该系统称为分时系统(time sharing system)。在分时系统中,多个用户可以通过终端同时访问系统,由操作系统控制每个用户程序以很短的时间(称为"时间片")为单位交替运行。由于人的反应时间相对于计算机的运算速度来说要慢很多,因此,只要系统设计良好,多个用户之间是感觉不到彼此的存在的,就像是一个用户在独享该系统一样。最早的分时系统是由麻省理工学院(MIT)在 1961 年为 IBM 709 开发的兼容分时系统(compatible time-sharing system,CTSS),后被移植到 IBM 7094 中。继 CTSS 成功之后,MIT 又联合贝尔实验室、通用电气公司开发出了多用户多任务操作系统——MULTICS。值得一提的是,贝尔实验室的 Ken Thempson 以 MULTICS 为基础在 PDP—7 小型机上开发出了一个简化的 MULTICS 版本,即后来的 UNIX 操作系统的前身。

分时系统与多道批处理系统相比,具有以下明显的特点:

(1) 交互性:用户可以通过终端与系统直接进行对话。

(2) 及时性:用户的请求能在人们所能接受的等待时间内得到响应。

(3) 独立性:每个用户独占一个终端,彼此独立,互不干扰,因此用户感觉像是他一个人独占主机。

(4) 多路性:允许在 1 台主机上同时连接多台终端。宏观上,多个用户同时工作,共享系统资源;微观上,每个用户程序轮流运行 1 个时间片。

批处理系统、分时系统的出现标志着操作系统的形成。

1.2.5　实时系统

虽然多道批处理系统和分时系统能够获得较为满意的资源利用率和响应时间,但还是无法满足一些马上需要获得处理和响应的外部请求。于是人们提出了实时系统(real time system)。所谓实时,是"立刻""马上"的意思。实时系统则要求系统对特定输入作出反应的速度足以控制发出实时信号的对象,或者说,系统能及时响应外部事件的请求,在规定的时间内完成对该事件的处理,并控制所有实时任务和设备协调一致地工作。

1. 实时系统的分类

按照实时系统应用领域的不同,可以将其分为两大类。

(1) 实时控制系统:是指以计算机为中心的生产过程控制和活动目标控制系统。系统要求能实时采集现场数据,并对所采集的数据进行加工处理,进而自动地控制相应的执行机构,如钢铁冶炼、机械加工、化工生产等;也可以通过对实时采集数据的计算,对活动目标进行控制,如飞机的自动驾驶、火炮的自动控制、导弹的制导等。此外,随着大规模集成电路的发展,可将各种实时控制类型的芯片嵌入各种仪器和设备当中,用于对其进行实时监控,这就构成了所谓的智能仪器和设备。

(2) 实时信息处理系统:是指以计算机为中心的实时信息查询系统和实时事务处理系统。这类系统通常由 1 台或多台主机通过通信线路连接到成百上千个远程终端上,计算机接收终端发来的服务请求,根据用户请求对信息进行检索和处理,并在很短的时间内给用户以正确的响应,如机票预订、股票交易、电子商务等。

2. 实时系统的特点

(1) 及时性:实时系统对及时性的要求比分时系统的更高。分时系统的及时性是以人所能接受的等待时间来确定的,一般为秒级;而实时系统的及时性则是以其控制对象所要求的开始截止时间或完成截止时间来确定的,可能是秒级,也有可能是毫秒级,甚至微秒级。

(2)交互性:实时系统虽然也具有交互性,但这里人与系统的交互仅限于访问系统中某些特定的专用服务程序,而不像分时系统那样向终端用户提供数据处理和资源共享等服务。

(3)独立性:实时系统与分时系统一样具有独立性。在实时控制系统中,信息的采集和对象的控制彼此互不干扰;而在实时信息处理系统中,每个终端用户向系统提出的服务请求也是互相独立的,互不干扰。

(4)多路性:实时系统也存在多个用户同时访问的问题。实时控制系统通常周期性地对多路现场信息进行采集,以及对多个对象或执行机构进行控制;而实时信息处理系统则按照分时的原则为多个终端用户提供信息查询和数据处理服务。

(5)高可靠性:从实时系统应用的领域可知,实时系统对可靠性的要求非常高,尤其是实时控制系统的可靠性,任何小的差错都有可能带来巨大的经济损失,甚至是无法预料的灾难性后果。因此,实时系统往往都采取了多级容错技术,以保证系统的安全性和数据的安全性。

1.2.6 操作系统的进一步发展

20世纪八十年代以来,随着微电子技术、计算机技术、计算机体系结构、计算机网络的迅速发展,以及人们对计算机使用需求的不断提高,作为计算机中最主要软件之一的操作系统也得到了进一步的发展,出现了具有图形用户界面、功能强大的个人计算机操作系统,具有网络资源共享、远程通信能力的网络操作系统,能使用多台计算机来共同完成某一工作的多处理机操作系统,具有单一系统镜像、分布处理能力的分布式操作系统及分布式实时操作系统等。

在计算机硬件技术不断发展、价格不断下降、网络带宽不断提升趋势的推动下,软件技术也得到了快速的发展,出现了客户端-服务器计算模式。这一模式的出现使得操作系统从多道程序设计技术和分时共享向支持网络化的方向发展。从实现单台主机分时共享的分时系统发展为能适应局域网环境的网络操作系统,实现了网络环境下各节点之间的资源共享,这种网络操作系统同时还提供网络通信、客户端和服务器管理、进程通信等功能。

网络操作系统不支持全局的、动态的资源分配,不支持合作计算,所以它无法满足分布式数据和许多分布式应用的需要。为此,人们提出了分布式操作系统。在硬件体系结构上,分布式操作系统是由多个地理位置分散的节点,通过通信网络连接而形成的系统。在分布式系统的支持下,各终端能够对分布在各个节点上的资源进行透明地访问,实现合作计算,以满足各种分布式应用和计算的需求。

随着计算机虚拟化技术的迅速发展和大数据时代的到来,出现了一种构架于服务器、存储器、网络等基础硬件资源和单机操作系统、中间件、数据库等基础软件之上,用于管理海量基础硬件、软件资源的云平台综合管理系统,称为云操作系统。云操作系统是实现云计算的关键一步。从前端看,云计算用户能够通过网络按需获取资源,并按使用量付费,这如同打开电灯用电、打开水龙头用水一样,接入即用;从后台看,云计算能够实现对各类异构软硬件基础资源的兼容,更可实现资源的动态流转,如西电东送、西气东输等,将静态、固定的硬件资源进行调度,形成资源池,就是云计算中心操作系统要实现的。

1.3　操作系统的主要功能

操作系统的主要任务是为多道程序提供良好的运行环境,并能最大限度地提高系统中各种资源的利用率和方便用户使用。为实现上述任务,操作系统应具备处理器管理、存储器管理、设备管理和文件管理的功能。为了方便用户使用,操作系统还需提供方便的用户接口。另外,在网络环境的中,为了便于计算机联网,在操作系统当中还增加了面向网络的服务功能。

1.3.1　处理机管理

计算机系统当中最重要的资源是 CPU,任何程序都必须在 CPU 上运行。在多道程序环境下,CPU 的分配和运行都是以进程为基本单位进行的。因此,对处理机的管理可归结为对进程的管理,处理机应具备如下功能:

1. 进程控制

进程控制的基本功能是创建进程和撤销进程,以及控制进程状态之间的转换,即当一个作业被装入运行时为其创建进程,当一个进程运行完成时撤销该进程,当一个进程需要 I/O 时让其等待,在一个进程等待的事件发生后再被唤醒。

2. 进程同步

进程同步是指系统对并发执行的进程进行协调,使它们能有条不紊地运行。最基本的同步方式有两种:一种是通过实现对临界资源的互斥访问来协调访问该资源的各进程,一种是通过同步推进来协调为完成某一共同任务而相互合作的各进程。

3. 进程通信

进程通信是指相关进程之间的信息交换。通常,相互合作的各个进程在运行时需要交换一定的信息,这种信息交换就是由进程通信来完成的。

4. 进程调度

进程调度是指按照一定的调度算法在等待执行的进程中选出其中一个,并为其分配 CPU、设置运行环境,使其投入运行。调度算法因系统的设计目标不同而不同,既可以按进程的紧迫程度,也可以按进程发出请求的先后顺序,还可以按其他一些原则来确定进程的调度。

1.3.2　存储管理

计算机系统中,另一个重要的资源就是主存。主存负责存放当前正在运行的程序和数据。现代计算机系统中,存储管理的主要任务是为多道程序的并发执行提供良好的环境,方便用户使用,提高存储器的利用率及从逻辑上扩充内存。为此,存储管理具有如下主要功能:

1. 内存分配

内存分配的作用是为每道程序分配必要的内存空间,提高存储器的利用率,减少空间浪费。操作系统在实现内存分配时,可采取静态和动态两种方式。在静态分配方式下,每个作业所占据的内存空间是在其装入时确定的,作业一旦被装入内存,在整个运行期间不允许再申请新的内存空间,也不允许作业在内存中移动;在动态分配方式下,每个作业运行所需的基本内存空间也是在装入时确定的,但在程序运行过程中,允许其申请新的附加空间,以适应程序和数据的动态增长,也允许作业在内存中移动。

2．内存保护

内存保护的主要任务是确保每道程序都只在自己的内存空间里运行,防止因一道程序的错误而干扰其他程序,也绝不允许用户程序随意访问操作系统的程序和数据。一般的内存保护方法都是以硬件保护设施为基础,再加上软件配合来实现的。如设置两个限界寄存器,分别保存正在执行程序的上界和下界,系统对所有地址都需要进行越界检查,这种检查也是由硬件来实现的。一旦发生越界情况,就交由相应的中断处理程序进行处理。

3．地址映射

地址映射的功能是把目标程序中的逻辑地址转换成内存空间中的物理地址。一个应用程序经编译后,通常会形成多个目标程序,这些目标程序通过链接便形成了装入程序。这些程序的地址都是从"0"开始的,但在多道程序环境下,每道程序不可能都被装入由地址"0"开始的内存空间当中,这就出现了地址空间中的逻辑地址和内存空间中的物理地址不一致的现象。为了使程序能够正确运行,存储管理就必须提供地址映射功能。该功能可以使用户不必过问物理存储空间的分配,这极大地方便了用户。

4．内存扩充

内存扩充的功能是借助虚拟存储技术,在不增加物理内存空间的前提下,从逻辑上对内存进行扩充,使系统能够运行内存需求量比实际内存更大的作业,或是让更多的作业能够并发执行。这样,既满足了用户需求,又改善了系统性能。

1.3.3　设备管理

设备管理用于管理计算机系统中的所有外设,其主要任务是为用户分配I/O设备、完成用户提出的I/O请求、提高CPU和I/O设备的利用率、提高I/O速度、方便用户使用I/O设备。为此,设备管理应具备如下功能:

1．缓冲区管理

缓冲区是指在内存中划出来用于暂时存放信息的一部分区域。CPU运行的高速性和I/O设备的低速性之间的矛盾由来已久,而随着计算机技术的迅速发展,CPU的运算速度迅速提高,这使得矛盾更加突出。为此,在CPU和I/O设备之间设置缓冲区,则可以有效缓解速度不匹配的矛盾,提高CPU的利用率,从而提高系统吞吐量。通常在系统中设置了各种不同类型的缓冲区,操作系统应能对这些缓冲区进行有效管理。

2．设备分配

设备分配的任务是指根据用户所请求的设备类型、数量,按照一定的分配算法对设备进行分配,如果在CPU和I/O设备之间还存在设备控制器或I/O通道,则还需为分配出去的设备分配相应的控制器和通道。除此之外,还应该对未能满足其设备请求的进程进行适当地管理。

3. 设备处理

设备处理程序又称设备驱动程序,其基本任务是由 CPU 向设备控制器发出 I/O 命令,启动指定的 I/O 设备、完成用户规定的 I/O 操作,并对设备发来的中断请求进行及时响应和处理。

4. 虚拟设备管理

虚拟设备也称逻辑设备。操作系统通过设备虚拟技术,把每次仅供一个进程使用的独享设备改造成能被多个用户使用的设备,这样的设备称为虚拟设备。这样,每个用户都感觉自己得到了一台设备,但这并不是真正的物理设备,从而提高了设备的利用率,加快了程序的执行速度。

1.3.4　文件管理

在现代计算机系统中,程序和数据都是以文件的形式组织、存储在磁盘或磁带上的。文件管理的主要任务是对用户文件和系统文件进行管理,为用户提供一种简便的、统一的存取和管理文件的方法,并解决文件的共享、数据的存取控制和保密等问题,以保证文件的安全性。为此,文件管理应具备如下功能:

1. 文件存储空间管理

为了方便用户使用,对于一些当前需要使用的系统文件和用户文件,都必须放在可随机存取的磁盘上。在多用户环境下,若由用户自己对文件的存储进行管理,不仅非常困难,而且也会十分低效。为此,必须由操作系统统一对文件的存储空间进行管理,提高存储空间的利用率,同时也提高文件系统的存取速度。为此,系统必须为文件管理机构设置相应的数据结构,用于记录整个文件存储空间的使用情况,并能根据文件的需要对其进行分配和回收。存储空间的分配通常采用离散的方式,并以盘块为基本分配单位。盘块的大小通常为 1 KB~8 KB。

2. 目录管理

目录又称文件目录,是用于描述系统中所有文件基本情况的一个表。为了使用户能够方便地在外存上找到自己所需的文件,系统会为每个文件建立一个目录项。最简单的文件目录就是由若干个目录项所组成的,每个目录项包括一个文件的文件名、文件属性、文件所在的物理位置及其他一些管理信息。系统对文件的管理实际上是通过文件目录来进行的。在不同的系统中,目录有着不同的组织方式。文件管理机构应该能够有效地管理所有文件目录,以方便用户实现对文件的按名存取。

3. 文件读/写管理

对文件进行读/写操作,是文件管理必须具备的最基本地操作。该功能可以根据用户的请求,从外存指定区域把指定数量的信息读入内存指定的用户区或系统区,或将指定数量的信息从内存写入外存指定区域。对文件的读/写操作是通过读写指针实现的。

4. 文件保护

为了防止系统中的文件被非法窃取和破坏,在文件系统中必须提供有效的存取控制机制。文件保护应能够防止未经核准的或冒名顶替的用户存取文件,以及防止核准用户以不正确的方式使用文件。

5. 文件系统的安全性

文件系统的安全性是指文件系统避免因软件或硬件故障而造成信息破坏的能力。文件系统应尽量减少在系统发生故障时对文件系统的破坏,最简单的方法是每隔一段时间就为系统中的重要文件进行一次备份,使其保留多个副本,即定期转储。当系统出现故障时,可以通过装入转储的文件来恢复文件系统。

1.3.5 用户接口

在现代操作系统中,为了方便用户使用计算机,除了上述四大基本管理功能外,操作系统还必须提供操作系统与用户的接口,即用户接口。最常见的用户接口包括命令接口和程序接口两种形式,前者供用户在终端键盘上使用,后者供用户在编写程序时使用。而随着计算机技术的发展,除了上述两种接口外,还出现了图形接口。

1. 命令接口

为了便于用户直接或间接控制自己的作业,操作系统向用户提供了命令接口。用户可以通过该接口向作业发出命令,以控制作业的运行。命令接口又可进一步分为联机用户接口和脱机用户接口。

(1) 联机用户接口:该接口为联机用户提供,由一组键盘命令和命令解释程序组成。每当用户在终端或控制台上键入一条命令后,系统便立即转入相应的命令解释程序,由命令解释程序对该命令进行解释并执行。命令完成后,控制又返回到终端或控制台上,等待用户键入下一条命令。这样,用户可以通过键入不同的命令来实现对作业的不同控制,直至作业完成为止。

(2) 脱机用户接口:该接口是为批处理作业的用户提供的,也称批处理用户接口。它由一组作业控制语言(job control language,JCL)组成。批处理作业的用户不能直接与自己的作业打交道,只能委托系统代替用户对作业进行控制和干预。JCL便是提供给批处理作业用户用来实现这一委托的一种语言。用户可以使用JCL把需要对作业进行的控制和干预事先写在作业说明书上,然后,将该说明书连同作业一起提交给系统。系统调度作业运行的同时,也调度命令解释程序,对该作业的作业说明书上的命令逐条解释并执行。这样,作业一直在作业说明书的控制下运行,直至结束为止。

2. 程序接口

该接口是为用户程序在执行过程中访问系统资源而设定的,是用户程序取得操作系统服务的唯一途径。程序接口是由一组系统调用组成的,每一个系统调用都是一个能完成特定功能的子程序。当应用程序要求操作系统提供某种类型的服务时,便调用具有相应功能的系统调用。早期的系统调用都是用汇编语言提供的,这就意味着只有在用汇编语言编写的程序中才能直接使用系统调用,而使用高级语言(如C语言)编写的程序则只能通过调用与系统调用一一对应的库函数来使用相应的系统调用。但在近几年所推出的操作系统当中,如UNIX,其系统调用本身已经采用C语言编写,并以函数形式提供给程序使用,故在此类系统上,用C语言编写的程序,可直接使用系统调用。

3. 图形接口

用户虽然可以通过联机用户接口获取操作系统提供的服务,并控制自己的作业运行,但要求用户必须记住各种命令的名字和格式,并严格按照规定的格式输入命令,这给用户使用计算机带来了很多的不便。为此,产生了图形接口。该接口采用图形化的操作界面,用非常容易识别的图标将系统的各种命令直观、逼真地表示出来,用户通过简单地点击鼠标,借助菜单、对话框,就可以完成对应用程序和文件的操作,极大地方便了用户,并且,图形接口还可以方便地将文字、图形和图像集成在一个文件中,甚至可以在文件中加入声音和视频。20世纪九十年代推出的操作系统一般都提供了图形接口,其典型的代表就是 Windows 系列的操作系统。

1.4　操作系统结构

早期的操作系统规模很小,一个人以手工方式,花几个月的时间就可以编写一个操作系统。此时,编写程序基本上靠的是技巧,是不是有结构并不是那么重要,重要的是程序员的程序设计技巧。但随着操作系统功能越来越强,基本硬件越来越复杂,其规模和复杂性也在不断增加,往往需要数十人或数百人甚至更多人参与,分工合作,才能共同完成操作系统的设计开发。

目前主要有以下四种操作系统的设计方法:单体结构、模块化结构、可扩展内核结构和层次结构,如图 1.7 所示。

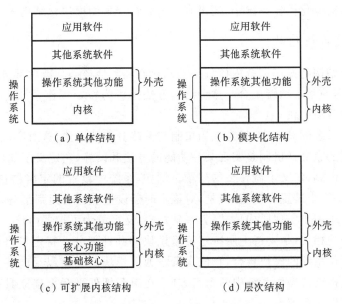

图 1.7　操作系统的四种组织结构示意图

从整体上看,操作系统一般可以分为内核(kernel)和外壳(shell)两大部分。操作系统的内核是实现操作系统最基本功能的程序模块的集合,在机器的系统态(或称为核心态)下运行;操作系统的外壳运行在内核之上,完成操作系统外层功能,如命令解释、机器诊断等的程序,它们运行在机器的用户态下,是一种开放式结构,其功能可方便地修改或增删。在许多场合下,操作系统一般指的是操作系统内核。一个操作系统在实现其功能时不会十分清晰地采用某一种方式,但主体上会采用这四种方式中的一种。

1.4.1 单体结构

在单体结构中,操作系统是一组过程的集合。每一过程都有一个定义好的接口,包括入口参数和返回值。过程间可以相互调用而不受约束。这种结构是许多早期操作系统采用的结构。它的特点是操作系统运行效率高,但这种结构难以理解、难以维护,验证其正确性也十分困难。从某种意义上说,单体结构的操作系统也称无结构的操作系统。早期的操作系统,如 AT&T System V 和 BSD UNIX 内核就是采用单体结构的最具代表性的例子。

1.4.2 模块化结构

采用模块化结构的系统,其功能是通过逻辑独立的模块来划分的,相关模块间具有定义良好的接口,通过接口来实现模块间的调用。模块具有良好的封装性,数据抽象允许模块隐藏数据结构的实现细节。采用模块化结构来实现操作系统的好处是系统能作为抽象数据类型或对象方法来实现,这样有利于操作系统的理解和维护,缺点是存在潜在的性能退化。采用模块化方法研究操作系统的例子是面向对象的 Choices 操作系统。Choices 操作系统是一个实验性的操作系统,它是采用面向对象语言设计和建立的。Choices 操作系统论证了面向对象技术是如何用于操作系统的设计和实现的,其目标是通过快速原型方法进行各种实验。在实际的商业化操作系统中,还没有一个是纯粹采用模块化结构来设计和实现的。

1.4.3 可扩展内核结构

可扩展内核结构将操作系统内核分为基础核心和其他核心功能两部分,其中,基础核心包括公共的、必需的基本功能集合。这种结构方法也可为特定操作系统定义策略独立模块和特定策略模块两类模块。

在现代操作系统的设计中,经常采用机制与策略分离的方法,这对实现操作系统的灵活性具有十分重要的意义。机制是实现某一功能的方法和设施,它定义了如何做的问题;策略是实现该功能的内涵,定义了做什么的问题。例如,系统中设置的定时器提供对 CPU 进行保护的机制,它是一个装置和设施,但是,对该定时器设置多长时间则是策略问题。

策略独立模块用于实现微内核,既为基础核心,又可成为可扩展内核。基础核心的模块功能与机制和硬件相关,是支持上层特定策略模块的共性部分。特定策略模块包含能够满足某种需要的操作系统的模块集合,它依靠策略独立模块的支持以反映特定操作系统的需求。这种体系结构支持操作系统中两个新方向:在单一硬件平台上建立具有不同策略的操作系统和微内核操作系统。

微内核结构基于客户端-服务器模型,由微内核和核外的服务器进程组成。典型的微内核操作系统如卡内基·梅隆大学于 20 世纪八十年代研发的 Mach 操作系统。该系统的微内核提供基础的、独立于策略的功能,其他非内核功能都从内核中移走并以用户进程的方式运行,在上层策略中还设计有专门的服务器来进行功能的扩充。一些现代的操作系统使用微内核结构的现象则更为普遍,如 Tru64 UNIX 操作系统、实时操作系统 QNX 等。

1.4.4 层次结构

在层次结构中,操作系统由若干层组成,最内层是裸机,即机器的硬件功能部分,其他各层可以看成是一系列的虚拟机,每一层提供一组完整的功能,并且该组功能仅仅依赖于该层以内的各层,如图 1.8 所示。

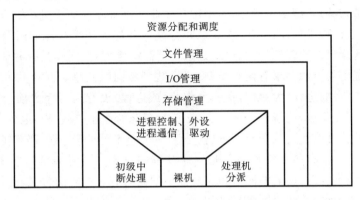

图 1.8　操作系统层次结构示意图

在图 1.8 中,与裸机紧挨着的是系统核(基础核心),包括初级中断处理、外设驱动、在进程之间切换处理机及实施进程控制和通信的功能,其目的是提供一个进程可以存在和活动的环境。系统核以外各层依次是存储管理层、I/O 管理层、文件管理层及资源分配和调度层,它们具有系统资源管理功能并为用户提供服务。

操作系统的层次结构在操作系统的设计中一般只作为一种指导性原则,因为如何划分操作系统的功能、如何确定各层的内容和调用顺序是十分困难的。对于现代操作系统而言,层次结构的限制过于严格,所以很少采用这种方法来构造操作系统。然而,在设计操作系统时,分层思想是十分值得参考和借鉴的。层次结构操作系统的典型例子是艾兹格·W·迪科斯彻(Edsger Wybe Dijkstra)的 THE 系统。该系统的设计目标是实现一个可证明正确性的操作系统,分层方法刚好提供了一个可隔离操作系统各层功能的模型。

1.5　操作系统的特征

1.5.1　操作系统的基本特征

操作系统具有以下四个基本特征:

1. 并发性

并发性(concurrence)是操作系统的第一个重要特征。所谓并发,是指在一段时间内,有多道程序同时在计算机内运行,这样的系统称为并发系统(concurrent system)。并发和多道是同一事物的两个方面:正是采用多道程序设计,才导致多个程序的并发执行。由于一般的计算机系统只有 1 台处理机,因此在任一指定时刻,只能有 1 道程序在处理机上真正运行,而其他参与并发执行的程序就只能是在"宏观上"处于运行状态,即它们都处在已经开始运行和尚未结束运行的过程之中。因此,上述的"同时运行"是"宏观上的同时运行"。

操作系统是并发系统的管理机构,其本身也是并发执行的,是与用户程序及其他用户态程序一起并发执行的。程序的并发执行带来了许多程序串行执行时所没有的新问题,如中断、死锁等,这便导致了操作系统的复杂化。

2. 共享性

多道必然带来共享,即多道程序、多个用户作业共享有限的计算机系统资源。由于资源是共享的,于是就出现了如何在多个作业之间合理地分配和使用资源的问题。操作系统作为多道程序系统规定的管理机构,同时也是系统资源的管理者,同样具有共享性(sharing)。

计算机系统中的资源共享有两种类型:互斥共享和同时共享。互斥共享是指该类资源的分配必须以作业(或进程)为单位,在一个作业(或进程)没有运行完之前,另一个作业(或进程)不得使用该类资源,这就是互斥;在占据该类资源的作业(或进程)运行完成之后,另一个作业(或进程)就可以使用该资源了,也就是说,每一个作业(或进程)都有使用该类资源的权利,这就是共享。所有的字符设备都是互斥共享的设备。同时共享是指多个作业(或进程)可同时使用该类资源,这里的同时和并发性中的同时有着相同的含义,是指多个作业(或进程)都已开始使用该类资源且都未使用完毕,而在某一具体时刻,只有一个作业(或进程)在真正使用该类资源。磁盘就是一个典型的同时共享的设备。

3. 虚拟性

操作系统的虚拟性(virtual)是指操作系统使用某种技术,将物理上的一个资源或设备变成逻辑上的多个资源或设备。例如,把 1 台物理 CPU 虚拟成多台逻辑上独立的 CPU,或者是将物理上的多个 CPU 变成逻辑上的 1 个 CPU。又如,把物理上分开的主存和辅存变成逻辑上统一编址的编程空间,即虚存。

关于虚拟的另外一个观点是,虚拟出来的东西不过是用户的错觉,并不是客观存在的。例如,在分时系统中,当操作系统的管理策略和管理算法应用得当时,每个终端用户都以为自己是在单独使用 1 台计算机,这当然只是用户的错觉,事实上往往只有 1 台计算机主机供大家使用。

4. 异步性

操作系统的异步性(asynchronism)又称不确定性,不是说操作系统本身的功能不确定,也不是说在操作系统控制下运行的用户程序的结果是不确定的,而是指在操作系统控制下的多个作业的执行顺序和每个作业的执行时间是不确定的,即进程是以人们不可预知的速度向前推进的。

例如,在单处理机的多道程序环境下允许多个进程并发执行,但只有进程在获得所需资源后才能执行,由于系统只有 1 个处理机,因而每次只允许 1 个进程执行,其余只能等待。当正在执行的进程提出对某种资源的请求时,如申请打印机,而此时打印机正在为其他进程服务,由于打印机属于临界资源,因此正在执行的进程就因得不到所需资源而必须等待,并放弃处理机,直到打印机空闲,并再次把处理机分配给该进程时,该进程才能继续运行。可见,资源等因素的限制使进程的执行通常都不是"一气呵成"的,而是以"走走停停"的方式运行的。尽管如此,只要在操作系统中配有完善的进程同步机制,在相同的运行环境下,作业经多次运行都会获得相同的结果。因此,异步运行方式是允许的。

1.5.2　操作系统的新特征

近年来,许多新的设计思想和设计要素引入操作系统当中,使得操作系统产生了本质性地变化。这些现代的操作系统针对硬件中的新发展、新的应用程序和新的安全威胁都作出了新的调整,其中,硬件因素主要有包含多处理器的计算机系统、高速增长的机器速度、高速网络连接和容量的不断增加的各种存储设备;新的应用主要有多媒体应用、Internet 和 Web访问、客户端/服务器计算等;安全性方面主要是指互联网的访问增加了潜在的威胁和更加复杂的攻击,如病毒、蠕虫和黑客技术。这些都对操作系统的设计提出了新的、更高的要求,主要表现在以下几个方面:

1. 微内核体系结构

到目前为止,大多数的操作系统都有一个单体内核(monolithic kernel)。操作系统的功能都是由该内核提供的,包括进程调度、作业调度、文件系统管理、设备管理、存储管理等。最为典型的是,将该内核作为一个进程实现,所有元素都共享相同的地址空间。

现代操作系统的一个趋势是尽可能将代码移到更高层次,而仅保留一个最小的内核,即微内核体系结构(microkernel architecture)。在该体系结构下,只给内核分配一些最基本的功能,包括地址空间、进程间通信和最基本地调度,而其他操作系统的功能都由运行在用户态下且与其他应用程序类似的进程提供。这些进程可以根据特定的应用和环境需求进行定制,有时也把这些进程称为服务器。这种方法把内核和服务程序的开发分离开,可以为特定的应用程序或环境定制服务程序。该方法的最大优点就是可以使系统结构的设计更加简单、灵活,微内核可以以相同的方式与本地和远程的服务进程交互,这也使得分布式系统的构造更为方便。

2. 多线程

多线程(multithreading)技术是指把执行一个应用程序的进程划分成可以同时运行的多个线程的技术。进程是系统分配资源的基本单位,而线程是对进程的进一步细分,是处理机调度的基本单位。多线程对执行许多本质上独立、不需要串行处理的应用程序是很有用的,例如,监听和处理很多客户请求的数据库服务器。在同一个进程中运行多个线程,在线程间来回切换所花费的系统开销要比在不同进程间进行切换的开销少。线程对构造进程是非常有利的,进程作为操作系统内核的一部分,将在第 3 章中进行介绍。

操作系统的多线程是指操作系统具有在一个进程中执行多个线程的能力。传统的每个进程中只有一个线程在执行的方法称为单线程方法,如 MS-DOS 就是一种支持单用户进程和单线程的操作系统。UNIX 操作系统支持多用户进程,既支持一个进程一个线程也支持一个进程多个线程,而像 Windows 2000、Solaris、Linux 和 OS/2 这些系统则都采用了支持多线程的多进程的功能。

3. 对称多处理

目前,所有单用户的个人计算机和工作站都包含一个通用的微处理器。随着性能要求的不断增加及微处理器价格的不断降低,为实现更高的有效性和可靠性,可以使用对称多处理(symmetric multi processing,SMP)技术。对称多处理不仅指计算机硬件体系结构,而且也反映了该硬件体系结构下的操作系统行为，它要求操作系统可以调度进程或线程到所有处理器上运行，这使得它比单处理器结构具有更多的潜在优势。

（1）性能：如果计算机完成的工作可以组织为让一部分工作并行完成，那么，具有多个处理器的系统将比只有一个处理器的系统产生更好的性能。对多道程序设计来说，在单处理机上一次只能执行一个进程，此时，其他所有进程都在等待处理器。而在对称多处理器系统中，则可以让多个进程分别在不同的处理器上同时运行。

（2）可用性：在对称多处理器系统中，由于所有的处理器都可以执行相同的函数，因而单个处理器的失败并不会导致停机。相反，系统可以继续运行，只是性能有所降低。

（3）增量扩展：用户可以通过添加额外的处理器增强系统的功能。

（4）可扩展性：生产商可以根据系统配置的处理器数量，提供一系列不同价格和性能特征的产品供用户选择。

特别需要注意的是，这些只是对称多处理的潜在优点，并不是完全有保证的。操作系统必须提供开发对称多处理系统中并行性的工具和函数才能使其优点得到充分发挥。

对称多处理器系统还经常和多线程放在一起讨论，但它们是两个独立的概念，即使在单处理器的系统中，多线程对结构化的应用程序和内核进程也是很有用的。另外，由于多个处理器可以并行运行多个进程，因而对称多处理器系统对非线程化的进程也是十分有用的。这两个设施具有互补性，一起使用将更加高效。

对称多处理技术的一个很有吸引力的特征是，多处理器的存在对用户是透明的。线程或进程在多个处理器之间的调度和同步完全由操作系统来负责，不需要用户的干预。

4. 分布式操作系统

分布式操作系统（distributed operating system）是支持分布式处理的软件系统，是在由通信网络互联的多处理机体系结构上执行任务的系统。它使得用户在使用分布在网络中的共享资源时，就像使用常规的集中式操作系统中的一样，用户可以透明地访问这些资源。分布式操作系统要依赖一个通信体系结构来实现其基本的通信功能。

5. 面向对象设计

操作系统设计中的一个变革是使用面向对象技术，而且该技术的应用越来越广泛。面向对象设计（Object-Oriented Design）的原理用于给小内核增加模块化的扩展上，简化了进程间资源和数据的共享，便于保护资源免受未经授权的访问。在操作系统这一级，基于对象的结构使程序员可以定制操作系统，而不破坏系统的完整性。面向对象技术还使得分布式工具和分布式操作系统的开发变得更容易。

1.6 操作系统介绍

目前，Windows 和 Linux 是两大流行的桌面操作系统。Windows 操作系统是微软公司制作和研发的一套桌面操作系统，它问世于 1985 年，起初仅仅是 MS-DOS 模拟环境，后续的系统版本不断更新升级，使其更加易用，慢慢成为人们喜爱的操作系统。Linux 操作系统诞生于 1991 年 10 月 5 日（第一次正式向外公布的时间）。该操作系统是一套免费使用和自由传播的类 UNIX 操作系统，是一个基于 POSIX 和 UNIX 的多用户、多任务、支持多线程和多 CPU 的操作系统,可安装在各种计算机硬件设备中,如手机、平板电脑、路由器、视频游戏控制台、台式计算机、大型机和超级计算机等。

1.6.1　Windows 操作系统

1. 历史

微软公司从 1983 年开始研制 Windows 系统,最初的研制目标是在 MS-DOS 的基础上提供一个多任务的图形用户界面。Windows 1.0 于 1985 年问世,它是一个具有图形用户界面的系统软件。1987 年 Windows 2.0 推出,最明显的变化是采用了相互叠盖的多窗口界面形式。但这一切都没有引起人们的关注。直到 1990 年 Windows 3.0 推出,这是一个重要的里程碑,它以压倒性的商业成功确定 Windows 系统在 PC 操作系统领域的垄断地位。现今流行的 Windows 窗口界面的基本形式也是从 Windows 3.0 开始基本确定的。1992 年,微软公司主要针对 Windows 3.0 的缺点推出了 Windows 3.1,为程序开发提供了功能强大的窗口控制能力,使 Windows 和在其环境下运行的应用程序具有了风格统一、操纵灵活、使用简便的用户界面。Windows 3.1 在内存管理上也取得了突破性进展。它使应用程序可以超过常规内存空间限制,不仅支持 16 MB 内存寻址,而且在 80386 及以上的硬件配置上通过虚拟存储方式可以支持几倍于实际物理存储器大小的地址空间。Windows 3.1 还提供了一定程度的网络支持、多媒体管理、超文本形式的联机帮助设施等,对应用程序的开发有很大影响。

1995 年,微软公司开始发售 32 位版本的操作系统 Windows 95,它是一个基于 DOS 的混合 16 位/32 位 Windows 系统,是之前独立的操作系统 MS-DOS 和视窗产品的直接后继,版本号为 4.0。它以对 GUI 的重要改进和底层工作为特征,第一次抛弃了对前一代 16 位 x86 的支持,对 Intel 公司的 80386 处理器提出了更高的要求,同时它也是第一个捆绑了 DOS 的视窗操作系统,从而成为更强大、更稳定、更实用的桌面图形操作系统,成为有史以来最成功的操作系统,并推动后续版本 Windows 98 和 Windows Me 的开发。

与此同时,微软公司非常清楚 MS-DOS 不可能支持一个真正的现代操作系统。1989 年,微软公司聘用了戴夫·卡特勒(Dave Cutler),他在 DEC 公司非常成功地开发了 RSX-11M 和 VAX/VMS 操作系统。卡特勒的使命是开发一个现代操作系统,该操作系统可以移植到 Intel x86 系列之外的其他体系结构上,同时要兼容由微软公司和 IBM 公司联合开发的 OS/2 操作系统及可移植 UNIX 标准,即 POSIX。这个系统称为 NT(New Technology,新技术)系统。

Windows NT 系列包括 Windows NT 3.1/3.5/3.51,Windows NT 4.0 及 Windows 2000。Windows NT 是纯 32 位操作系统,使用先进的 NT 核心技术,非常稳定。该系列分为面向工作站和高级笔记本的 Workstation 版(以及后来的 Professional 版),以及面向服务器的 Server 版。

2001 年,NT 的一个新桌面版本发布,即著名的 Windows XP。Windows XP 的目标是基于 Windows NT 的操作系统最终替代基于 MS-DOS 的 Windows 版本。2007 年,微软公司为桌面计算机发布了 Windows Vista,随后又为服务器发布了 Windows 2008。2009 年,微软公司开始发售 Windows 7 和 Windows Server 2008 R2。尽管命名不同,但是这些系统的客户端版本和服务器版本都使用了大量相同的文件,只不过服务器版本支持一些附加的特性和功能。

多年来,NT 一直试图支持多种处理器体系结构。NT 最初的目标是 Intel i860 和 x86,后来增加了对 Digital Alpha、Power PC 和 MIPS 的支持,再后来就是支持 Intel IA64 和 x86 的 64 位版本,即基于 AMD 64 处理器的体系结构。Windows 7 仅支持 x86 和 AMD 64,Windows Server 2008 R2 仅支持 AMD 64 和 IA 64。2012 年,第一款带有 Metro 界面的桌面操作系统 Windows 8 发布,它除了支持 Intel 和 AMD 的芯片架构外,还支持 ARM 的芯片架构,这也意味着微软公司正式加入苹果的 IOS、谷歌的 Android 所在的移动领域的激烈竞争当中。

近几年来,云计算模式使得未来的云时代需要一种基于 Web 的操作系统,这种操作系统依靠分布在各地的数据中心提供运行平台,而应用这种系统平台则需要互联网。这种架构模式使得在未来的云计算时代,强大的终端将变得不再必要。我们甚至仅仅依靠一个显示屏、一个鼠标和一个键盘就可以实现今天终端能实现的一切功能,当然,这种情况是需要很高的网络带宽才能实现的。Windows Azure 是微软公司正在开发的一个面向云计算的 NT 版本,它包含了大量针对公有云和私有云需求的特性。

2. 体系结构

Windows 7 是微软公司于 2009 年发布的,开始支持触控技术的 Windows 桌面操作系统,其内核版本号为 NT 6.1。Windows 7 集成了 DX 11 和 Internet Explorer 8。DX 11 作为 3D 图形接口,不仅支持未来的 DX 11 硬件,还向下兼容当前的 DX 10 和 DX 10.1 硬件。DX 11 增加了新的计算 shader 技术,可以允许 GPU(图形处理单元)从事更多的通用计算工作,而不仅仅是 3D 运算,这可以鼓励开发人员更好地将 GPU 作为并行处理器使用。Windows 7 还具有超级任务栏,提升了界面的美观性和多任务切换的使用体验。通过缩短开机时间、提高硬盘传输速度等一系列性能改进,Windows 7 的系统要求并不低于 Vista 的。到 2012 年 9 月,Windows 7 已经超越 Windows XP,成为世界上占有率最高的操作系统。

图 1.9 所示的是 Windows 7 的体系结构。实际上,基于 NT 的各种 Windows 版本在这一层面上都有相同的结构。

和几乎所有的操作系统一样,Windows 把面向应用的软件和操作系统核心软件分开,后者包括在核心态下的执行体、内核、设备驱动和硬件抽象层。内核模块软件可以访问系统数据和硬件,在用户模块下运行的其他软件被限制访问系统数据。

由图 1.9 可以看出,Windows 7 的体系结构是高度模块化的。每个系统函数都正好由一个操作系统部件管理,操作系统的其余部分和所有应用程序通过相应的部件使用标准接口访问这个函数,关键的系统数据只能通过相应的函数访问。理论上讲,任何模块都可以移动、升级和替换,而不需要重写整个系统或其标准应用程序编程接口(API)。

1) 内核态组件

(1) 执行体(executive):包括操作系统核心服务,如内存管理、进程和线程管理、安全、I/O 和进程通信等。

(2) 内核(kernel):控制处理器的执行。内核管理包括线程调度、进程切换、异常和中断

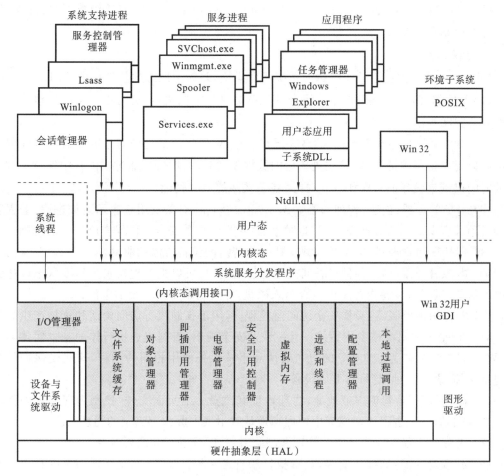

图 1.9　Windows 7 的体系结构

注　LSASS：local security authentication server。

　　POSIX：portable operating system interface。

　　GDI：graphics device interface。

　　DLL：dynamic link libraries。

　　深色底纹区域表示执行体。

处理、多处理器同步等。与执行体和用户级的其他部分不同,内核本身的代码并不在线程内执行。因此,内核是操作系统中唯一不可抢占或分页的部分。

（3）硬件抽象层（hardware abstraction layer,HAL）：在通用的硬件命令和响应与某一特定平台专用的命令和响应之间进行映射。它将操作系统从与平台相关的硬件差异中隔离出来,使得每个机器的系统总线、直接存储器访问控制器、中断控制器、系统计时器和存储控制器对内核来说看上去都是相同的。

（4）设备驱动（device drivers）：用于扩展执行体的动态库。动态库包括硬件设备驱动程序,可以将用户 I/O 函数调用转换为特定的硬件设备 I/O 请求,动态库还包括一些软件结构,用于实现文件系统、网络协议和其他必须运行在内核态中的系统扩展功能。

(5) 窗口和图形系统(windowing and graphics system):实现 GUI 函数,如处理窗口、用户界面控制和画图等。

2) 系统函数模块

Windows 执行体包括一些特殊的系统函数模块,并为用户态的软件提供 API。

(1) I/O 管理器:为应用程序访问 I/O 设备提供一个框架,负责为进一步的处理分发合适的设备驱动程序。

(2) 文件系统缓存管理器:又称高速缓存管理器,通过使最近访问过的磁盘数据驻留在内存中以提供快速的访问,以及在更新后的数据发送到磁盘之前,通过在内存中保持一段很短的时间以延迟磁盘的写操作,用于提高基于文件的 I/O 性能。

(3) 对象管理器:创建、管理和删除 Windows 执行体对象及用于表示诸如进程、线程和同步对象等资源的抽象数据类型,并为对象的保持、命名和安全性设置实施统一的规则。

(4) 即插即用管理器:决定并加载支持一个特定的设备所需的驱动。

(5) 电源管理器:调整各种设备间的电源管理,并且可以把处理器置为休眠状态以达到节电的目的,甚至可以将内存中的内容写入磁盘,然后切断整个系统的电源。

(6) 安全引用控制器:又称安全访问监控程序,用于强制执行访问确认和审核产生的规则。Windows 面向对象模型支持统一且一致的安全视图,直到组成执行体的基本实体。因此,Windows 为所有受保护对象的访问确认和审核检查使用相同的例程,这些受保护的对象包括文件、进程、地址空间和 I/O 设备。

(7) 虚存管理器:管理虚拟地址、物理地址和磁盘上的页面文件,控制内存管理硬件和相应的数据结构,把进程地址空间中的虚拟地址映射成实际内存当中的物理页。

(8) 进程和线程管理器:创建、管理和删除对象,跟踪进程和线程对象。

(9) 配置管理器:又称注册表,负责执行和管理系统注册表(系统注册表是保存系统和每个用户参数设置的数据仓库)。

(10) 本地过程调用机制:为本地进程实现服务和子系统间的通信而实现的一套高效的跨进程的过程调用机制。

3) 基本的用户进程类型

Windows 支持如下四种基本的用户进程类型:

(1) 系统支持进程:需要进入管理系统的用户态服务,如会话管理程序、认证子系统、服务管理程序和登录进程等。

(2) 服务进程:由打印机后台管理程序、事件记录器、与设备驱动协作的用户态构件、不同的网络服务程序等组成,这些服务是 Windows 系统中后台运行用户态活动的唯一方法,并被用于扩展系统的功能。

(3) 应用程序:由可执行程序(EXE)和动态链接库(DLL)共同组成,向用户提供使用系统的功能。

(4) 环境子系统:用于提供不同的操作系统的个性化设置。每个环境子系统包括一个在所有系统应用程序中都会共享的子系统进程,以及把用户程序调用转换成本地过程调用(LPC)或原生 Windows 调用的动态链接库(DLL)。

1.6.2 Linux 操作系统

Linux 操作系统开始于 IBM PC(Intel 80386)结构的一个 UNIX 变体,最初的版本是由芬兰的一名计算机科学专业的学生林纳斯·托瓦兹(Linus Torvalds)编写的。1991 年,托瓦兹在 Internet 上公布了最早的 Linux 版本,从那以后,很多人通过在 Internet 上的合作,为 Linux 的发展作出了贡献。Linux 是免费使用、自由传播并可以获得源代码的操作系统,这使它成为诸如 Sun Microsystems 和 IBM 公司提供的 UNIX 工作站的较早替代产品。如今,Linux 已成为具有全面功能的 UNIX 系统,可以在所有这些平台甚至更多的平台上运行,包括 Intel Pentium、Itanium、Motorola/IBM PowerPC 及大量的移动设备。

Linux 成功的关键在于,它是由自由软件基金会(Free Software Foundation,FSF)赞助的自由软件。FSF 的目标是提供自由的、高质量的、为用户团体所接受的、运行稳定的、与平台无关的软件。FSF 的 GUN 项目则为软件开发者提供了工具,其中的 GUN Public License(GPL)是 FSF 的批准标志。托瓦兹在开发 Linux 内核的过程中使用了 GUN 工具,后来他在 GPL 之下发布了这个内核。我们今天见到的 Linux 发行版本正是 FSF 的 GUN 项目、托瓦兹的个人努力和遍布全世界的很多合作者的共同产品。

Linux 的结构是一个模块的集合,这些模块可以通过命令自动地加载和卸载,这使得尽管 Linux 没有采用微内核的方法,但仍然具有很多优点。Linux 中这些相对独立的模块称为可加载模块(loadable module)。实际上,一个模块就是内核在运行时可以链接或断开链接的一个对象文件,最典型的,一个模块的作用就是实现某一特定的功能,如一个文件系统、一个设备驱动等。尽管一个模块可能因为各种目的而创建内核线程,但它自身还是不能作为进程或线程的执行者。

图 1.10 所示的是基于 IA64 体系结构的 Linux 内核的主要组件。图中显示了运行在内核之上的一些进程。每个方框表示一个进程,每条带箭头的曲线表示一个正在执行的线程。内核本身包括一组相互关联的组件,箭头表示主要的关联。底层的硬件也是一个组件集,箭头表示硬件组件被哪一个内核组件使用或控制。

(1) 信号(signal):内核通过信号来通知进程,例如,通知进程发生了某些错误,如被零除。

(2) 系统调用(system call):进程通过系统调用来请求系统服务。Linux 中一共有几百个系统调用,大致可以分为六类,即文件系统、进程、调度、进程间通信、套接字(网络)和其他。

(3) 进程和调度器(processes and scheduler):创建、管理和调度进程。

(4) 虚拟内存(virtual memory):为进程分配和管理虚拟内存。

(5) 文件系统(file system):为文件、目录和其他文件相关的对象提供一个全局的、分层次的命名空间,并提供文件系统函数。

(6) 网络协议(network protocols):为用户的 TCP/IP 套件提供套接字接口。

(7) 字符设备驱动(character device driver):管理向内核一次发送或接收一个字节数据的设备,如终端、调制解调器和打印机。

(8) 块设备驱动(block device driver):管理以块为单位向内核发送和接收数据的设备,

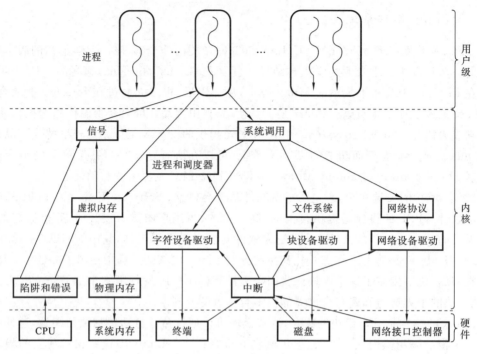

图 1.10　Linux 内核组件

如各种形式的外存。

（9）网络设备驱动(network device driver)：对负责连接到网桥或路由器之类的网络设备的网络接口卡和通信端口提供管理。

（10）陷阱和错误(traps and fault)：处理 CPU 产生的陷阱和错误，如内存错误等。

（11）物理内存(physical memory)：管理实际内存中的内存页池和为虚拟内存分配内存页。

（12）中断(interrupt)：处理来自外设的中断。

1.6.3　嵌入式操作系统

嵌入式操作系统(embedded operating system，EOS)是指用于嵌入式系统的操作系统。跟其他操作系统的功能类似，嵌入式操作系统负责嵌入式系统的全部软、硬件资源的分配，任务调度，控制、协调并发活动。嵌入式操作系统通常包括与硬件相关的底层驱动软件、系统内核、设备驱动接口、通信协议、图形界面、标准化浏览器等，是一种用途广泛的系统软件。嵌入式操作系统必须体现其所在系统的特征，能够通过装卸某些模块来达到系统所要求的功能。目前在嵌入式领域广泛使用的操作系统有：应用在智能手机和平板电脑上的 Android、iOS 等，以及嵌入式实时操作系统 μC/OS-II、嵌入式 Linux、Windows Embedded、VxWorks 等。

1. 嵌入式操作系统的结构

嵌入式操作系统的结构如图 1.11 所示。嵌入式操作系统的主要组成部分如表 1.1 所示。

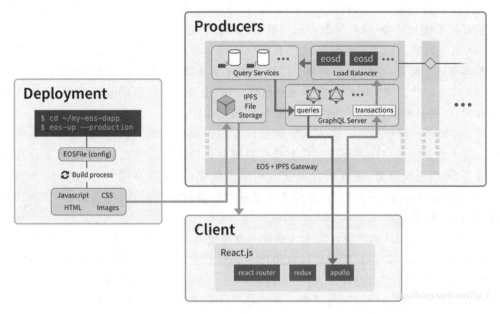

图 1.11　嵌入式操作系统的结构

表 1.1　嵌入式操作系统的主要组成部分

英 文 名 称	中 文 名 称	功　　能
nodeos	节点	EOS 系统的核心进程,即"节点",运行时可以配置插件
producer_plugin	见证人插件	见证人必用插件,普通节点不需要
wallet_plugin	钱包插件	使用该插件可省去 keosd 钱包工具
wallet_api_plugin	钱包接口插件	给钱包插件提供接口
chain_api_plugin	区块链接口插件	提供区块链数据接口
http_plugin	http 插件	提供 http 接口
account_history_api_plugin	账户历史接口	提供账户历史查询接口
cleos	本地命令行工具	与用户交互、节点的 REST 接口通信,是用户或者开发者与节点进程交互的桥梁
keosd	本地钱包工具	非节点用户存储钱包的进程,可以管理多个含有私钥的钱包并进行加密

2. 嵌入式操作系统的特点

嵌入式操作系统具备以下特点。

（1）系统内核小。由于嵌入式系统一般应用于小型电子装置,系统资源相对有限,所以内核较之传统的操作系统要小得多。例如 Enea 公司 OSE 系统的内核仅 5 KB,它专门针对要求真正的确定性实时行为和高可用性的多处理器系统进行了优化。

（2）专用性强。嵌入式系统的个性化很强,其中的软件系统和硬件的结合非常紧密。一般要针对硬件进行系统的移植,即使在同一品牌、同一系列的产品中,也需要根据系统硬件的变化不断进行修改。同时针对不同的任务,往往需要对系统进行较大更改,程序的编译和下载要与系统相结合,这种修改和通用软件的"升级"是完全不同的两个概念。

(3) 系统精简。嵌入式系统一般没有系统软件和应用软件的明显区分,不要求其功能设计及实现过于复杂,这样一方面利于控制系统成本,同时也利于实现系统安全。

(4) 高实时性。高实时性的操作系统软件(OS)是嵌入式软件的基本要求,且软件要求固态存储,以提高速度;软件代码要求高质量和高可靠性。

(5) 多任务的操作系统。嵌入式软件开发要想走向标准化,就必须使用多任务的操作系统。嵌入式系统的应用程序可以没有操作系统而直接在芯片上运行,但是为了合理地调度多任务,利用系统资源、系统函数以及专用库函数接口,用户必须自行选配 RTOS(real-time operating system)开发平台,这样才能保证程序执行的实时性、可靠性,并节省开发时间,保障软件质量。

(6) 需要开发工具和环境。嵌入式系统开发需要开发工具和环境。由于其本身不具备自主开发能力,因此,即使设计完成以后用户不能对其中的程序功能进行修改,也必须有一套开发工具和环境才能进行开发,这些工具和环境一般是基于通用计算机上的软硬件设备、各种逻辑分析仪和混合信号示波器等。开发时往往有主机和目标机的概念,主机用于程序的开发,目标机作为最后的执行机,开发时需要交替结合进行。

1.6.4 华为鸿蒙操作系统

鸿蒙操作系统(HarmonyOS)是基于微内核的全场景分布式操作系统,可按需扩展,实现更广泛的系统安全,主要用于物联网。其特点是低时延,甚至可到毫秒级乃至亚毫秒级。

1. 系统架构

鸿蒙操作系统用于实现模块化耦合,对应不同设备可弹性部署,是一个三层架构体系,第一层是内核,第二层是基础服务,第三层是程序框架。可应用于大屏、PC、车机等各种不同的设备上。还可随时应用于手机上,但目前华为手机端操作系统依然优先使用 Android 操作系统。

内核包含 Linux 内核、鸿蒙微内核和 LiteOS。对于其系统中最底层是否还有一个 Hypervisor(虚拟机监视器),是否使用虚拟化来实现,软件是否使用分布式软件总线进行传输消息,分布式软件总线是否是用户空间中的一套协议等具体细节,需要等到华为完全公开系统内核代码才能得知。估计之后还会提供虚拟化层来进行虚拟化 API 或者兼容系统调用。图 1.12 所示的为鸿蒙操作系统架构。

2. 发展历程

2012 年,华为开始规划自有操作系统"鸿蒙"。

2019 年 5 月 24 日,国家知识产权局商标局网站显示,华为已申请"华为鸿蒙"商标,申请日期是 2018 年 8 月 24 日,注册公告日期是 2019 年 5 月 14 日,专用权限期是从 2019 年 5 月 14 日到 2029 年 5 月 13 日。

2019 年 8 月 9 日,华为正式发布鸿蒙系统。同时余承东也表示,鸿蒙操作系统实行开源部分代码,应用产品编辑。

2019 年 8 月 10 日,荣耀正式发布荣耀智慧屏、荣耀智慧屏 Pro 搭载鸿蒙操作系统。

图 1.12　鸿蒙操作系统架构

鸿蒙操作系统可应用于穿戴设备、智慧屏、车机设备,未来包括工业自动化控制、无人驾驶等,横跨手机、平板电脑、电视机、物联网等多个平台。

3. 技术特性

鸿蒙操作系统主要具有以下特性。

(1)无缝性。

通过采用分布式架构和分布式虚拟总线技术,鸿蒙操作系统提供了共享的通信平台、分布式数据管理、分布式任务调度和虚拟外围设备。借助鸿蒙操作系统,应用程序开发人员不必处理分布式应用程序的底层技术,从而可以专注于自己的个性化服务逻辑。开发分布式应用程序将比以往更容易。基于鸿蒙操作系统构建的应用程序可以在不同的设备上运行,同时在所有方案中提供无缝的协作机制,可使最终消费者享受到强大的跨终端业务协同能力为各使用场景带来的无缝体验。

(2)平滑性。

鸿蒙操作系统通过确定性时延引擎和高性能进程间通信(inter process communication,IPC)技术实现系统间的流畅性,解决手机操作系统性能不佳的问题。确定性时延引擎预先设置任务执行优先级和时间限制,资源将倾向于具有更高优先级的任务,即优先级高的任务资源将优先保障调度。这种机制将应用程序的响应延迟降低了25.7%。微内核结构小巧的特性使IPC性能非常好,进程间通信效率比现有系统提升了5倍。

(3)安全性。

鸿蒙操作系统采用全新的微内核设计,具有增强的安全性和低延迟等特点,重塑了终端设备可信安全性。该微内核旨在简化内核功能,在内核外的用户模式下实现尽可能多的系统服务,并增加相互的安全保护。微内核本身仅提供线程调度、IPC等最基本的服务。

鸿蒙操作系统的微内核设计使用形式验证方法(formal verification methods)在可信执行环境(trusted execution environment,TEE)中从头开始重塑安全性和可信赖性。形式验证方法是从源头验证系统正确性的有效数学方法,而传统验证方法(例如功能验证和黑客攻击模拟)仅限于有限的场景。相反,形式验证方法可以使用数据模型来验证所有软件运行路径的安全性。

鸿蒙操作系统是第一款在设备可信执行环境中使用形式验证方法的操作系统,显著提高了操作系统的安全性。此外,由于鸿蒙操作系统微内核的代码量大约是 Linux 内核数量的千分之一,所以受攻击的可能性大为降低。

(4) 统一性。

鸿蒙操作系统由多设备集成开发环境(IDE)、多语言统一编译和分布式架构工具包提供支持,可以自动适应不同的屏幕布局控制和交互,并支持拖放控制和面向预览的可视化编程。允许开发人员更有效地构建在多个设备上运行的应用程序。借助多设备 IDE,开发人员可以对其应用程序进行一次编码,并将其部署在多个设备上,从而在所有用户设备上创建紧密集成的生态系统。华为 ARK(方舟)编译器是首个取代 Android 虚拟机模式的静态编译器,使开发人员能够在一个统一的环境中将各种高级语言编译成机器代码。通过支持多种语言的统一编译,华为 ARK 编译器将帮助开发人员大大提高他们的工作效率。

4. 意义

未来三年,除完善相关技术外,鸿蒙操作系统会逐步应用在可穿戴设备、智慧屏、车机等更多智能设备中。它的诞生拉开了永久性改变操作系统全球格局的序幕。

小　　结

本章主要对操作系统做一个简要的介绍,包括什么是操作系统、操作系统的发展历程、操作系统的主要功能和体系结构以及操作系统的特征,最后还对目前流行的两大操作系统 Windows 和 Linux 进行了简单介绍。通过对本章的学习,大家能对操作系统有一个最基本的了解。

习　题　1

1. 什么是操作系统? 设计操作系统的主要目标是什么?
2. 多道批处理系统有哪些特点?
3. 要实现多道批处理需要解决哪些问题?
4. 分时系统和实时系统有何区别?
5. 操作系统的主要功能有哪些?
6. 操作系统有哪些组织结构?
7. 微内核操作系统具有哪些优点? 它为何能有这些优点?
8. 操作系统的基本特征是什么?
9. 什么是操作系统的异步性?
10. 现代操作系统应具备哪些新的特征?

第2章 中　　断

学习目标

❖ 了解中断在操作系统中的地位。

❖ 掌握中断的概念、作用和类型。

❖ 掌握计算机系统响应中断和处理中断的过程。

现代操作系统提供多用户、多任务的运行环境,具备同时处理多种活动的能力。多个应用程序为了完成各自的任务,都需要获得处理机的控制权,通过在 CPU 上轮流运行来实现系统的并发。为此,系统必须具有能使这些任务在 CPU 上快速转换的能力、具有自动处理计算机系统中发生的各种事件的能力及能够解决外设和 CPU 之间通信问题的能力。总之,为了实现系统的并发及自动化工作,系统必须具备处理中断的能力。

2.1　中断的基本概念

所谓中断,就是指 CPU 在执行一个程序时,对系统发生的某个事件(程序自身或外界的原因引起的)作出的一种反应,即 CPU 暂停正在执行的程序,保留当前程序的运行现场后自动转去处理相应的事件,处理完该事件后,又返回到之前的程序断点,继续执行被中断的程序,如图 2.1 所示。

发生某个事件时发出的信号称为中断信号,用于处理中断信号的工作程序称为中断处理程序,而引起中断的事件则称为中断事件或中断源。由图 2.1 可以看出,整个中断过程涉及用户程序和中断处理程序这两类程序(中断嵌套情况除外)。整个过程包括由硬件实现进入中断、由软件实现的中断处理程序及中断返回这几个步骤。中断过程则是由硬件产生的中断信号所引发的。例如,当 I/O 设备传输操作完成时,便会发出相应的中断信号,主机响应该中断信号后便暂停对现行工作的处理,立即转去处理与该中断信号对应的中断处理程序。又如,当电源故障、地址错误等事件发生时,系统会立即产生相应的中断信号,并通过中断机构引出处理该事件的程序来进行处理。

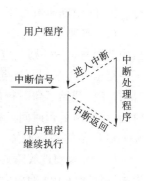

图 2.1　中断概念示意图

1. 中断的特点

(1) 随机性:在系统运行过程中,中断事件随时可能出现。

(2) 可恢复性:在完成对某一事件的中断处理程序后,系统会返回到原程序的断点处继续执行。

（3）自动性：在中断事件发生后，进入中断、执行中断处理程序及中断返回都是由系统自动完成的。

系统在进入中断时，会访问中断寄存器和程序状态字(program statement word，PSW)寄存器的内容。系统硬件会为每个中断源设置中断寄存器，中断发生时的相关信息被记录在该寄存器中，以便分析处理。中断寄存器中的内容称为中断字。

程序运行时都有一组反映其运行状态的信息，它是反映程序运行时机器所处现行状态的代码。程序状态字寄存器的作用是控制指令的执行顺序并保留和指示与程序相关的系统状态。

2. PSW 存储器的主要内容

（1）指令地址：程序当前应该执行的指令的地址，有些机器会将该信息存放在一个单独的寄存器——程序计数器(PC)当中。

（2）条件码：用于指示当前指令的执行情况。

（3）目态/管态：用于指示 CPU 处于何种工作状态。

（4）中断屏蔽位：用于指示程序在执行时应该屏蔽哪些中断，即哪些中断发生时 CPU 不予响应，常用于需要连续运行的程序中，防止任务被中断干扰。在中断服务中设置适当的屏蔽位，可以起到对优先级不同的中断源的屏蔽作用，防止在执行某一类中断处理时受其他中断干扰。

（5）寻址方式、编址、保护键。

（6）响应中断的内容。

2.1.1　中断的作用

中断通常是由 I/O 设备或其他非预期的、急需处理的事件引起的，使 CPU 暂时中断当前正在执行的程序，转而执行与处理该事件相关的服务程序，处理完后再返回原程序继续执行。因此，中断具有如下一些作用：

（1）实现 CPU 与 I/O 设备并行工作。例如，在打印机打印完一行信息后，便向 CPU 发出中断信号，CPU 则响应中断，停止正在执行的程序，转入打印中断服务程序，将要打印的下一行信息传送到打印机控制器并启动打印工作，然后 CPU 又继续执行原来的程序，此时，打印机开始了新一行信息的打印过程。打印机打印一行信息需要几毫秒到几十毫秒的时间，而中断处理时间是很短的，一般是毫秒级。所以，从宏观上看，通过中断，实现了 CPU 和 I/O 设备的并行工作。

（2）实现硬件故障处理。当计算机在运行过程中出现某些硬件故障时，便会向系统发出中断请求，CPU 响应中断后自动进行相应的故障处理。

（3）实现人-机通信。利用中断系统实现人-机通信是方便、有效的。在计算机工作过程中，如果用户要干预计算机，如抽查计算中间结果、了解计算机工作状态、给计算机下达临时性指令等，在没有中断系统的计算机中，这些功能则几乎是无法实现的。

（4）实现多道程序和分时操作。计算机实现多道程序运行是提高计算机运行效率的有效手段。多道程序的切换运行需要借助中断系统。在一道程序的运行中，由中断系统切换到另外一道程序运行，也可以通过分配给每道程序一个时间片，利用定期的时钟中断实现。

（5）实现实时处理。所谓实时处理,就是当某个事件或现象发生时,应及时地对其进行处理,而不是将其集中起来进行批处理。这些事件的出现时刻都是随机的,因此,要求计算机在事件出现时,能中断正在执行的程序,转而处理中断服务程序。现在,利用中断技术进行实时控制已经广泛地应用于各个领域当中。

（6）实现应用程序和操作系统的联系。在用户程序中安排一条 trap 指令,可以进入操作系统,实现应用程序和操作系统的联系,称为软中断。软中断的中断处理过程和其他中断的是类似的。

（7）实现多处理机系统中处理机之间的联系。在多处理机系统中,处理机和处理机之间的信息传递和任务切换也是通过中断来实现的。

2.1.2　中断的类型

引起中断的事件(中断源)很多,每一个中断事件称为一个中断类型。为了便于管理,操作系统将众多的中断按中断功能、中断方式及中断来源进行分类。

1. 按中断功能分类

（1）硬件故障中断:机器发生故障时所产生的中断称为硬件故障中断。例如,电源故障、通道与主存交换信息时主存出错、从主存取指令错、取数据错、长线传输时的奇偶校验错等。

（2）程序性中断:在执行程序的过程中,发现了程序性质的错误或出现了某些程序的特定状态而产生的中断称为程序性中断。程序性的错误包括定点溢出、十进制溢出、十进制数错、地址错、用户态下用了核心态指令、越界、非法操作等。程序的特定状态包括逐条指令跟踪、指令地址符合跟踪、转态跟踪、监视等。

（3）外部中断:对某台中央处理机而言,它的外部非通道式装置所引起的中断称为外部中断,例如,时钟中断、操作员控制台中断、多机系统中 CPU 到 CPU 的通信中断等。

（4）I/O 中断:I/O 中断是当外设或通道操作正常结束或发生某种错误时所发生的中断,例如,I/O 传输出错、I/O 传输结束等。

（5）访管中断:对操作系统提出某种需求(请求 I/O 传输、创建进程等)时所发出的中断称为访管中断,即用户在程序中有意识安排的中断。这是由于用户在编写程序时需要使用操作系统提供的服务,有意使用访管指令或系统调用所引起的中断,又称软中断,例如,用户请求系统分配内存空间、请求分配设备、请求启动外设等。

2. 按中断方式分类

在上述中断类型当中,有些中断是随机发生的,并不是正在执行的程序所希望发生的,而有些中断则是正在执行的程序所希望发生的。从这一角度来区分中断,可以将中断分为强迫性中断和自愿中断。

（1）强迫性中断:中断事件不是正在运行的程序所期待的这类中断称为强迫性中断,这类中断通常是由某种事故或外部请求信号所引起的,例如,硬件故障中断、外部中断、I/O 中断等。

（2）自愿中断:正在运行的程序所期待的事件引起的中断称为自愿中断,这类中断通常是由运行程序自身请求操作系统服务而引起的,例如,访管中断。

3. 按中断来源分类

在所有的中断源当中,有些中断源来自处理机内部,有些则来自处理机外部,所以按照中断来源的不同可以将中断分为外中断和内中断。

(1) 外中断:由处理机外部事件引起的中断称为外中断,又称中断或异步中断,它是随着 CPU 的时钟随机产生的,可能发生在一条指令的执行过程中,也可能发生在一条指令执行之后,但只能在一条指令执行结束之后才能响应该中断,例如,外部中断、I/O 中断。

(2) 内中断:由处理机内部事件引起的中断称为内中断,又称异常或同步中断,它是由 CPU 控制单元产生,在一条指令执行完毕之后才会发出中断,一旦发出中断,应立即响应该中断。内中断包括访管中断、程序性中断、硬件故障中断。

在现代的小型机和微型机系统中,将所有中断按中断来源分为中断和异常。在系统中同时发生中断和异常请求时,异常总是优先得到响应和处理,所以异常也称高优先级中断。中断和异常的来源和响应的先后次序不同,但处理中断和异常所使用的机构和方式基本上是相同的。图 2.2 所示的是一些常见的中断或异常。

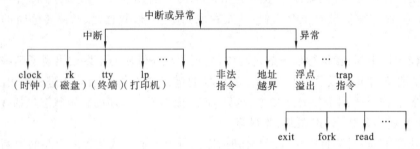

图 2.2　中断或异常

2.1.3　中断嵌套、中断优先级和中断屏蔽

当 CPU 正在处理一个中断时,系统可能又发生了一个或多个中断,例如,一个程序可能从一条通信线路中接收数据并打印结果,每完成一个打印操作,打印机就会产生一个中断,每当一个数据单元到达时,通信线路控制器也会产生一个中断,那么,在任何情况下,都有可能在处理打印机中断的过程中发生一个通信中断。那么,当多个中断同时发生时,系统该如何响应和处理中断呢?

1. 中断嵌套

在处理一个中断事件时,系统允许响应新的中断事件,此时,就可能出现中断嵌套的情况,即前一个中断处理程序的执行被终止,转而执行新的中断处理程序,如图 2.3 所示。中断嵌套可能会引发两个问题:一是优先级低的中断事件的处理打断了优先级高的中断事件的处理,使中断事件的处理顺序与中断响应顺序不一致;二是可能会形成多重嵌套,使得断点现场的保护、中断返回等工作变得复杂。

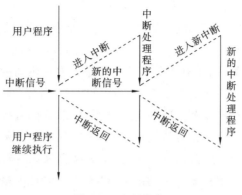

图 2.3　中断嵌套

2. 中断优先级

系统根据中断事件的重要性和紧迫程度,将中断源划分为若干个级别,称为中断优先级,中断优先级是由硬件规定的。当有多个中断同时发生时,系统会根据优先级的高低来决定响应中断的先后次序,即优先响应优先级别高的中断。另外,对相同级别的中断,则按照硬件规定的次序响应。不同的系统对中断优先级的划分是不一样的,这是在硬件设计时规定的。中断优先级的存在就保证了系统在响应中断时,不会出现低优先级中断打断高优先级中断工作的情况。一般情况下,中断优先级的顺序为:硬件故障中断>自愿中断>程序性中断>外部中断>I/O 中断。

3. 中断屏蔽

某些时候,系统在处理低优先级的中断事件时,并不希望它被高优先级的中断所打断,这时就可以借助中断屏蔽技术来实现该需求。让 PSW 中的中断屏蔽位与一些中断事件相对应,当某一位有屏蔽标志时,表示屏蔽掉系统对相应事件的响应。于是,在中断装置检测到有中断发生后,需要查看当前 PSW 中的中断屏蔽标志。若该事件对应的屏蔽位没有被置位,则表示该事件没有被屏蔽,系统可以响应中断;反之,若该事件对应的屏蔽位被置位,则表示该事件被屏蔽了,系统暂时不响应该中断,待屏蔽标志消除后再响应。要注意的一点是,自愿中断是不能屏蔽的。

2.2　中断在操作系统中的地位

有了对中断概念的基本了解以后,就不难理解为什么说操作系统是由中断驱动的了。

首先,中断是多道程序并发执行的推动力。在单 CPU 的计算机系统中,要使多道程序得以并发执行,关键在于 CPU 要能在这些程序间不断地切换,使得每道程序都有机会在 CPU 上运行,从而实现宏观上的并行性,而实现这种切换的动力主要就是时钟中断。多道程序通常按照一定的时间片交替地使用 CPU。在一个正在 CPU 上运行的程序的时间片到期后,便会把 CPU 让给另一个程序使用,这就是 CPU 按时间片的切换,而时间片是否到期,显然是由时钟计时的,也就是说,报告时间片到期的时钟中断一来,便要实现 CPU 的切换。因此，从这个意义上来说，时钟中断使 CPU 发生交替，因而推动多道程序并发执行。[①]

其次，操作系统是由中断驱动的。操作系统是一个由众多模块组成的集合，这些模块大致可以分为三类：第一类是在系统初启之后便和用户态程序一起主动地参与并发执行，如作业流管理程序、I/O 程序等，而所有的并发程序都是由中断驱动的，故操作系统中属于这一类的程序也是由中断驱动的；第二类是直接面对用户态的程序，这是一些"被动"地为用户服务的程序，每一条系统调用指令都对应一个这类程序，系统初启后，这类程序平常是不运行的，仅当用户态程序执行相应的系统调用指令时，这些程序才被调用执行，而系统调用指令执行是经由中断（陷入）机构处理的，因此，从这个意义上来说，操作系统中的这一类程序也是由中断驱动的；第三类是那些既不主动运行，也不直接面对用户态程序的程序，它们是由前两类程序调用的，是隐藏在操作系统内部的，既然前两类程序都是由中断驱动的，那么，这一类程序当然也是由中断驱动的。

综上所述，程序的并发执行是由中断推动的，操作系统是由中断驱动的。

2.3 中断响应过程

为了适应中断响应，在指令周期原有的取指阶段和执行阶段的基础上，还要增加一个中断阶段，如图 2.4 所示。

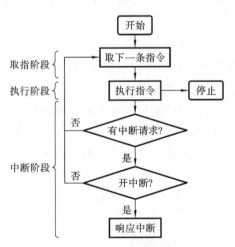

图 2.4 中断响应流程和指令周期

1. 发现中断源

在中断阶段，CPU 检查是否有中断发生，即检查是否有中断请求信号，当有多个中断源存在时，选择优先级高的中断源，并设置中断码。如果没有中断，CPU 继续取当前程序的下一条指令执行；如果有中断，CPU 检查系统是否开中断，即是否允许响应中断，若是，则阻塞

[①] 在不按时间片原则运行，而是按优先级或其他原则运行的系统中，CPU 的交替也主要发生在中断处理的时候，中断仍然是多道程序并发执行的推动力。

当前正在执行的程序,转而响应中断,执行中断处理程序,否则,不响应中断,继续取当前程序的下一条指令执行。发现中断源而产生中断过程的设备称为中断装置,又称中断系统。中断系统的功能是实现中断的进入,也就是实现中断响应过程。

2. 保护和恢复现场

现场是指在中断的那一时刻能确保程序继续运行的有关信息。现场信息主要包括后继指令所在主存的单元号、程序运行所处的状态、指令执行情况及程序执行的中间结果等。对多数计算机而言,这些信息存放在程序计数器、通用寄存器及一些特殊寄存器中。当中断发生时,必须立即把现场信息保存在主存中,这一工作称为保护现场,该工作由硬件和软件共同完成。保护现场的目的是使中断处理结束后,被中断的程序能继续运行。

由于中断的出现是随机的,而中断扫描机构是在 CPU 每执行完一条指令后、在固定的节拍内去检查中断触发器状态的,因此,中断一个程序的执行只能发生在某条指令周期的末尾。所以,中断装置要保存的信息应该是确保后继指令能正确执行的那些现场状态信息。

为了确保被中断的程序能从恢复点继续运行,必须在该程序重新运行之前,把保留的该程序的现场信息从主存中送至相应的各个寄存器当中,把完成这些工作称为恢复现场。一般系统在处理完中断后,准备返回到被中断的那个程序之前,通过执行若干条恢复通用寄存器的指令和一条 iret 指令来完成这一工作。

3. 中断响应

中断响应是当 CPU 发现已有中断请求时,终止现行程序的执行,并自动引出中断处理程序的过程。当发生中断事件时,中断系统必须立即将程序断点的现场信息存放到主存约定单元进行保存,用于中断返回时恢复现场。与此同时,中断系统自动地找到相应的中断处理程序的指令执行首地址和处理器状态,并送入相应寄存器中,从而引出中断处理程序。因此,中断响应的实质就是交换用户程序和相应中断处理程序的指令执行地址和处理器状态,以达到保存断点和自动执行中断处理程序的目的。

2.4 中断处理过程

2.4.1 中断处理流程

在硬件完成了对某中断源发出的中断请求的响应后,系统应立即撤销该中断源的请求,以免在下一个中断阶段再次对同一个中断请求进行响应。之后,相应的中断处理程序就获得了系统的控制权,进入软件的中断处理过程。这一过程主要有三项工作,如图 2.5 所示。

1. 保护现场和传递参数

对现场进行保护,包括对断点的保护和对通用寄存器及状态寄存器的保护。由于断点和现场信息表示的是系统运行到某一时刻的状态,是一个整体,因此在保存这些信息时,必须保证整个过程的完整性,也就是说,在进行现场保护的过程中,不能被其他事件打断,因

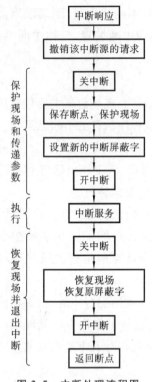

图 2.5 中断处理流程图

此,在保存断点和现场之前首先要关中断,即使系统不再响应任何中断,保存完后再开中断,允许系统重新响应中断。在进行现场保护的过程中,还可以设置新的中断屏蔽字,在原有中断响应顺序不变的情况下,用于改变中断处理的顺序。

2. 执行相应的中断服务程序

针对响应的中断事件,执行处理该事件的中断服务程序。因为中断类型多种多样,中断服务程序也各不相同,所以每一个中断都应由与之相对应的中断服务程序来处理,详见2.4.2小节。

3. 恢复现场并退出中断

执行完中断服务程序后,系统要返回到之前的断点处继续执行,所以要将先前保存的断点信息重新加载进系统的各个寄存器当中,并将中断屏蔽字还原,这一过程称为恢复现场。恢复现场和保护现场一样,整个过程不能被打断,所以在恢复现场之前必须关中断,恢复完后再将中断打开。

2.4.2 中断服务程序简介

中断处理过程中的中断服务这一步是最为复杂的。中断类型的多样性使得每一个中断都应有相应的中断服务程序。下面简单地介绍硬件故障中断、程序性中断、外部中断、I/O中断和访管中断的中断服务的主要内容。

1. 硬件故障中断事件的处理

由硬件故障引起的中断,往往需要人为干预来排除故障,而操作系统所做的工作一般只是保护现场,防止故障蔓延,并向操作员报告和提供相关故障信息。这样做虽然不能排除故障,但有利于恢复正常和继续运行。例如,当主存的奇偶校验装置发现主存读/写错误时,便产生读主存错的中断事件。操作系统首先停止发生该错误进程的运行,将其状态改为"等待干预",然后向操作员报告出错单元的地址和错误性质。等操作员排除故障后重启该进程,将其状态由"等待干预"改为"就绪"。

2. 程序性中断事件的处理

处理程序性中断事件一般有两种方法:一是对于那些纯属程序错误而又难以克服的事件,如地址越界、非管态时使用了管态指令、企图写入半固定存储器或禁写区等,操作系统只能将出错的进程名、出错地址和错误性质报告给操作员,请求干预;二是对于其他一些程序性中断事件,如溢出、跟踪等,不同的用户往往有不同的要求,所以,操作系统可以将这些程序性中断事件交给用户自行处理,这就要求用户编写处理该类中断事件的处理程序,如果用户没有编写该程序,那么操作系统将把发生事件的进程名、程序断点、事件性质等报告给操作员。

3. 外部中断事件的处理

外部中断是由外部非通道式装置所引起的中断,包括时钟中断、操作员控制台中断、多机系统中 CPU 到 CPU 的通信中断等。对不同的外部中断事件可分别进行处理。

1) 时钟中断事件的处理

时钟是操作系统进行调度工作的重要部件。时钟可以分为绝对时钟和间隔时钟两种。这两种情况都需要使用寄存器来记录时间信息。为提供绝对时钟,系统每隔一定时间间隔就将寄存器的值加 1,例如,每隔 20 ms 将一个 32 位长的寄存器的内容加 1,如果开始时这个寄存器的内容为 0,那么只要操作员告诉系统开机时的年、月、日、时、分、秒,以后就可以知道当前的年、月、日、时、分、秒了。在这个寄存器记满溢出,即经过 $2^{32} \times 20$ ms 后,系统就产生一次绝对时钟中断。此时系统只要将主存的一个固定单元加 1 就行了。这个主存单元记录了绝对时钟中断的次数。如果这个主存单元的长度是 32 位,那么系统最大计时量为 $(2^{32} \times 2^{32} - 1) \times 20$ ms,约 117 亿年。一般来说,这个时间足够长了。

间隔时钟类似于一个闹钟,每隔一定时间(如 20 ms)就将寄存器的内容减 1(一般用一条特殊指令将一个指定值预先置入这个寄存器中,就像预先设置好闹钟时间一样)。当该寄存器值为 0 时,便发出间隔时钟中断。例如,某个进程需要延迟若干时间再运行,它可以通过一个系统调用发出这个请求,并将自己阻塞,当间隔时钟到来时,产生时钟中断信号,由时钟中断处理程序唤醒被延迟的进程。

2) 控制台中断事件的处理

用户可以使用控制面板上的中断键请求调用操作系统的某个特定功能。当操作员按下一个控制开关时,便产生一个相应的外部中断事件通知操作系统,系统就如同接受到一条操作命令一样。处理该事件的程序则根据中断键的编号,把处理转交给一个特定的例行程序。因此,往往由系统按执行操作命令那样来处理这种中断事件。

4. I/O 中断事件的处理

I/O 中断主要是指外设中断,一般可分为传输结束中断、传输错误中断和设备故障中断,对它们可以分别进行如下处理:

1) 传输结束中断处理

传输结束中断的处理主要包括:决定整个传输是否结束,即决定是否要启动下一次传输,若整个传输结束,则将设备和相应控制器的状态置为空闲,然后,判定是否有等待传输者,若有,则组织等待传输者的传输工作。

2) 传输错误中断处理

传输错误中断的处理包括:将设备和相应控制器的状态置为空闲;报告传输错误信息;若设备允许重复执行,则重新组织传输,否则,为下一个等待者组织传输工作。

3) 设备故障中断处理

设备故障中断的处理包括:将设备状态置为空闲,并通过终端打印,报告某台设备已出故障。

5. 访管中断事件的处理

访管中断事件表示的是正在运行的程序要调用操作系统的功能,为此,中断处理程序可以设置一张系统调用程序入口表,中断处理程序按系统调用类型号查找这张入口表,找到相应的系统调用程序的入口地址,并将处理转交给实现调用功能的程序执行。

2.5 向量中断

当中断发生时,由中断源引起 CPU 进入中断服务程序的中断过程称为向量中断。这一中断过程是自动处理的。为了提高中断处理的速度,在向量中断中,对每一个中断类型都设置一个中断向量。中断向量包括该类中断的中断服务程序的入口地址和处理器的 PSW。系统中所有不同类型中断的中断向量集中存放在一起,形成中断向量表。在中断向量表中,存放每一个中断向量的地址称为中断向量地址。中断向量地址由相应的向量地址形成部件产生,这个电路可分散设置在各个接口电路中,也可设置在 CPU 内,如图 2.6 所示。

图 2.6 集中在 CPU 内的向量地址形成部件

当发生某一中断事件时,根据中断类型号找到中断向量表中存储的中断服务程序的入口地址和处理器 PSW,CPU 即可进入处理该事件的中断处理程序。在向量中断中,由于每一个中断源都有自己的中断处理程序和中断向量,因此当发生某一中断事件时,先将断点信息存入堆栈,然后从中断向量表中调入相应的中断向量,即可直接进入处理该事件的中断处理程序,如图 2.7 所示。

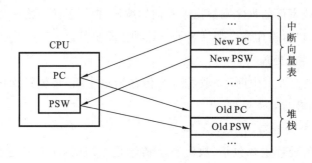

图 2.7 向量中断处理

与向量中断相对应的另外一种中断机制是探询中断。探询中断机制是将系统中的所有中断类型分为几大类,每一大类中都包含若干个中断类型。当产生一个中断信号时,在探询中断机制下,由中断响应转入的是某一大类中断的处理入口,例如,转入 I/O 中断处理程序的入口。对各种不同外设发来的中断都会转到这一中断处理程序。在这一中断处理程序中有一个中断分析例程,该中断分析例程用于判断应该转入哪一个具体的设备中断服务程序。所以,与向量中断相比,探询中断的处理时间就要长很多。

2.6 中断的应用

中断是操作系统中一个非常重要的操作,在了解中断是操作系统中的应用方式之前,先熟悉下面几个相关概念之间的差别。

1. 中断事件

中断是一个异步事件(可以在任何时候发生),并且与处理器当前正在执行的任务毫无关系。其主要由 I/O 设备、处理器时钟、定时器产生,可启用或禁用。

2. 异常事件

异常是一个同步事件,为一个特殊指令执行的结果。

3. 陷阱

当中断或异常发生时,处理器将捕捉到一个执行线程,并且将控制权转移到操作系统中的某一固定地址。在 Windows 中,处理器会将控制权转移给陷阱处理器(指与某个特定的中断或异常相关联的函数)。

硬件中断处理的基本原理:在支持 Windows 的硬件平台上,I/O 中断进入中断控制器的某根线上,从而中断处理器。处理器一旦被中断,就会询问控制器获得中断请求(interrupt request,IRQ)。中断控制器将该 IRQ 译成中断号,利用该编号作为索引,在中断描述表(interrupt description table,IDT)中找到对应的 IDT 项,并将控制权转移给中断描述表例程(在系统引导的时候,Windows 会填充 IDT,其中包含指向负责处理每个中断和异常的例程的指针)。总之,Windows 将硬件的 IRQ 映射到 IDT 中的中断号上,利用 IDT 来配置陷阱处理器(Windows 体系架构最多允许 256 个 IDT 项,但是一台特定的机器能支持的 IRQ 数量由该机器所使用的中断控制器的具体设计决定)。在一个多处理器系统中,每个处理器都会接收到中断时钟,但是只有一个处理器在响应该中断的时候更新系统时钟,其他所有的处理器都使用该中断来测量线程的时限,以及当线程的时限结束时,触发重新调度的过程。

内核为软件中断定义了一组标准的中断请求级别(interrupt request level,IRQL),硬件抽象层(hardware abstract layer,HAL)则将硬件中断号映射为 IRQL。中断是按照优先级处理的,高优先级的中断会抢占低优先级的中断的执行权。当抢占发生时,处理器会把被中断的线程的状态保存起来,接着调用与该中断相关的陷阱分发器,提升 IRQL,然后调用该中断的服务例程。在服务例程执行完后,陷阱分发器再降低处理器的 IRQL,回到中断发生前的级别,然后装入保存的机器状态,被中断的线程从原来的地方恢复运行。如果中断源的 IRQL 等于或低于当前的级别,则会被屏蔽,直到有一个正在执行的线程降低 IRQL 为止。

IRQL 被保存在处理器控制区(processor control region,PCR)和处理器控制块(processor control block,PRCB)两个地方。PCR 和 PRCB 包含了系统中每个处理器的状态信息,如当前的 IRQL、指向硬件的 IDT 指针、当前正在运行的线程、接下来要选择运行的线程。内核和 HAL 利用这些信息来完成各种与系统或机器相关的动作。

Windows 并没有从硬件上实现 IRQL 的概念,那么它是如何决定一个中断分配哪个

IRQL 的呢？在 Windows 中，一个被称为总线驱动程序的设备驱动程序用以确定它的总线上出现了哪些设备，以及哪些中断可以分配给每一个设备。总线驱动程序将这些信息告诉即插即用管理器，后者在考虑所有其他设备的可接受的中断分配方案以后，确定为每个设备分配哪个中断。然后，即插即用管理器调用即插即用中断仲裁者，将中断映射到对应的 IRQL，非 ACPI(advanced configuration and power management interface，高级配置和电源管理接口)系统使用根仲裁者，ACPI 兼容系统拥有自己的仲裁者。图 2.8 为 Windows10 系统中部分中断请求信息。

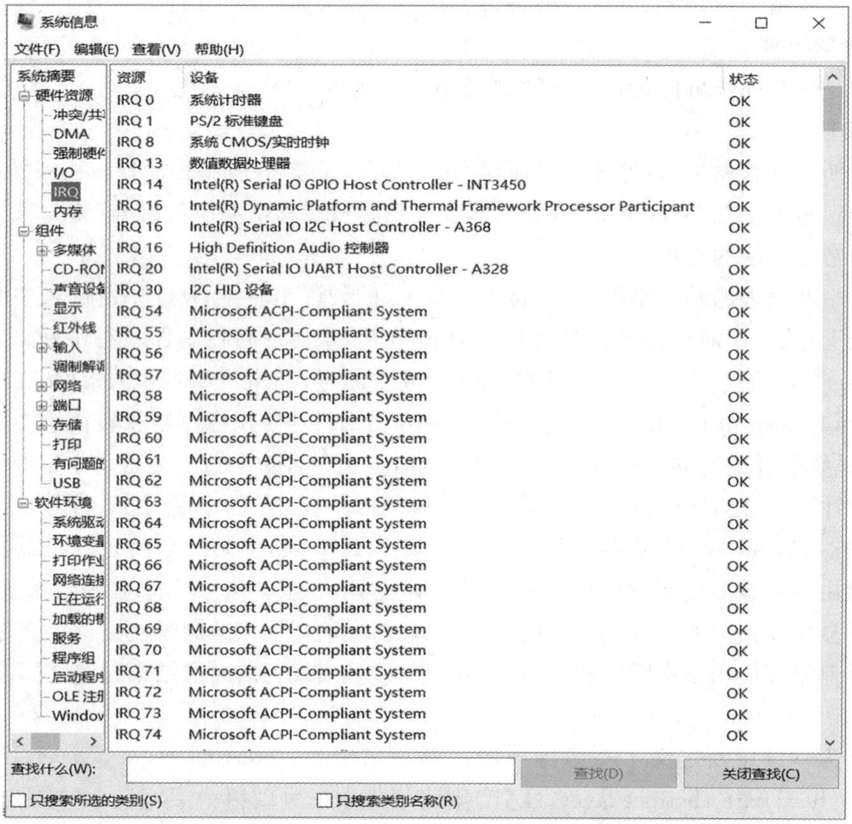

图 2.8　Windows10 系统中部分中断请求信息

其中，资源列中 IRQ 后面的数字为中断号，系统可根据此编号识别中断及其对应的中断响应；设备列中显示的是产生该中断信号的设备；状态列表示当前中断信号能否被正常响应。

小　　结

中断是实现操作系统的最基础的硬件支持功能，是实现多道程序运行环境的根本措施。中断处理的功能是由硬件和软件配合完成的。硬件负责中断进入过程，即发现和响应中断请求，把中断的原因和断点记下来供软件处理时查询，同时引出中断处理程序；而中断的分析处理和处理后的恢复执行等工作则由软件来完成。如请求使用外设的访管中断出现,将导致 I/O 管理程序的工作申请或释放主存而发出的访管中断,将引起存储器管理程序的相应管理功能的执行。正是因为有了中断,所以处理机调度程序才能实现在不同进程间的切换。因此,中断不仅是进程得以运行的直接或间接的"向导",而且也是进程被激活的驱动源。中断是实现操作系统功能的基础,是整个操作系统赖以活动的基础。只有了解中断的作用,才能深刻体会操作系统的内在结构。

习　题　2

1. 为什么说操作系统是由中断驱动的?
2. 试述中断响应过程。
3. 试述中断处理过程。
4. 中断和异常有何区别?
5. 按功能来分,中断有哪几种类型?
6. 什么是向量中断? 什么是中断向量?

第3章 进程和线程

学习目标

◈ 了解进程引入的原因、进程控制的方法、同步和互斥的基本概念、线程的基本概念。

◈ 熟悉进程状态及其相互转换、表述进程的数据结构和组织方式。

◈ 掌握进程的定义和特征、解决进程互斥和同步的方法。

所有的多道程序操作系统,无论是单用户系统还是可以支持成千上万个用户的主机系统,它们的创建都围绕着进程的概念来进行。程序并不能运行,作为资源分配和独立运行的基本单位都是进程。进程是操作系统中的核心概念之一,操作系统大多数需求表示都涉及进程,大部分内容都是围绕着进程展开的。显然,进程是操作系统中一个极其重要的概念。

3.1 进程概述

3.1.1 程序的顺序执行及其特征

1. 程序的顺序执行

通常可以把一个应用程序分成若干个程序段,各程序段之间必须按照某种先后次序顺序执行,仅在前一程序段(操作)执行完后,才能执行后继程序段(操作)。例如,计算机在进行计算时,总是先要输入用户程序和数据,然后才能进行计算,最后才能将结果打印输出。用圆节点表示各程序段的操作,I 表示输入,C 表示计算,P 表示打印输出,并用箭头指明执行的先后顺序。图 3.1 描述了两道程序在单处理机系统中执行的顺序,即先处理完第一道程序再处理第二道程序。

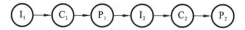

图 3.1 多道程序的顺序执行

2. 程序顺序执行的特征

由图 3.1 可以看出,一切顺序执行的程序都具有下列特征:

(1) 顺序性。处理机的操作严格按照程序所规定的顺序执行,即每一个操作必须在上一个操作结束之后开始。

(2) 封闭性。程序是在封闭的环境下执行的,即程序运行时独占整个系统资源,资源的状态(除初始状态外)只有本程序可以改变。程序一旦开始执行,其执行结果就不受外界因素的影响。

(3) 可再现性。只要程序执行时的环境和初始条件相同,当程序重复执行时,不论它的执行方式如何,是连续执行,还是"走走停停"地执行,其结果都是相同的。

单道程序顺序执行的方式不利于系统资源的充分利用,但其特征却为程序员检查和校正程序错误带来了极大的方便。

3.1.2 程序的并发执行及其特征

1. 程序的并发执行

为了提高计算机的利用率、处理速度和系统的吞吐量,并行处理技术和并发程序设计技术在计算机中已经得到了广泛应用,成为现代操作系统的基本特征之一。

图 3.1 所示的输入、计算和输出三者之间存在着 $I_i \rightarrow C_i \rightarrow P_i$ 这样的执行顺序,对于每一个程序而言,必须严格按这一顺序执行。系统中可能有多个这样的程序并发执行,图 3.2 所示的是其并发执行的情况:I_i 先于 C_i 和 I_{i+1},C_i 先于 P_i 和 C_{i+1},P_i 先于 P_{i+1}。这样就使得某些操作的并发执行成为可能,如 I_2 和 C_1,I_3 和 C_2、P_1 等的执行可以在时间上互相重叠。

考虑具有以下四条语句的一个程序段:

S_1: a:= x+2;

S_2: b:= y+4;

S_3: c:= a+b;

S_4: d:= c+b;

为了更好地描述进程间执行的前后关系,引入前趋图这一概念。前趋图是一个有向无环图(directed acyclic graph,DAG),图中的每个节点可以用于描述一个程序段、一个进程或某一条语句;节点间的有向边则用于表示两个节点之间的先后顺序。上述程序段用前趋图表示如图 3.3 所示。

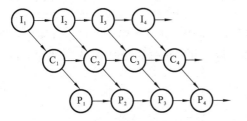

图 3.2　多道程序并发执行

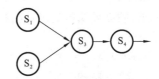

图 3.3　四条语句的前趋图

可以看出,S_3 必须在 S_1 和 S_2 执行完以后,即 a 和 b 被赋值以后才能执行;S_4 必须在 S_3 之后执行;但 S_1 和 S_2 则可以并发执行。1966 年,Bernstein 给出了程序(语句)之间可以并发执行的条件——Bernstein 条件。

用 $R(P_i) = \{a_1, a_2, \cdots, a_m\}$ 表示程序 P_i 在执行期间所需引用的变量的集合,称为 P_i 的读集;用 $W(P_i) = \{b_1, b_2, \cdots, b_n\}$ 表示程序 P_i 在执行期间所需改变的变量的集合,称为 P_i 的写集。若两个程序 P_1 和 P_2 满足条件:$R(P_1) \cap W(P_2) \cup R(P_2) \cap W(P_1) \cup W(P_1) \cap W(P_2) = \{\}$,它们就能并发执行,否则不能并发执行。

例如,在上述四条语句的程序段中:

$R(S_1) = \{x\}, W(S_1) = \{a\}$;

$R(S_2) = \{y\}, W(S_2) = \{b\}$;

$R(S_3) = \{a,b\}, W(S_3) = \{c\};$

$R(S_4) = \{c,b\}, W(S_4) = \{d\}.$

$R(S_1) \bigcap W(S_2) \bigcup R(S_2) \bigcap W(S_1) \bigcup W(S_1) \bigcap W(S_2) = \{\}$，所以 S_1 和 S_2 可以并发执行；S_3 的读集与 S_1 和 S_2 的写集的交集均为非空，所以 S_3 不能与 S_1 和 S_2 并发执行，而只能在其后执行；同理，S_4 也只能在 S_3 之后执行。

2. 程序并发执行的特征

程序的并发执行虽然提高了系统的吞吐量，但由于系统资源的有限性，多道程序的并发执行必然会导致资源共享和资源竞争，从而改变了程序运行的环境，影响了运行速度，这就产生了一些与程序顺序执行所不同的特征。

1) 间断(异步)性

程序在并发执行时，它们共享系统资源，以及为了完成同一任务而相互合作，致使这些并发程序之间形成了相互制约的关系。例如，图 3.2 所示的 I、C、P 三个程序相互合作共同完成计算任务，在计算程序 C_{i-1} 计算完后，若输入程序 I 尚未完成 I_i 的处理，则计算程序无法进行 C_i 的计算，致使计算程序必须暂停运行。简而言之，相互制约将导致并发程序具有"执行—暂停—执行"这种间断性的特征。

2) 失去封闭性

程序在并发执行时，多个程序共享系统中的各种资源，因此，系统资源的状态将由多个程序来改变，致使程序失去了封闭性，使得某些程序在运行时，必然会受到其他程序的影响。例如，当处理机这一资源已被某个程序占用时，另一程序就必须等待。

3) 不可再现性

程序在并发执行时，失去了封闭性，这也将导致其失去执行的可再现性。例如，程序 A 和程序 B 是两个循环程序，它们共享一个变量 N。程序 A 每执行一次循环都将变量 N 加 1，程序 B 每隔一定时间打印共享变量 N 中的值，然后将 N 清 0。并发程序用类 C 语言描述。用 cobegin 和 coend 将并发执行的函数括起来。下面是两个并发执行的程序 A、B，描述如下：

```
int n= 0;
cobegin
  void program A(void)
    { while (TRUE) { ...
                n= n+ 1;
                remainder of program A;
                }
    }
  void program B(void)
    { while(TRUE) { ...
                print(n);
                n= 0;
                remainder of program B;
                }
      }
  coend
```

由于程序 A 中的 n＝n＋1 操作,可在程序 B 的 print(n)和 n＝0 两个操作之前,也可在两个操作之后或两个操作中间,前两者是正确的,而后者将出错,因为后者使程序 A 的 n＝n＋1操作无效。假设两个程序开始某个循环之前,n 的值为 k,两个程序分别执行完一次循环后,对上述三种情况,打印机打印出的 n 值分别为 k＋1、k 和 k;执行后 n 的值分别为 0、1和 0。最后一种情况使打印的值与共享变量 n 中的值之和为 k,而不是 k＋1,产生差错。这种现象说明,一个程序的执行因受到另一个程序执行的影响而失去了封闭性,其计算结果与并发程序间的执行速度有关,使程序失去了可再现性。

3.1.3　进程的概念及其特征

在多道程序系统中,程序的执行是并发的,此时它们具有间断性、失去封闭性,程序运行结果具有不可再现性。基于以上特征,通常的程序不能参与并发执行,否则程序的运行将失去意义。为了能够使程序并发执行,并能对并发执行的程序加以描述和控制,操作系统中引入了进程的概念。已经有很多科学家从不同角度给出过进程的定义,它们中有些有很相似之处,有些则侧重的方面各异。其中,反映进程实质的定义如下:

(1) 进程是程序的一次执行。

(2) 进程是可以和别的计算并发执行的计算。

(3) 进程是定义在一个数据结构上,并能够在其上进行操作的一个程序。

(4) 进程是程序在一个数据集合上运行的过程,它是系统进行资源分配和调度的一个独立单位。

第(1)、(2)和(4)个定义将进程定义成了一次执行、一个计算和运行过程,这些定义都强调了进程的动态性;第(2)个定义强调了进程具有并发性;第(4)个定义强调了进程是进行资源分配和调度的基本单位;第(3)个定义给出了进程具有一个描述自身的数据结构。以上的各个定义很好地归纳了进程具有的各种特性,反映了进程的各个方面。在引入进程实体的概念后,我们可以把操作系统中的进程定义为:进程是进程实体的运行过程,是系统进行资源分配和调度的一个独立单位。

程序和进程之间既有区别又有联系:程序是完成特定任务的一组指令的结合,可以永久保存,具有静态性;而进程是程序在某一数据结构上的一次执行过程,是系统进行资源分配和调度的基本单位,具有动态性;一个进程可以包含多个程序,一个程序也可以被多个进程执行。

3.1.4　进程状态

多个进程在系统中并发执行时的间断性决定了进程在其生命周期内可能具有多种状态。

1. 两状态模型

在任何时刻,一个进程或者正在执行,或者没有执行。因而,可以构造一个简单的进程状态模型,它只包含运行态(running)和非运行态(not running)两种进程状态,如图 3.4(a)所示。在操作系统创建了一个新进程后,它会以非运行态加入系统中,等待操作系统为其分配处理机。当前处于运行态的进程会不时地中断执行,并由系统中的分派器选择处于非运行态中的某一个进程运行。这样,之前的进程由运行态转换为非运行态,另外一个进程则由非运行态转换为运行态。

通过分析两状态模型可以发现,在进程从一种状态转变到另外一种状态的过程中,系统发挥着指挥调度的作用。与此同时,进程需要为操作系统提供其状态、位置等具体的信息。换句话说,需要有一种数据结构描述每个进程的相关信息,以便操作系统对其进行跟踪和调派。描述进程相关信息的数据结构称为进程控制块(process control block, PCB),在下一节我们将对其进行详细介绍。在单处理机系统中,每一时刻最多只能有一个进程占据处理机运行,而在同一时刻可能存在多个非运行的进程。此时,需要为这些非运行态的进程提供一个队列,它们在队列中进行排序,等待其执行时机。图 3.4(b)给出了一个队列结构图,队列中的每一项都指向某个特定进程。运行态的进程被中断之后或者结束,或者撤销,或者被转移到等待进程队列中等待下一次执行时机。接下来,队列中的某一个进程会被分派器选中占据处理机而转入运行状态。

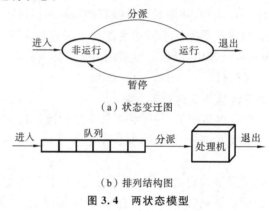

(a) 状态变迁图

(b) 排列结构图

图 3.4 两状态模型

2. 五状态模型

图 3.4(b)所示的队列实际是一个先进先出(first in first out, FIFO)的排队表,先进入队列的进程将优先获得处理机使用权而运行。对于所有可以运行的进程,处理机以轮转的方式依次给每个进程一定的执行时间。如果此时非运行态队列中存在一些进程处于阻塞状态(如等待 I/O 操作完成后才能解除阻塞),则其虽然能够占据处理机,却不能运行。此时,系统应该扫描整个队列,寻找那些未被阻塞且在队列中等待时间最长的进程给其分派处理机,让其运行。在这种情形下,图 3.4(b)所示的排列结构图是失效的。一种自然的方法是将非运行态分解成就绪(ready)和阻塞(blocked)两种状态,再加上新建(new)和终止(terminate)这两个状态,就构成了操作系统中典型的五状态模型,如图 3.5 所示。

图 3.5 中五个进程状态描述如下。

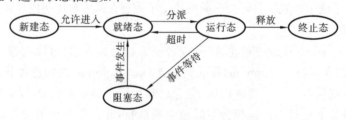

图 3.5 五状态模型

新建态：刚刚创建的新进程，通常是指已经创建进程控制块，但还没有加载到系统内存中的进程。

就绪态：进程等待系统为其分派处理机，而此时处理机被其他进程占据，所以，在该状态下，进程不能执行，但已经具备了除处理机之外进程执行所需的所有条件。

运行态：进程已获得所需资源并占据处理机，处理机正在执行该进程。

阻塞态：也称等待态、挂起态或睡眠态，进程在等待某个事情的发生而暂时不能运行，例如，等待某个 I/O 操作的完成。

终止态：进程或者因为执行结束，或者因为被撤销而从可执行进程组中退出。

处于以上五种状态的进程在一定条件下其状态可以发生转换，例如：当处理机空闲时，系统将选择处于就绪态的一个进程进入运行态；当处于运行态的进程在等待打印机完成打印工作时，当前处于运行态的进程转入阻塞态。进程状态间可能的转换及原因如下：

新建态→就绪态：系统纳入一个新进程。

就绪态→运行态：进程被调度程序选中，占据处理机而进入运行状态。

运行态→终止态：进程运行结束或被撤销，则退出系统，进入终止态。

运行态→就绪态：进程分配的占据处理机的时间片已经用完，或者是具有更高优先级的进程进入系统，当前正在运行的进程被抢占了处理机，此时进程从运行态转换到就绪态。

运行态→阻塞态：进程在运行过程中，等待系统分配资源或者等待某些事件发生时，进程让出处理机由运行态转入阻塞态。

阻塞态→就绪态：处于阻塞队列中的进程等待的资源可用或者等待的事件发生之后，进程从阻塞态转换到就绪态，等待处理机的分配。

上述讨论的五种状态，进程都驻留在内存中。内存空间是有限的，只能允许容纳个数不多的进程。对于内存中的多个进程，处理机依次选中进程运行，当一个进程正在等待 I/O 事件发生时，处理机转移到另一个进程。但是，处理机的速度比 I/O 的要快很多，有可能内存中所有进程都在等待 I/O 事件的完成，导致处理机处于空闲状态。一种可行的解决问题的办法是引入挂起（suspend）的概念。当内存中没有就绪的进程时，系统将内存中处于阻塞的进程换出到外存中的挂起队列，而将外存中的就绪进程激活，换入内存。进一步细分，可以增加两个新的进程状态：挂起就绪态（suspend ready）和挂起阻塞态（suspend blocked）。前者表示进程位于外存且除处理机外已经获得了该进程运行所需的全部资源；后者表示进程位于外存，还在等待某个事件的发生。引入挂起的进程状态转换模型如图 3.6 所示。

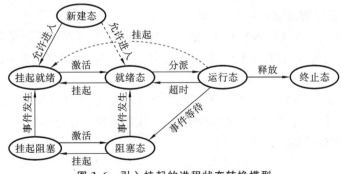

图 3.6　引入挂起的进程状态转换模型

3.1.5　进程控制块

进程控制块(process control block，PCB)是操作系统用于记录进程状态和相关信息、控制进程运行的数据结构，是进程的唯一标识符。PCB 记录了操作系统所需的、用于描述进程当前情况及控制进程运行的全部信息。当系统创建一个新进程时，会为它创建一个PCB，当进程结束时再回收该 PCB。PCB 是操作系统能够支持多进程和提供多处理的关键工具。PCB 主要包含如下的信息：

（1）进程标识符：进程的唯一标识符号，用于区别其他进程。

（2）进程状态：标识进程是处于就绪态、运行态、阻塞态等几种状态中的哪一种状态。

（3）调度信息：包括相对于其他进程的优先级、进程正在等待的事件、进程调度所需的其他信息等。

（4）程序计数器：程序中即将被执行的下一条指令地址。

（5）上下文数据：进程执行时处理机寄存器中的数据，如通用寄存器、PSW 等数据。

（6）内存指针：程序代码和相关数据的指针，如指向该进程的父进程的指针、指向该进程的子进程的指针等。

（7）I/O 状态信息：包括显示的 I/O 请求、分配给进程的 I/O 设备和被进程使用的文件列表等。

3.2　进程控制

进程控制是进程管理中最基本的功能。为了对进程进行有效的控制，操作系统必须设置一套控制结构，具备创建一个新进程、终止一个已完成进程、转换进程状态、实现进程通信等功能。在操作系统中，这些功能都是通过执行各种原语(primitive)操作实现的。原语是由若干条指令构成、可完成特定功能的程序段。原语是原子操作(action operation)，是一个不可分割的基本单元，在执行过程中不会被中断。

3.2.1　进程创建

当一个新进程添加到正在被管理的进程集合中时，操作系统需要建立用于管理该进程的数据结构，并为其在内存中分配空间。

1. 导致创建新进程的事件

（1）批处理作业。在批处理系统中，操作系统按照某种调度算法选择某一个作业执行时，便将该作业调入内存，为其分配资源，从而为其创建进程，并将其加入系统中的就绪队列中排队。

（2）用户登录。在分时系统中，终端用户登录到系统时，系统会为其创建新进程。

（3）提供服务。在用户程序提出某种请求后，操作系统可以为其创建一个进程，代表用户程序执行一个特定功能。

（4）进程派生。进程派生是指操作系统为另一个进程的请求而创建一个新进程的过程。基于并行性的考虑，操作系统允许用户程序创建多个进程。一个进程派生另一进程时，前一进程称为父进程,后一进程称为子进程。

2. 创建一个新进程的具体步骤

(1) 系统为新建进程申请一个空白的 PCB,获得一个唯一的进程标识符。

(2) 系统为新建进程分配运行所需的资源,包括内存、处理机时间、I/O 设备等。如果进程有父进程,操作系统则会根据父进程的要求进行资源分配,子进程对资源的需求详情,一般也需要告知父进程。

(3) PCB 初始化。PCB 初始化包括:分配进程标识符名称,并将其记入 PCB 中,同时记入的还有父进程的进程标识符名称;初始处理机状态信息,让程序计数器指向程序的入口地址;设置进程的优先级;初始进程所请求的资源列表;初始进程状态为就绪态。

(4) 设置链接。如果就绪队列允许新进程插入,则将新进程插入就绪队列。

3.2.2　进程终止

进程创建之后,经处理机调度执行完毕之后会释放资源并终止,结束整个生命周期。

1. 引起进程终止的主要事件

(1) 正常完成:表示进程任务已经完成,自行执行一个操作系统服务调用,表示其已经结束运行。

(2) 运行超时:进程的运行时间超过规定时限,此时结束进程执行过程,进程终止。

(3) 等待超时:进程等待某一事件发生的时间超过规定时限,终止进程。

(4) 内存不足:系统无法满足进程所需的内存空间。

(5) 越界错误:进程试图访问不允许访问的内存单元。

(6) 保护错误:进程试图访问不允许访问的资源或文件,或者以一种不正确的方式进行访问,如进程试图去写一个只读文件。

(7) 算术错误:进程试图执行被禁止操作的运算。

(8) I/O 错误:进程在输入或输出期间发生了故障错误,如找不到文件、无效操作等。

(9) 无效指令:进程试图执行一个不存在的指令。

(10) 特权指令:进程试图执行为操作系统保留的指令。

(11) 操作员或操作系统干涉:系统中发生了某些事件,操作员或操作系统采取某些措施终止进程。

(12) 父进程请求:父进程申请终止其子进程。

(13) 父进程终止:父进程终止时,其派生出的所有子进程也应当结束,因此,操作系统会在父进程终止后将其所有子进程一并终止。

第(1)项是进程终止的正常原因,第(2)项至第(10)项是因为发生了某些异常事件而导致进程意外终止的情况,第(11)项至第(13)项则是因为外界对进程的干预而导致进程终止的情况。

2. 终止原语的具体步骤

(1) 根据需要终止进程的进程标识符,从 PCB 集合中查找对应进程的 PCB,从中读出该进程的状态。

(2) 若被终止进程正处在执行状态,则应立即终止该进程的执行,并设置相应的调度信息,用于指示该进程终止后应重新进行调度。

（3）将被终止进程所拥有的所有资源归还给其父进程,或者归还给系统。

（4）若被终止进程还拥有子进程,则将其所有子进程一并终止。

（5）归还 PCB 所占据的空间。

3.2.3　进程阻塞和唤醒

进程阻塞是指进程在执行过程中因等待某个事件的发生或等待某个操作的完成而不得不让出处理机。阻塞是进程的一种主动、自愿的行为。

1. 引起进程阻塞的主要事件

（1）请求系统服务。当正在执行的进程请求操作系统提供服务时,由于某种原因,系统并不能立即满足该进程的要求,这时该进程只能转换为阻塞状态来等待。

（2）启动某种操作。在进程启动某种操作后,如果该进程必须在操作完成之后才能继续执行,则必须先使该进程阻塞,以等待该操作完成。

（3）新数据尚未到达。对于相互合作的进程,如果其中一个进程需要先获得另一进程提供的数据后才能继续执行,则只要其所需数据尚未到达,该进程就只能阻塞。

（4）无新工作可做。系统中有一些具有某种特定功能的系统进程,每当这种进程完成任务后,便把自己阻塞起来以等待新任务的到来。

2. 阻塞原语的具体步骤

（1）正在执行的进程立即终止执行,把 PCB 中的进程状态由执行改为阻塞,并将处理机状态写入 PCB 中。

（2）将 PCB 插入阻塞队列中,等到事件的发生或操作的完成。如果系统中设置了因不同事件导致的多个阻塞队列,则应将该进程插入同一事件的阻塞队列中。

（3）系统将处理机重新分派给另一就绪进程,按照新进程的处理机状态更新处理机环境,就绪进程开始执行。

（4）当被阻塞进程等待的事件发生,如等待的 I/O 操作已完成,或者等待的操作完成时,操作系统会通过唤醒原语(wakeup primitive)将等待该事件的进程唤醒。

3. 唤醒原语的具体步骤

（1）根据进程标识符从等待该事件的阻塞队列中找到需要唤醒进程的 PCB。

（2）将 PCB 中的进程状态的阻塞态改成就绪态,并将该进程插入就绪队列中。

进程的阻塞和唤醒是一对刚好相反的原语操作,其中,阻塞是自己阻塞自己,而唤醒由其他进程调用唤醒原语完成。另外,阻塞和唤醒必须成对出现,即当出现阻塞原语的时候,必须出现一条相应的唤醒原语。

3.2.4　进程挂起和激活

1. 挂起原语

当系统中出现了引起挂起的事件,如内存资源不足时,操作系统将利用挂起原语(suspend primitive)将指定进程或处于阻塞态的进程挂起。

挂起原语的具体步骤如下:

（1）根据进程标识符，在 PCB 集合中找到需要挂起的进程。

（2）检查挂起进程的状态：若处于就绪态，则将其改为挂起就绪态；若处于阻塞态，则将其改为挂起阻塞态；若处于运行态，则终止其运行，将其改为挂起就绪态，并通过调度程序从就绪态的队列中根据某种算法选择一个进程执行。

2. 激活原语

激活，与挂起相对应，是让被挂起的进程重新活跃起来，也就是把进程从外存调入内存中。当系统中出现了引起激活的事件时，操作系统会利用激活原语（active primitive）将挂起进程激活。常用的激活方式有激活一个指定进程和激活某个进程及其所有子进程两种。激活过程也只能由其他进程调用激活原语来实现。

激活原语的具体步骤如下：

（1）根据进程标识符，在 PCB 集合中找到需要激活的进程。

（2）检查激活进程的状态：若处于挂起就绪状态，则将其改为就绪态；若处于挂起阻塞态，则将其改为阻塞态。激活后的进程处于就绪态会引起处理机的重新调度分派。

3.3　线程

在早期的计算机操作系统中，进程既是资源分配的基本单位，又是调度的基本单位。然而，操作系统发展至今，进程在调度中存在许多问题，增加了调度的难度和开销。例如，现代操作系统很重要的一方面是进程的并发执行，然而进程的并发执行使得进程调度的开销日益增大，系统效率明显降低。随着操作系统的不断发展，人们对进程进行了深入的分析和研究，把进程的资源分配和调度分开对待。一方面，进程本身仍然是资源分配的基本单位，另一方面，采用另外一个与进程类似的单独实体来完成调度，这就是本节将要介绍的线程。

3.3.1　线程简介

操作系统中的进程包含如下两方面的特点：

（1）资源所有权。进程是一个可拥有资源的独立单位。一个进程总是拥有对资源的控制或所有权，这些资源包括内存、I/O 通道、I/O 设备和文件等。操作系统对其进行统一管理，防止进程之间产生资源抢占冲突。

（2）调度。进程同时又是一个可独立调度和分派的基本单位。一个进程沿着一个或多个程序的一条执行路径执行。执行中可能与其他进程的执行过程交替进行，所以，一个进程具有一个执行态和一个分派的优先级，同时又是一个能被操作系统调度和分派的实体。

既然上述两个特点是独立的，那么操作系统应该能独立地处理它们。如果说，在操作系统中引入进程的目的是使多个程序能并发执行，以提高资源利用率和系统吞吐量，那么，在操作系统中再引入线程，则是为了减少程序在并发执行时所付出的时空开销，使操作系统具有更好的并发性。通常把调度和分派的基本单位称为线程或轻量级进程（light weight process，LWP），而把资源分配的基本单位称为进程或任务。

3.3.2 多线程

1. 多线程的概念

进程是处理机调度的基本单位,进程在任一时刻只有一个执行控制流,通常将这种结构的进程称为单线程进程(single threaded process)。对于同数据区的同时多请求应用,用单线程结构的进程难以达到目的,即使能解决问题,所付出的代价也非常高。随着并行技术、网络技术和软件设计技术的发展,这给并发程序设计效率带来了一系列问题,诸如进程时空开销大、进程间通信代价高、并发性不够等。这就迫切要求操作系统改进旧的进程结构,使得应用程序能够按照需求在同一进程中设计出多条控制流,并且满足以下条件:

(1) 多控制流之间可以并行执行。

(2) 多控制流切换无须通过进程调度。

(3) 多控制流之间可以通过内存直接通信联系,从而降低通信开销。

这就是近年来流行的多线程进程(multiple threaded process)。多线程体现了操作系统在进程内支持多个并发执行路径的能力。图 3.7 所示的为进程和线程的对比。

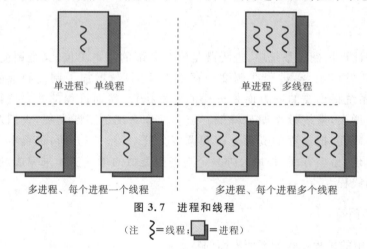

单进程、单线程   单进程、多线程

多进程、每个进程一个线程   多进程、每个进程多个线程

图 3.7　进程和线程

(注 ⌇=线程; ▨=进程)

2. 多线程环境下的进程和线程

1) 多线程环境下的进程

进程是操作系统中进行资源分配的基本单位,允许一个进程中包含多个可并发执行的控制流。这些控制流切换时不必通过进程调度,通信时可以直接借助于共享内存区,每个控制流称为一个线程,这就是并发多线程程序设计的机理。

多线程进程的内存布局如图 3.8 所示,在多线程环境中,仍然有与进程相关的 PCB 和用户地址空间,而每个线程除了有独立堆栈,以及包含现场信息和其他状态信息外,也要设置线程控制块(thread control block,TCB)。线程间的关系较为密切,一个进程中的所有线程共享其所属进程拥有的资源,它们驻留在相同的地址空间,可以存取相同的数据。

因此,在多线程环境中,进程被定义为资源分配的基本单位,与进程相关的有:

(1) 存放进程映像的虚拟地址空间。

(2) 受保护地对处理机、其他进程、文件和 I/O 资源进行访问。

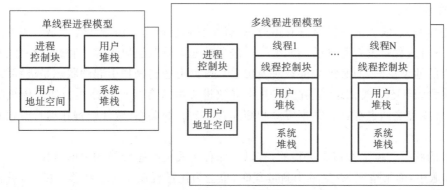

图 3.8　单线程和多线程环境下的进程模型

2）多线程环境下的线程

操作系统中，进程由线程组成，线程是能够独立运行的实体，即控制流，是处理机进行调度和分派的基本单位。一个进程包含一个或者多个线程，每个线程都包含如下内容：

（1）线程执行态，如运行、就绪……

（2）当线程处于非运行态时，有一个受保护的线程上下文，用于存储现场信息。某种意义上，观察线程的一种方式是运行在进程内的一个独立的程序计数器。

（3）一个执行堆栈。

（4）容纳每个线程的局部变量的存储空间。

（5）与进程内的其他线程共享访问进程的内存空间和资源。

在单线程进程模型中，进程包含进程控制块和用户地址空间，以及在进程执行过程中管理调用和返回的用户堆栈及系统堆栈，如图 3.8 所示。在多线程环境下，进程仍然包含与之关联的唯一的进程控制块和唯一的用户地址空间。但此时，进程内包含多个线程，每个线程都拥有一个独立的堆栈，独立的线程控制块用于描述线程状态、优先级、寄存器值及其他与线程相关的状态信息。因此，进程中的所有线程驻留在同一块地址空间中，共享该进程的状态和资源。当一个线程改变了内存中某项数据时，其他线程在访问该数据时可以看到修改后的结果。

3）线程的主要特征

线程的主要特性如下：

（1）并发性：同一进程的多个线程可在一个或者多个处理机上并发或并行地执行，从而使得进程之间的并发执行演变为不同进程的线程之间的并发执行。

（2）共享性：同一个进程中的所有线程共享但不拥有进程的状态和资源，且驻留在进程的同一个主存地址空间中，可以访问相同的数据。所以，需要有线程之间的通信和同步机制，但相比进程间的通信和同步机制，线程间的通信和同步机制更加方便，开销和代价更小。

（3）动态性：线程是程序在相应数据集上的一次执行过程，由创建而产生，至撤销而消亡，其生命周期中经历各种状态的变化。当每个进程被创建时，至少同时为其创建一个线程，需要时线程可以再创建其他线程。

（4）结构性：线程是操作系统中的调度和分派的基本单位，因此，它具有唯一的标识符和线程控制块，包含调度所需的一切信息。

3. 线程状态

和进程类似,线程的关键状态有运行态、就绪态和阻塞态。由于线程不是资源的拥有单位,挂起态对线程是没有意义的。如果一个进程挂起后被对换出主存,则它的所有线程因共享了进程的地址空间,而必须全部被对换出去。可见由挂起操作引起的状态是进程级状态,不作为线程级状态。类似地,进程的终止会导致进程中所有线程的终止。如同传统的进程一样,在各线程之间也存在着共享资源和相互合作的制约关系,致使线程在运行时也具有间断性。

线程的状态转换也类似于进程的,有以下四种与线程状态转换相关的操作:

(1) 派生:通常情况,派生一个新进程时,也会为该进程派生一个线程。随后,进程中的线程可以在同一个进程中派生另一个线程。每个新线程拥有独立的寄存器上下文和堆栈。

(2) 阻塞:当线程需要等待一个事件时,将会被阻塞。此时,该线程的用户寄存器、程序计数器和堆栈指针都将被保存,处理机会转向同一个进程中或不同进程中的另一个就绪线程。

(3) 解除阻塞:当阻塞一个线程的事件发生时,该线程将被转移到就绪队列中。

(4) 结束:当一个线程完成时,其寄存器上下文和堆栈都将被释放。

对操作系统中的每一个线程都可以利用线程标识符和一组状态参数进行描述。状态参数通常包括:① 寄存器状态,包括程序计数器和堆栈指针中的内容;② 堆栈,通常保存有局部变量和返回地址;③ 线程运行状态;④ 线程优先级;⑤ 线程专有存储器,用于保存线程自己的局部变量复制。

3.3.3 线程实现与线程模型

1. 线程实现

有两种不同方法来提供线程支持,一种为用户层的用户级线程(user level thread,ULT),另一种为内核层的内核级线程(kernel level thread,KLT)。后者又称内核支持的线程。操作系统发展至今,有些系统实现了用户级线程,有些系统实现了内核级线程,还有一些系统实现了两者的组合。图 3.9 给出了多种线程实现方式。

1) 用户级线程

在用户级线程软件中,线程管理的所有工作都由应用程序完成,内核意识不到线程的存在。这样的线程仅存在于用户空间中,其创建、终止、线程间的同步与通信、同一进程内多线程间的切换等功能,均可以在不经过系统调用、无须内核支持的情形下由应用程序实现。图3.9(a)显示了用户级线程的实现方式。

与内核级线程相比较,用户级线程实现方式具有以下优点:

(1) 因为所有线程的管理数据结构都在该进程的用户空间中,因此,线程切换不需要转换到内核空间,从而节省了模式切换的开销。

(2) 调度算法可以是基于不同进程量身定做的。不同进程可以根据自身需要,为自己量身定做适合自身的调度算法对线程进行管理和调度。

(3) 用户级线程的实现与操作系统平台无关,即可以在任何操作系统中运行。

同样,相对于内核级线程,用户级线程实现方式也存在以下两方面缺点:

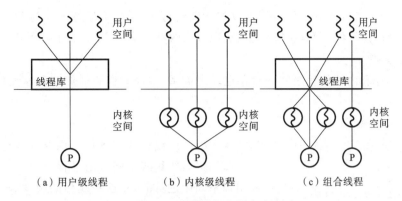

图 3.9 多种线程实现方式

（注 ⌇ = 用户级线程；⌇ = 内核级线程；Ⓟ = 进程）

（1）许多系统调用会引起阻塞，当用户级线程执行一个系统调用时，不仅该线程会被阻塞，而且该线程所在进程内的所有线程都会被阻塞。但是，在内核级线程实现方式中，一个线程被阻塞，进程中的其他线程仍然可以运行。

（2）在纯粹的用户级线程实现方式中，多线程应用不能利用多处理机技术进行多重处理。内核一次只为每个进程分配一个处理机，即进程每次只有一个线程处于运行状态，其他线程此时只能等待。

2）内核级线程

图 3.9（b）所示的为内核级线程实现方式。在该方式中，线程管理的所有工作都由内核完成，应用程序并没有参与其中，即无论是用户进程中的线程，还是系统进程中的线程，它们的创建、终止和切换等都依靠内核，在内核空间中实现。内核为进程及其内部的所有线程维护上下文环境。

相比用户级线程，内核级线程实现方式主要具有以下优点：

（1）内核能够同时为同一进程中的多个线程分配多个处理机，即能让多个线程并行执行。

（2）如果进程中的一个线程被阻塞，内核可以为该进程中的其他线程分派处理机资源，使其运行，当然也可以调度其他进程中的线程运行。

（3）内核本身也可以采用多线程技术，以提高系统的执行速度和效率。

相对用户级线程，内核级线程实现方式的缺点是：线程调度和管理是在内核中实现的，而用户进程的线程却是在用户态下运行的，因此在进行线程与同一进程内其他线程的切换时，需要从用户态转到内核态进行，从而导致系统开销较大。

3）组合线程

有些操作系统把用户级线程和内核级线程两种实现方式进行组合，提供了组合线程，如图 3.9（c）所示。在组合线程中，内核支持多内核级线程的建立、调度和管理，同时，也允许用户应用程序建立、调度和管理用户级线程。一些内核支持线程对应多个用户级线程，程序员可按应用需要和机器配置对内核支持线程数目进行调整，以达到较好的效果。

在组合线程中，同一个进程内的多个线程可以同时在多处理机上并行执行，而且一个线程被阻塞时,同一进程内的其他线程可以被调度运行,并不需要阻塞整个进程。所以,组合线程能够结合用户级线程和内核级线程实现方式两者的优点,并克服了其各自的不足。

2. 线程模型

在用户线程和内核线程之间必然存在一种关系,下面我们将介绍三种常用的建立此关系的方法。

1) 多对一模型

图 3.10 所示的为多对一模型,它将多个用户级线程映射到一个内核级线程。一般地,

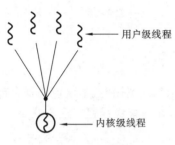

这些用户级线程属于同一个进程,运行是在该进程的用户空间中进行的,对这些线程的调度和管理也都在该进程的用户空间中完成。当用户级线程需要访问内核时,才将其映射到一个内核级线程上,每次只允许一个线程进行映射。该模型的优点是,线程管理开销小、效率高。但是,如果一个线程执行了阻塞系统调用,那么整个进程都将被阻塞。而且,因为任一时刻只有一个线程能访问内核,所以多个线程不能并行运行在多处理机上。

图 3.10　多对一模型

2) 一对一模型

图 3.11 所示的为一对一模型,它针对每个用户线程,都一对一地将其映射到一个内核级线程。当一个线程被阻塞时,该模型允许调度另一个线程继续执行,所以它提供了比多对一模型更好的并发功能。此外,该模型允许多个线程并行地运行在多处理机系统上。这种模型唯一的缺点是:每创建一个用户线程,就需要创建一个相应的内核线程,但创建内核线程的开销会影响应用程序的性能。因此,该模型需要限制系统中的线程数量。Linux 与 Windows 操作系统家族(如 Windows 95、Windows 2000 和 Windows XP 等)均实现了一对一模型。

3) 多对多模型

图 3.12 所示的为多对多模型,它可将多个用户级线程映射到多个内核级线程,结合了上述多对一模型和一对一模型的优点:一方面,内核级线程的数目可以根据应用进程和系统的不同而变化,系统线程管理开销小;另一方面,开发人员可创建任意多的用户级线程,相应内核级线程能在多处理机系统上并发执行,并且当一个线程被阻塞时,该模型能够调度另一个线程继续执行。

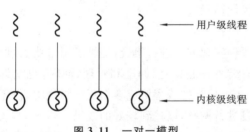

图 3.11　一对一模型

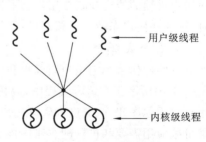

图 3.12　多对多模型

3.4　互斥和同步

操作系统设计中的核心问题是关于进程和线程的管理,例如:采用多道程序设计技术管理单处理机系统中的多个进程;采用多处理技术管理多处理机系统中的多个进程;采用分布式处理技术管理多台分布式计算机系统中的多个进程。并发是上述管理问题实现的基础,也是操作系统设计的核心。并发包含许多设计问题,如进程间通信、进程间同步、资源共享与竞争等。

3.4.1　并发原理

并发往往出现于多个应用程序、结构化应用程序和操作系统结构三种不同的上下文环境中,和并发相关的术语描述如下:

(1) 临界区(critical section):是一段程序代码,进程将在此代码中访问共享的资源,当另一个进程已经在该代码中运行时,该进程不能在这段代码中执行。

(2) 竞争(competition):多个进程在访问一个共享数据时,结果依赖于它们执行的相对时间,这种关系称为竞争。

(3) 同步(synchronization):系统中有一些相互合作、协同工作的进程,它们之间的相互联系称为进程的同步。

(4) 互斥(mutual exclusion):多个进程因争用临界区内的共享资源而互斥地执行,即当一个进程在临界区访问共享资源时,其他进程不能进入该临界区访问任何共享资源。

(5) 死锁(deadlock):两个或两个以上的进程因其中的每个进程都在等待其他进程执行完毕而不能继续执行,这样的情形称为死锁。

(6) 饥饿(starvation):是指一个可运行的进程虽然能继续执行,但被调度程序无限期地忽视而不能执行的情况。

1. 两种制约关系

1) 直接相互制约关系

并发执行的多个进程需要相互协作共同完成一个任务,在此期间,多个进程需要在一些动作上进行同步,即一个进程的某个动作与协作进程的某些动作之间在时序上有一定的关系。如果协作进程的某个操作没有完成,进程就会在工作到某一点上等待这个动作完成,之后再继续执行。我们把这些进程间的直接相互制约关系称为进程同步,这都源自于多个进程间的相互合作。

2) 间接相互制约关系

进程间还存在另一个制约关系——进程互斥。当两个或两个以上的进程同时竞争每次只允许被一个进程使用的资源时,需通过互斥协调多个进程对该资源的使用顺序。例如,像打印机这样的共享资源,当多个进程同时申请访问时,必须通过互斥这样的源自对资源共享的间接相互制约关系来控制多个进程的有序执行。对于系统中的这类资源,进程应提出申请,由系统统一分配,不允许进程直接使用该资源。

进程之间的这种相互依赖又相互制约、相互合作又相互竞争的同步与互斥关系需要进程之间以某种形式的通信方式来完成。接下来，我们将介绍这些制约关系及它们是通过怎样的方式互相联系和通信的。

2. 临界资源和临界区

多个并发执行的进程在竞争使用同一个资源时会产生冲突。例如，两个或多个进程在执行过程中需要访问同一个资源，如打印机，每个进程并不知道此时还有其他申请访问该资源的进程存在，竞争打印机的进程间没有任何的信息交换，这样某个进程的执行可能会影响到其他竞争进程的行为。例如，操作系统把打印机分配给其中的一个进程使用，则另外竞争该资源的进程就必须等待。被拒绝访问的进程执行速度会降低，甚至有可能会出现该进程一直被阻塞，永远不能访问打印机的极端情况。

上述进程间竞争资源的描述包含了几个控制问题，第一个是互斥。许多硬件资源如打印机、磁带机等，都属于临界资源（critical resource），多个进程间采取互斥的方式实现对临界资源的共享访问。使用临界资源的程序代码称为临界区。如果能保证竞争资源的多个进程互斥地进入自己的临界区，则可实现多个进程对临界资源的互斥访问。

互斥的实现产生了另外两个资源控制问题，其中一个是死锁问题。考虑两个进程 P_1 和 P_2，以及两个资源 R_1 和 R_2。假设 P_1 和 P_2 都需要访问这两个资源，如果在某一时刻，操作系统把 R_1 分配给了 P_1，把 R_2 分配给了 P_2，且每个进程都在等待执行所需的另外一个资源。P_1 等待 P_2 释放 R_2，P_2 等待 P_1 释放 R_1。但是每个进程在获得所需资源之前都不会释放已经拥有的资源。P_1 和 P_2 由于都不能获得所需资源而不能执行，因此 P_1 和 P_2 两个进程发生了死锁。关于死锁，将在第 4 章中进行详细介绍。

另一个控制问题是饥饿。假设 P_1、P_2 和 P_3 三个进程需要周期性地访问资源 R，若此时 P_1 占有 R，P_2 和 P_3 需要等待 P_1 释放资源 R。当 P_1 退出临界区时，P_2 和 P_3 都可以进入临界区访问资源 R。假设此时操作系统调度 P_2 进入临界区访问资源，P_3 继续等待。若在 P_2 退出临界区之前，P_1 又申请访问资源 R 且在 P_2 退出时又将允许权赋予了 P_1。接下来，P_1 和 P_2 轮流进入临界区，而 P_3 有可能由于无限期地被拒绝访问资源 R 而产生饥饿。

因此，多个进程共享临界区，需遵循如下的调度原则：

（1）空闲让进：当临界资源处于空闲状态，临界区没有进程进入时，允许一个请求进入临界区的进程立即进入自己的临界区。

（2）忙则等待：当已有进程进入临界区时，临界资源正在被访问，因此其他试图进入临界区的进程必须等待，以保证对临界资源的互斥访问。

（3）有限等待：对于要求访问临界资源的进程，应保证其在有限的时间内能够进入自己的临界区访问临界资源，以免产生"死等"现象。

（4）让权等待：当进程不能进入自己的临界区访问临界资源时，应当立即释放处理机，以免进程陷入"忙等"状态。

3.4.2 硬件同步

可以说，临界区问题都需要一个简单的锁工具，临界区通过锁的防护可以避免竞争。刚开始，锁是打开的，一个进程进入临界区后便把锁锁上，此时其他进程就不能进入临界区。直至进程离开临界区，再把锁打开，允许其他进程进入临界区。要进入临界区的每个进程必须首先测试锁是否打开，如果是打开的，则应立即把它锁上，以排斥其他进程进入临界区。测试和上锁这两个动作必须是连续的，不能分开进行，以防两个或多个进程同时测试到允许进入临界区的状态。接下来，我们将讨论几种基于硬件的处理方法，以实现对临界区的管理。

1. 关中断

一个进程将一直运行，直到它调用了一个系统服务或被中断。为保证互斥，只需保证一个进程不被中断就可以了。换句话说，临界区的管理可以看成在进入锁测试之前关闭中断，直到完成锁测试并上锁之后才能打开中断。这样，进程在临界区内执行时不会响应中断，从而不会发生进程调度，实现了临界区的互斥访问。虽然关中断是实现互斥的一种简单方法，但其也存在一些缺点：处理机被限制于只能交替执行程序，所以执行的效率会明显降低；该方法不能用于多处理机，当在一个处理机上关中断时，并不能保证进程在其他处理机上执行相同的临界区代码。

2. TestAndSet 指令

TestAndSet 指令是一种借助一条硬件指令实现互斥的指令。其主要特点是该指令是一条原语，需独立执行，不能分割，如果两条 TestAndSet 指令同时执行在不同的处理机上，那么它们会按照任意顺序依次顺序执行。TestAndSet 指令描述如下：

```
boolean TestAndSet(boolean * lock){
  boolean temp = * lock;
  * lock = TRUE;
  return temp;
}
```

其中，TestAndSet 指令通过申明一个布尔变量 lock 来实现互斥。lock 有两种状态：当 lock 为 TRUE 时，表示资源正在被使用；当 lock 为 FALSE 时，表示资源空闲，允许进程申请访问。

TestAndSet 指令实现互斥的示例如下：

```
do{
    while(TestAndSet(&lock))
            ;// do nothing
    // critical section
    lock = FALSE;
    // remainder section
}while(TRUE);
```

为每个临界资源设置一个布尔变量 lock，lock 初始设置为 FALSE。在进程进入临界区之前，先用 TestAndSet 指令测试 lock，如果其值为 FALSE，则表示临界资源空闲，进程可以进入临界区，并将 lock 值设为 TRUE，阻止其他进程进入该临界区，否则循环测试，直到循环条件不满足为止。

3. Swap 指令

Swap 指令为对换指令，定义如下：

```
void Swap(boolean * a, boolean * b){
  Boolean temp = * a;
```

```
    * a = * b;
    * b = temp;
}
```

使用 Swap 指令可以有效地实现互斥,具体为:为每个临界资源声明一个全局布尔变量 lock,并将其初始化为 FALSE,在每个进程中再设置一个局部变量 data。使用 Swap 指令实现互斥的示例如下:

```
do{
    data = TRUE;
    while(data = = TRUE)
      Swap(&lock, &data);
    // critical section
    lock = FALSE;
    // reminder section
}while(TRUE);
```

使用机器指令实施互斥,适用于单处理机或多处理机,对于进程数目没有限制,简单明了,易于证明,且支持多个临界区。但是,在具体实施互斥的过程中,使用了忙等,当临界资源忙碌时,其他访问进程必须不断测试。另外,等待进入临界区的进程还可能出现死锁和饥饿。

3.4.3 信号量机制

1965 年,荷兰科学家艾兹格·W·迪科斯彻(Edsge Wybe Dijkstra)提出了一种新的同步工具——信号量(semaphores)。他将交通管制中利用信号灯管理交通的方法引入操作系统,让两个或多个进程通过特殊变量进行交互。信号量机制的基本原理是:两个或多个进程通过简单的信号进行合作,一个进程可以被迫在某一位置停止,直到接收到一个特定的信号为止。任何复杂问题的合作都可以通过合适的信号结构得到满足。信号量在长期的应用中得到不断发展,出现了整型信号量、记录型信号量等多种信号量机制。目前,信号量机制已广泛出现于操作系统、计算机网络等应用中。

1. 整型信号量

Dijkstra 把整型信号量 s 定义成一个用于表示资源数目的整型变量。进程通过两个特殊的在信号量上的操作来发送和接收信号。进程可以执行原语操作 wait(s)来接收信号,同时,可以执行原语操作 signal(s)来发送信号。如果相应的信号仍然没有发送,则进程被挂起,直到发送完为止。这些原语操作原来称为 P(proberen,荷兰语,测试)和 V(verhogen,荷兰语,增加)。

wait( )操作定义如下:

```
void wait(s){
  while(s < = 0)
    ;//do nothing
  s - - ;
}
```

signal( )操作定义如下：

```
void signal(s){
  s + + ;
}
```

在 wait( )和 signal( )操作中，当一个进程修改信号量的值时，不能有其他进程同时修改同一信号量的值。此外，对于 wait(s)操作，对 s 的整型值的测试(s<=0)和对其可能的修改(s－－)也必须不中断地执行。

2. 记录型信号量

在整型信号量机制中，只要信号量满足 s≤0，wait(s)操作就会不断地进行测试。因此，整型信号量机制没有满足让权等待的原则，可能使进程处于饥饿的忙等状态。而记录型信号量机制则不会出现上述情况，但采取了让权等待策略后会出现多个进程等待访问同一临界资源的现象。为了解决该问题，在记录型信号量机制中，定义信号量 queue 表示进程队列，用于记录进程的排队情况。

假设 s 为一个记录型数据结构，其中一个分量为整型量 value，另一个分量为信号量队列 queue。value 通常是一个具有非负初值的整型变量，queue 是一个初始状态为空的进程队列。当一个进程必须等待该信号量时，就加入进程队列中去。wait( )和 signal( )操作定义如下：

wait(s)：信号量 s 减 1，若结果小于 0，则调用 wait(s)的进程被设置成等待信号量 s 的状态。

signal(s)：将信号量 s 加 1，若结果不大于 0，则释放一个等待信号量 s 的进程。

记录型信号量数据结构定义如下：

```
typedef struct{
  int value;
  QueueType queue;
}semaphore;
```

wait( )操作定义如下：

```
void wait(semaphore * s){
  s.value - - ;
  if(s.value < 0){
    block(s.queue); // add this process into s.queue
  }
}
```

signal( )操作定义如下：

```
void signal(semaphore * s){
  s.value + + ;
  if(s.value < = 0){
    wakeup(s.queue); // remove a process from s.queue
  }
}
```

操作 block(s. queue)表示挂起调用它的进程，并把进程设置成等待信号量 s 的状态，同时将其加入等待信号量 s 的队列中。wakeup(s. queue)表示从等待信号量 s 的队列中释放一个进程,即重新唤醒一个阻塞进程的执行。信号量 s 的初始值可以在系统初始化时设置为 0、1 或其他整数。从记录型信号量、wait( )操作和 signal( )操作定义可以分析得出以下结论:

(1) 若信号量 s. value 值为正,则该值表示在对进程进行阻塞之前对信号量 s 可以实施的 wait( )操作个数,即系统中某类资源实际可用的数目。

(2) 若信号量 s. value 值为负,则其绝对值表示阻塞队列 s. queue 中等待该信号量的进程个数。

(3) 每次 wait( )操作,意味着进程请求一个单位的该类资源,使系统中可供分配的该类资源数减少 1 个;每次 signal( )操作,表示执行进程释放 1 个单位的该类资源,使系统中可供分配的该类资源数增加 1 个。

3. 二元信号量

假设 s 为一个记录型数据结构,其中一个分量为 value,它仅能取值 0 和 1,另一个分量为信号量队列 queue。这时可以把二元(binary)信号量 s 上的 wait( )和 signal( )操作表示成 waitB( )和 signalB( ),其定义如下:

```
typedef struct{
  enum {zero, one} value;
  QueueType queue;
}binary_semaphore;
void waitB(binary_semaphore * s){
  if(s.value == one)
    s.value = zero;
  else
    block(s.queue); // add this process into s.queue
}
void signalB(binary_semaphore * s){
  if(s.queue is empty())
    s.value = one;
  else
    wakeup(s.queue); // remove a process from s.queue
}
```

一个二元信号量的值只能是 0 或者 1,可以进行如下的三种操作:

(1) 一个二元信号量可以初始化成 0 或者 1。

(2) waitB( )操作检查信号量的值,若值为 1,则将值改为 0,并继续执行该进程;若值为 0,则进程执行 waitB( )操作会受阻,并将进程加入等待该信号量的阻塞队列 s. queue。

(3) signalB( )操作检查是否有任何进程在等待该信号量,即检查阻塞队列是否为空。如果 s. queue 队列为空,表示没有进程受阻,则将信号量值修改为 1;如果 s. queue 队列不为空,表示有受阻的进程,则通过 signalB( )操作唤醒其中一个受阻的进程。

理论上二元信号量更易于实现,并且具有与记录型信号量同样的表达能力,在此不再赘述。

3.4.4　管程

信号量机制为实施互斥及进程间同步提供了一种既灵活又强大的工具。但是,每个要访问临界资源的进程都必须自备同步操作 wait() 和 signal(),使得大量的同步操作分散在各个进程中,这不仅给系统的管理带来了麻烦,而且还会因同步操作的使用不当而导致系统死锁。因此,当信号量不正确地用于解决临界区问题时,会很容易地产生各种类型的错误。在解决上述问题的过程中,便产生了一种新的进程同步工具,即管程(monitor)。

1. 管程的定义

1974 年和 1975 年,汉森(Hansen)和霍尔(Hoare)提出了新的进程间同步机制——管程(Monitor)。它对分散在各进程中的临界区集中进行管理,并将系统中的共享资源用数据结构抽象地表示出来。因为临界区是访问共享资源的代码段,建立一个监督程序管理进程的访问请求,每次仅允许一个进程访问临界资源。这样做,既便于系统对共享资源的管理,又实现了进程间对资源的互斥访问。后来,这样的监督程序改名为管程。

采用上述的监督管理方法,通过数据结构及其对应的若干过程管理系统的共享资源,与此同时,通过过程作用在数据结构上的操作实现进程对共享资源的申请和释放。从而,代表共享资源的数据及作用在其上的一组过程就构成了管程。管程是由一个或多个过程、一个初始化序列和数据组成的软件模块,是一种程序设计语言结构成分,具有和信号量同等的表达能力。进程可以通过调用管程实现对资源的请求和释放。管程的主要特点如下:

(1) 共享性:一个进程通过调用管程的一个过程进入管程,管程中的移出过程可被所有要调用管程过程的进程所共享。

(2) 安全性:管程的局部数据变量只能被管程的过程访问,任何其他外部过程都不能访问,一个管程的过程也不能访问任何非局部于它的变量。

(3) 互斥性:在任一时刻,只能有一个进程能够进入管程执行,调用管程的其他任何进程都将被阻塞,只能等待,直到当前访问进程退出管程为止。

由上面的讨论可以看出:管程是由局部于自己的若干公共变量及其所有访问这些公共变量的过程所组成的软件模块;管程提供了一种互斥机制,进程可以互斥地调用这些过程;管程把分散在各个进程中互斥地访问公共变量的那些临界区集中了起来,提供对它们的保护。由于管程中的共享变量每次只能被一个进程访问,当把代表共享资源状态的共享变量放置在管程中时,管程就可以控制共享资源,并为访问这些共享资源的进程提供一种互斥机制。管程可以作为程序设计语言的一个成分,采用管程作为同步机制便于用高级语言来书写程序,也便于进行正确性验证程序。

2. 管程的条件变量

为了进行并发处理,管程必须包含同步工具。但是,在管程的调用过程中,存在如下现象:一个进程调用了管程,并且它在管程中处于阻塞或挂起状态,只有在进程解除阻塞或挂起的条件满足后才能恢复执行。那么,在此期间,如果该进程不释放管程,则其他进程无法调用管程,被迫长时间地等待。此时需要一种办法,使得进程在资源不能满足而无法继续运行时被阻塞。解决上述问题的方法在于引进另外一种称为条件变量(condition variables)的同步机制,以及对应的两个原语操作 cwait( )和 csignal( )。

尽管一个进程可以通过调用管程的任何一个过程进入管程,但我们仍然可以把管程想象成仅拥有一个入口点的数据结构。每次只允许一个进程进入管程,其他试图进入的进程被阻塞,并加入等待管程可用的等待队列当中。当进程调用管程的一个过程不能继续执行时,它在某些条件变量 c 上执行 cwait(c)操作,阻塞调用管程的进程。此时,允许其他进程进入管程。如果在管程中执行的一个进程发现条件变量 c 发生了改变,则它会发送一个 csignal(c)操作,唤醒等待队列上的一个进程进入管程。虽然条件变量也是一种信号量,但它并不是如前所述的信号量机制中的计数信号量。当在一个条件变量上没有等待条件变量改变的阻塞进程时,csignal( )操作则会失去意义。因此,通常情况下,cwait( )操作在 csignal( )操作之前发出。此外,一个进程被阻塞或挂起的条件或者是原因一般可能存在多个,因此在管程中设置了多个条件变量。这些条件变量的访问,只能在管程中进行。以上关于管程条件变量的 cwait( )和 csignal( )操作的意义归纳如下:

(1) cwait(c)操作:如果正在调用管程过程的进程因条件 c 没有满足而被阻塞或者挂起,则调用 cwait(c)操作将自己插入条件变量 c 的等待进程队列中。与此同时,被阻塞进程释放管程,直到条件 c 发生改变,其他进程才可以调用管程。

(2) csignal(c)操作:如果正在调用管程的进程检测到条件 c 发生了改变,则调用 csignal(c)操作,重新唤醒一个因条件 c 而被阻塞或者挂起的进程。如果等待进程队列中有多个进程,则选择其中一个唤醒,否则继续执行原进程。

现在,我们讨论另外一种情况,假设有两个进程 P_1 和 P_2,P_1 因条件 c 而阻塞,如果正在调用管程的进程 P_2 执行了 csignal(c)操作,则进程 P_1 被唤醒。那么,请问 P_1 和 P_2 到底哪个先执行呢? 我们可以考虑如下的两种方式:

(1) 进程 P_1 等待,直至进程 P_2 退出管程或者进程 P_2 等待另一个条件为止;

(2) 进程 P_2 等待,直至进程 P_1 退出管程或者进程 P_1 等待另一个条件为止。

Hoare 采用了第一种处理方式;Hansan 则选择了两者的折中,他规定管程中的过程所执行的 csignal(c)操作是过程体的最后一个操作。因此,按照 Hansan 的规定,进程 P_2 执行 csignal(c)操作后立即退出管程,进程 P_1 则立即恢复执行。

3.4.5　经典同步问题

本节将介绍一些经典的进程同步问题,如生产者-消费者问题(producer-consumer problem)、读者-写者问题(reader-writer problem)和哲学家进餐问题(the dinning philosophers problem)。

1. 生产者-消费者问题

1) 问题描述

著名的生产者-消费者问题是计算机操作系统中相互合作的并发进程间的一种抽象,是典型的进程同步问题。例如,在输入时,输入进程是生产者,计算进程是消费者;在输出时,计算进程是生产者,而打印进程是消费者。

生产者-消费者问题描述如下:假设有 n 个生产者和 m 个消费者,连接在一个有 k 个公用缓冲区的有界缓冲区上,p_i 表示生产者进程,c_j 表示消费者进程。规定:① 只要缓冲区未满,生产者 p_i 即可将生产的产品放入空闲缓冲区中;② 只要缓冲区不为空,消费者进程 c_j 就可从缓冲区中取走并消耗产品;③ 在任何时候,要么是一个生产者访问缓冲区,要么是一个消费者在访问缓冲区。

2) 用信号量解决生产者-消费者问题

采用信号量解决上述问题:利用互斥信号量 mutex 实现多个进程对公用缓冲区的互斥使用,初始化为 1;利用信号量 empty 和 full 分别记录公用缓冲区中空缓冲区和满缓冲区的个数,分别初始化为 k 和 0。生产者-消费者问题描述如下:

```
int nextin = 0, nextout = 0;
char buffer[k];
semaphore mutex = 1, empty = k, full = 0;
void producer(){
  while(TRUE){
    // produce an item in nextp;
    wait(empty);
    wait(mutex);
    buffer[nextin] = nextp;
    nextin = (nextin + 1) % k;
    signal(mutex);
    signal(full);
  }
}
void consumer(){
  while(TRUE){
    wait(full);
    wait(mutex);
    nextc = buffer[nextout];
    nextout = (nextout + 1) % k;
    signal(mutex);
    signal(empty);
    // consume the item in nextc;
  }
}
void main(){
  parbegin (producer, consumer);
}
```

利用信号量解决生产者-消费者问题时,有以下注意事项:

(1) 每个程序中控制对资源的互斥访问的 wait(mutex)和 signal(mutex)的操作原语必须成对出现。

(2) 对记录资源的信号量 empty 和 full 的 wait( )和 signal( )操作也必须成对出现,并且它们出现在不同的过程中,例如,wait(empty)在 producer( )过程中,而 signal(empty)则在 consumer( )过程中。

（3）为避免死锁,控制互斥访问和记录资源的信号量的 wait( )操作顺序不能乱,必须先执行 wait(empty),再执行 wait(mutex)。如果先执行 wait(mutex)得到缓冲区的互斥使用权,但执行 wait(empty)时却没有可用的空缓冲区,则当前进程无法执行。但是,此时它又占据了缓冲区,阻止其他进程(尤其是消费者进程)的进入,因此,所有进程都不能执行,从而出现死锁。

3）用管程解决生产者-消费者问题

利用管程解决生产者-消费者问题时,首先需要建立一个管程 producer-consumer,简记为 PC。管程模块 PC 控制着用于保存和取回产品的公用缓冲区。定义的变量 count 用于记录缓冲区中已有的产品数目。生产者通过管程中的 append( )过程往缓冲区中保存产品,消费者通过管程中的 take( )过程从缓冲区中取出产品消费。当缓冲区中产品已满时,生产者必须等待;当缓冲区中没有产品时,消费者必须等待。管程中有两个条件变量,即 notfull 和 notempty,通过 cwait( )和 csignal( )对其进行操作。

cwait(c)：当管程被一个进程占用时,其他进程调用该操作时阻塞,加入条件 c 的等待队列中。

csignal(c)：唤醒在 cwait(c)操作后阻塞在条件 c 队列上的进程,如果有多个这样的进程,则选择其中一个,如果队列为空,则返回。

管程模块 PC 描述如下：

```
Monitor ProducerConsumer{
    item buffer[N];
    condition notfull, notempty;
    int nextin, nextout, count;
    void append( item x) {
        if(count=N ) cwait(notfull);
        buffer[nextin]=x;
        nextin= (nextin+1) % N;
        count ++;
        csignal(notempty);
    }

    void take(item x) {
        if (count=0 ) cwait(notempty);
        x=buffer[nextout];
        nextout=(nextout+1) % N;
        count--;
        csignal(notfull);
    }
    nextin=0;
    nextout=0;
    count=0;
}monitor;
```

生产者和消费者的功能分别描述如下：

```
void producer() {
item x;
while (TRUE) {
    ...
  produce an item in nextp;
  ProducerConsumer.append(x);
}
}
void consumer() {
item x;
while( TRUE) {
  ProducerConsumer.take(x);
  consume the item in nextc;
  ...
}
}
void main() {
    cobegin
      producer();
      consumer();
    coend
}
```

2. 读者-写者问题

1）问题描述

读者-写者问题是一个经典的并发程序设计问题。有一个多个进程共享的数据区，我们把只要读该数据区的进程记为 Reader 进程（读者），把只要往数据区中写数据的进程记为 Writer 进程（写者）。同时要求：① 允许多个读者同时执行读操作；② 一次只能有一个写者可以执行写操作；③ 如果一个写者在执行写操作，则其他任何读者都不能执行读操作。换句话说，读者不排斥其他读者，而写者排斥其他所有的读者和写者。

2）用信号量解决读者-写者问题

采用信号量解决读者-写者问题时，利用互斥信号量 wmutex 实施读者与写者在读写时的互斥，设置整型变量 readercount，用于记录正在读的进程个数。当 readercount 为 0 时，表示没有读者，此时来的第一个读者需要执行 wait(wmutex) 操作。若可以读，则读者执行读操作，同时将计数值 readercount 加 1。另外，在读操作执行完退出后，将计数值 readercount 减 1，若计数值 readercount 为 0，则执行 signal(wmutex) 操作，表示最后一个读者已退出数据区，此时写者可以进入数据区执行写操作。又因为计数变量 readercount 本身是可以被多个读者访问的临界资源，所以需要设置互斥信号量 mutex，用于控制多个读者对 readercount 的修改。用信号量解决读者-写者问题的描述如下：

```
semaphore mutex = 1, wmutex = 1;
int readercount = 0;
```

```
void reader(){
  while(TRUE)
  {
    wait(mutex);
    if (readcount = = 0)
      wait(wmutex);
    readercount+ + ;
    signal(mutex);
    // read operation
    wait(mutex);
    readercount- - ;
    if (readcount = = 0)
      signal(wmutex);
    signal(mutex);
  }
}
void writer(){
  while(TRUE)
  {
    wait(wmutex);
    // write operation
    signal(wmutex);
  }
}
void main(){
  parbegin (reader, writer);
}
```

3. 哲学家就餐问题

1) 问题描述

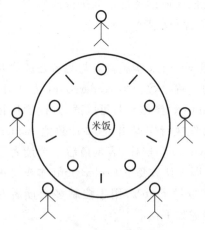

图 3.13 所示的哲学家就餐问题是另一个典型的同步问题,问题的描述为:有五位哲学家,用一生来思考和吃饭。他们围坐在一张圆桌旁边,桌子中央有一大碗米饭,桌上还有五个碗和五根筷子,他们的生活方式是交替地进行思考和进餐。平时,当某位哲学家进行思考时,他不与其他哲学家交互。当他感觉到饥饿时,便试图拿起左右两边最靠近他的筷子。一位哲学家每次只能拿起一根筷子,且他不能从其他哲学家手里抢筷子,只有在他同时拿到两根筷子时才能进餐。进餐完毕后,他会放下筷子继续思考。

这是一个典型的同步问题,不是因为其他的原因,

图 3.13 哲学家就餐问题

只因这是一个并发控制的典型,它需要在多个进程间分配资源且需要避免出现死锁和饥饿。

2) 用信号量解决哲学家就餐问题

采用信号量解决哲学家就餐问题时,其中每一根筷子的使用都必须是互斥的,在某一时刻只允许一位哲学家使用。我们用一个信号量表示一根筷子,五根筷子的信号量数组定义为 semaphore chopstick[5]。用信号量解决哲学家就餐问题的描述如下:

```
semaphore chopstick[5] = {1,1,1,1,1};
int i;
void philosopher (int i){
  while(TRUE){
    // think
    wait(chopstick[i]);
    wait(chopstick[(i+ 1) % 5]);
    // eat
    signal(chopstick[(i+ 1) % 5]);
    signal(chopstick[i]);
  }
}
void main(){
  parbegain (philosopher(0), philosopher(1), philosopher(2), philosopher
  (3), philosopher(4));
}
```

第 i 位哲学家通过 wait(chopstick[i])操作申请拿左边的筷子,通过 wait(chopstick[(i+1)%5])操作申请拿右边的筷子,拿到两根筷子就餐完毕后通过 signal(chopstick[(i+1)%5])操作放下右边的筷子,通过 signal(chopstick[i])操作放下左边的筷子。上面的解决方案在某一时刻仍会出现死锁:当五位哲学家都感到饥饿并都同时拿起了自己左边的筷子,又都伸手去拿右边的筷子时,会发现右边的筷子都没有了。在这种情形下,所有哲学家都会处于饥饿状态。对于这样的死锁问题,一种解决方法是仅当哲学家左、右两边的筷子都能拿时才允许该哲学家拿起筷子就餐。另一种解决方法是增加一位服务员,他最多只允许四位哲学家同时进入餐厅就餐,这就至少能保证有一位哲学家能同时拿起左、右两根筷子,等其就餐完毕后放下筷子,其他哲学家就可以继续就餐了,具体的程序描述如下:

```
semaphore chopstick[5] = {1,1,1,1,1};
semaphore room = {4};
int i;
void philosopher (int i){
  while(TRUE){
    // think
    wait(room);
    wait(chopstick[i]);
    wait(chopstick[(i+ 1) % 5]);
    // eat
```

```
        signal(chopstick[(i+ 1) % 5]);
        signal(chopstick[i]);
        signal(room);
    }
}
void main(){
    parbegain (philosopher(0), philosopher(1), philosopher(2), philosopher
    (3), philosopher(4));
}
```

3.4.6 消息传递

1. 消息传递的概念

同步和通信是进程交互时的两个基本要求。实施互斥需要进程间的同步,而实施合作则需要进程间通信。消息传递(message passing)作为当前应用最为广泛的一种进程间通信机制,为进程间信息传递和交换的实现提供了良好的保障。

消息是一组信息,由消息头和消息体组成。一般而言,消息传递以 send(destination, message)和 receive(source, message)一对原语的形式出现。源进程通过执行 send()原语操作把信息以消息(message)的形式发送给目标进程,另外,目标进程通过执行 receive()原语操作接收源进程发送的信息。

2. 同步

采用了消息传递机制后,进程间用消息来交换信息。一个正在执行的进程可以在任意时刻向正在执行的另一个进程发送一个消息。同样,一个正在执行的进程也可以在任意时刻向正在执行的另一个进程请求一个消息。值得注意的是,两个进程间的消息通信隐含着某种同步信息,即只有在一个进程发送了消息之后,其他进程才能接收消息。如果一个进程在某一时刻的执行依赖于另一进程发出的消息或者等待其他进程对发出消息的应答,那么,消息传递机制将紧密地与进程的阻塞和释放相联系。发送进程和接收进程都可以是阻塞或非阻塞的。

(1) 阻塞 send:发送进程阻塞,直到消息被接收进程接收为止。

(2) 非阻塞 send:发送进程发送消息并再继续操作。

(3) 阻塞 receive:接收者阻塞,直到请求的消息到达为止。

(4) 非阻塞 receive:接收者收到消息之前可继续操作。

上述的 send 和 receive 主要有三种组合形式:① 阻塞 send、阻塞 receive:发送进程和接收进程两者都阻塞,此时两者会有一个会合点(rendezvous)。② 非阻塞 send、阻塞 receive:这是一种应用最广的进程同步方式,发送进程没有阻塞,它可以尽快地把一个或多个消息发送给目标,而接收进程阻塞直到请求的消息到达才被唤醒。③ 非阻塞 send、非阻塞 receive:这种情况下,不要求任何一方等待。

3. 寻址方式

消息传递过程中确定参与消息发送和接收的进程是哪一个是十分必要的,在 send()原语中确定目标进程及在 receive() 原语中确定源进程的方式主要有以下两种：

（1）直接寻址（direct addressing）方式。在这种方式下，send() 原语中包含目标进程的进程标识符。receive() 原语中源进程的确定方法有两种：一种是显式的方法，在 receive() 原语中直接指定源进程，表示当前进程期望接收来自哪个进程发送的消息；另一种是隐式的方法，在不可能直接指定源进程的情况下使用。

（2）间接寻址（indirect addressing）方式。在间接寻址方式下，消息传递并不是在发送进程和接收进程之间直接进行的，而是通过一个共享的数据结构完成的，通常把这种结构称为信箱（mailbox）。每个信箱都有一个唯一的标识符。首先，发送进程将消息发送到信箱，然后接收进程从信箱中将该消息取走。消息在信箱中可以安全地保存，一条消息只允许核准的目标进程读取。利用信箱进行进程通信时，发送进程和接收进程存在的对应关系如图 3.14 所示。

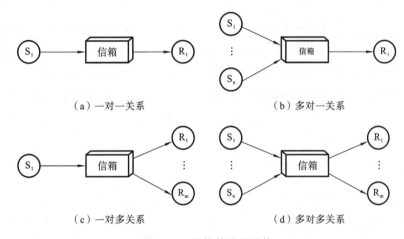

（a）一对一关系　　　　　　　　　（b）多对一关系

（c）一对多关系　　　　　　　　　（d）多对多关系

图 3.14　间接的进程通信

一对一关系：发送进程和接收进程间允许建立一个仅属于两者的专用通信链路，两者间的通信不受其他进程干扰。

多对一关系：对客户端、服务器间的交互非常有用，此时允许提供服务的进程与多个用户进程之间进行通信交互，这时信箱常被称为一个端口（port）。

一对多关系：一个发送进程可以和多个接收进程进行交互，这在一个进程向一组进程广播一条消息或其他信息的时候是非常有用的。

多对多关系：此种关系下，允许建立一个公用信箱，多个进程可以向其发送消息，多个进程也可以从中取走属于自己的消息。

4. 互斥

假设采用非阻塞 send、阻塞 receive，一组并发进程共享一个信箱 mbox，发送进程和接收进程可用其进行消息传递。send(mbox, msg) 原语表示向信箱 mbox 中发送 msg 消息，receive(mbox, msg) 表示从信箱 mbox 中取走 msg 消息。基于消息传递方式的互斥实施方法如下：

```
int N;
void process(int i){
```

```
        message msg;
        while(TRUE){
          receive(mbox, msg);
          // critical section
          send(mbox, msg);
          // remainder section
        }
      }
      void main(){
        create mailbox (mbox);
        send(mbox, null);
        parbegin (process(1), process(2),…, process(N));
      }
```

初始化时 mbox 被设置成空消息的信箱。希望进入临界区的进程首先尝试从信箱 mbox 接收一条消息,此时如果 mbox 为空,则该进程被阻塞;否则,接收一条消息后,该进程进入临界区,执行完毕后向 mbox 发送一条消息,即把消息放回 mbox。此时,消息可以看成是进程访问临界区的钥匙,在接收到消息(拿到钥匙)的前提下才能进入临界区,否则只能等待。

小　　结

进程是现代操作系统中基础和核心,是进行资源分配的基本单位。操作系统的基本功能是创建、管理和终止进程。在整个生命周期中,进程在不同状态之间进行切换。操作系统通过进程控制块维护管理进程。线程是操作系统为了提高并发度、提高系统效率而引入的一种更细的单元概念,它是一个轻量级的进程,是进行调度和分派的基本单位。在多线程环境下,可在一个进程内定义一个或者多个线程,这可以通过使用用户级线程和内核级线程完成。当多个进程并发执行时,不论是在单处理机系统下还是在多处理机系统下,都容易产生冲突和交互问题。典型的交互问题是互斥和同步。可以通过使用专门机器指令、信号量、管程、消息传递等多种方法解决进程间的互斥和同步问题。

习　题　3

1. 名词解释:
进程　进程控制块　线程　进程互斥　进程同步　原语　临界资源　临界区　管程
消息　信箱
2. 简述程序和进程的区别与联系。
3. 进程有哪些主要的状态?各状态之间是如何转换的?
4. 为什么要引入挂起状态?该状态有哪些性质?
5. 导致进程创建和进程终止的事件分别有哪些?

6. 创建一个进程时的主要工作是什么？

7. 终止一个进程时的主要工作是什么？

8. 简述进程和线程的区别。

9. 简述线程的主要特性。

10. 多线程模型有哪几种类型？

11. 简述直接通信方式和间接通信方式的区别。

12. 写出使用消息传递的方式解决生产者-消费者问题的程序。

第 4 章 调度与死锁

学习目标

❖ 了解处理器调度的层次,了解如何控制和协调进程间对处理器的竞争。

❖ 熟悉多种调度算法,理解不同调度算法的特性、适用的情况等。

❖ 理解产生死锁的原因和条件,掌握避免死锁的银行家算法。

在多道程序环境下,主存中存在着多个进程,其数量往往多于处理机的个数。这就要求系统能够按照某种算法,动态地将处理机分配给就绪队列中众多进程中的一个,让其能顺利执行。分配处理机的任务是由处理机调度程序完成的。由于处理机是系统中最重要的计算资源,系统性能的好坏在很大程度上取决于处理机调度性能的好坏。因此,处理机调度便成了操作系统设计中的核心问题之一。

4.1 调度简介

在计算机系统中,处理器和内存资源会出现供不应求的情况,特别是多个 I/O 设备与主机交互时,作业不断进入系统,或者是多个批处理作业在磁盘的后备队列中等待进入内存的情况经常存在。操作系统在管理有限资源的同时,需要考虑如何选取进入内存的作业,如何分配有限的处理器资源给多个进程等重要问题。处理器的调度正是处理处理器和内存资源调度和分配相关的工作。

4.1.1 基本概念

处理器调度分为三级:高级调度、中级调度和低级调度。作业从进入磁盘的后备队列到得到处理器运行结束,期间需要经历以上多种级别的一次或多次调度。

1. 高级调度

高级调度又称作业调度或长调度,调度对象是作业。作业是一个比程序更为广泛的概念,不仅包含通常的程序和数据,还配有一份作业说明书,系统根据该说明书来对作业的运行进行控制。批处理系统是以作业为基本单位,将其从外存调入内存的。按照预定调度策略从输入系统的一批作业中选择进入主存的作业,并为其分配资源,创建进程,这一过程就称为高级调度。作为启动阶段的调度,高级调度为进程的运行做好准备工作,等待进程调度选择进程进行运行。

高级调度能够控制多道程序中被选进主存的作业数量,数量越多,每个作业获得的CPU 时间就越少。对用户而言,总希望自己作业的周转时间尽可能少,最好周转时间就等于作业的执行时间。然而对系统来说,则希望作业的平均周转时间尽可能少,这样就有利于提高 CPU 的利用率和系统的吞吐量。为此,每个系统在选择作业调度算法时,既应考虑用户的要求,又要确保系统具有较高的效率。

2. 中级调度

中级调度介于高级调度和低级调度之间,该调度根据进程状态决定辅存和主存之间的进程对换:当主存资源紧缺时,将暂时不能运行的进程换出,进程转为挂起状态;当主存资源空闲,并且进程满足运行条件时,再将进程调回主存。中级调度对主存的利用和系统吞吐率都有很大的提升。

3. 低级调度

低级调度又称进程调度或短调度,调度对象是进程。低级调度根据主存资源,在就绪队列中决定有多少个进程、哪些进程应获得处理机,然后再由分派程序执行具体操作,把处理机分配给相关进程。低级调度中还包括对处理机现场信息的保存,如程序计数器、多个通用寄存器中的内容等,将它们送入该进程的 PCB 中的相应单元,然后按某种算法在就绪队列中选取进程,把被选中的进程状态改为运行状态,并准备把处理机分配给它。

在上述三种调度中,低级调度是操作系统最核心的部分,运行频率最高,因此把它称为短程调度。为避免低级调度占用太多的 CPU 时间,低级调度算法不宜太复杂。高级调度往往是发生在一个(批)作业运行完毕,退出系统,而需要重新调入一个(批)作业进入内存时,故高级调度的周期较长,大约几分钟一次,因此把它称为长程调度。在纯粹的分时或实时操作系统中,通常不需要高级调度。中级调度的运行频率介于上述两种调度之间。一些功能完善的操作系统为了提高主存利用率和作业吞吐率,会引入中级调度。三种调度的层次关系如图 4.1 所示。

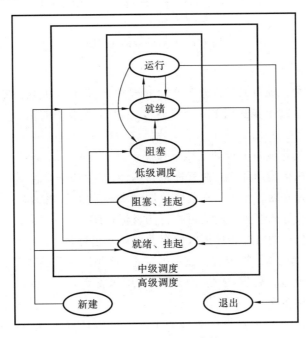

图 4.1　三种调度的层次关系

图 4.2 则给出了三种调度的队列图。被高级调度选中的作业,从后备队列中,通过多个作业步,转变成目标进程,进入主存的就绪队列等待低级调度的调度。就绪队列中的进程被低级调度调度后,即被分配到处理机上运行。如果进程在给定的时间片内顺利运行完成,则在释放处理机后进入完成状态;如果进程在本次分配的时间片内尚未运行完成,该进程则自动释放处理机,并进入就绪队列的末尾等待下一次低级调度;如果在运行期间,进程因为某事件而被阻塞,则进入等待队列。等待队列中的进程,如果等待的事件发生了,则可以进入到就绪队列;如果内存空间不足,则可以通过中级调度将其换至外存中的挂起阻塞队列;如果挂起阻塞队列中的进程所等待的事件发生,则将该进程换至挂起就绪队列。同样,就绪队列中的进程也可能因为系统空间的需要而被中级调度换至外存,进入挂起就绪队列中。而挂起就绪队列中的进程可以通过中级调度被调回主存的就绪队列中,从而获得低级调度的机会。

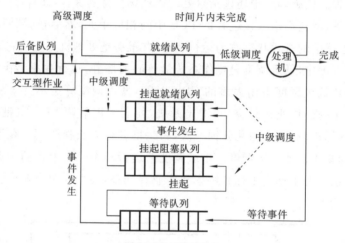

图 4.2 三种调度的队列图

4. 作业的相关介绍

在运行期间,每个作业都必须经过若干个相对独立,又相互关联的顺序加工步骤才能得到结果,其中的每一个加工步骤就是一个作业步,上一个作业步的输出一般就是下一个作业步的输入。

例如,一个典型的作业可分成如下四个作业步:

(1) 编译:通过执行编译程序对源程序进行编译,产生若干个目标程序段。

(2) 链接:将编译好的若干个目标程序段通过库函数链接在一起。

(3) 装配:将链接好的部分装配成可执行的目标程序。

(4) 运行:将可执行的目标程序读入内存并控制其运行。

若干个作业进入系统后,被依次存放在外存上,这便形成了输入的作业流;在操作系统的控制下,逐个对作业进行处理,于是便形成了处理作业流。

5. 作业的管理和调度

为了管理和调度作业,为每个作业设置了一个作业控制块(job control block,JCB)。作业控制块保存系统对作业进行管理和调度所需的全部信息,是作业在系统中存在的标志。

作业控制块通常应包含的内容有作业标识、用户名称、用户账户、作业类型(CPU 繁忙型、I/O繁忙型、批量型、终端型)、作业状态、调度信息(优先级、作业已运行时间)、资源需求(预计运行时间、要求内存大小、要求 I/O 设备的类型和数量等)、进入系统时间、开始处理时间、作业完成时间、作业退出时间、资源使用情况等。当作业进入系统时,系统便为每个进入系统的作业建立一个作业控制块,根据作业类型将它插入相应的后备队列中。作业调度程序依据一定的调度算法来调度它们,将它们装入内存。在作业运行期间,系统就按照作业控制块中的信息对作业进行控制。当一个作业执行结束,进入完成状态时,系统负责回收分配给它的资源,并撤销其作业控制块。

作业调度则是根据作业控制块中的信息,审查系统能否满足用户作业的资源需求,以及按照一定的算法,从外存的后备队列中选取某些作业调入内存,并为它们创建进程、分配必要的资源,然后再将新创建的进程插入就绪队列,准备执行。当每次执行作业调度时,由于要考虑用户和系统双方的需要,作业调度要考虑每次允许多少个作业同时在内存中运行。如果内存中同时运行的作业数目太多,则系统的服务质量可能会受到影响,比如,周转时间太长。但如果内存中同时运行作业的数量太少,则会导致系统的资源利用率和系统吞吐量太低。因此,多道程序调度的确定应根据系统的规模和运行速度等情况做适当的折中。除此之外,依据所采用的调度算法,决定应将哪些作业从外存调入内存。最常见的调度算法是:最早进入外存的作业最先调入内存(先来先服务调度算法);将外存上最短的作业最先调入内存(短作业优先调度算法);将外存上优先级最高的作业优先调入内存(优先级调度算法)。

4.1.2　调度原则

调度算法的选取会受到不同因素的影响,基本原则是要保证计算机的系统性能和让用户满意。以下就是在设计调度算法时要考虑的因素。

1. 周转时间

周转时间是评价批处理系统的性能、选择作业调度方式与算法的重要准则之一。周转时间是指从作业提交给系统开始,到作业完成为止的这段时间间隔,即

$$周转时间 = 后备队列等待时间 + 就绪队列等待时间^*$$
$$+ CPU\ 执行时间^* + 等待\ I/O\ 完成时间^*$$

式中:带 * 的项在一个作业的整个处理过程中可能会多次发生。

对每个用户而言,都希望自己作业的周转时间最短。但作为计算机系统的管理者,总是希望能使平均周转时间最短,这不仅会有效地提高系统资源的利用率,而且还可使大多数用户都感到满意。所以一般考虑平均情况,即平均周转时间 T 为

$$T = \frac{1}{n}\left[\sum_{i=1}^{n} T_i\right]$$

式中:T_i 为系统中第 i 个作业的周转时间;n 为系统中的作业个数。

平均周转时间用于衡量不同调度算法对同一个作业流的调度性能。

除此之外,还有平均带权周转时间 W,即

$$W = \frac{1}{n}\left[\sum_{i=1}^{n}\frac{T_i}{T_{s_i}}\right] = \frac{1}{n}\left[\sum_{i=1}^{n}W_i\right]$$

某作业的带权周转时间 $W_i = T_i/T_{s_i}$，是该作业的周转时间和服务时间的比值，反映的就是作业在整个处理过程中，想要获得一个单位的服务时间所要花费的等待时间。平均带权周转时间用于衡量同一个调度算法对不同作业流的调度性能。

2. 响应时间

响应时间可以用于评价分时系统的性能，这是选择分时系统中进程调度算法的重要准则之一。响应时间是从用户通过键盘提交一个请求开始，直至系统首次产生响应为止的时间间隔，即

响应时间＝请求信息传送到处理机的时间＋处理机处理信息的时间
＋响应信息回送到终端的时间

3. 截止时间

这是评价实时系统性能的重要指标，是选择实时调度算法的重要准则。截止时间是指某任务必须开始执行的最迟时间，或必须完成的最迟时间。对于严格的实时系统，其调度方式和调度算法要必须保证这一点，否则将可能造成难以预料的灾难性后果。

4. 优先权

在批处理、分时和实时系统中选择调度算法时，都可遵循优先权准则，以便让某些紧急的作业得到及时处理。在要求较严格的场合，往往还须选择抢占式调度方式，才能保证紧急作业得到及时处理。

5. 吞吐量

吞吐量是用于评价批处理系统性能的一个重要指标，是选择批处理作业调度的重要准则。吞吐量是指在单位时间内系统所完成的作业数，与批处理作业的平均长度密切相关。作业调度的方式和算法对吞吐量的大小也会产生较大影响。事实上，对于同一批作业，若采用了较好的调度方式和算法，可以显著地提高系统的吞吐量。

6. 处理机利用率

CPU 价格十分昂贵，致使处理机的利用率成为衡量系统性能的十分重要的指标，而调度方式和算法对处理机的利用率起着十分重要的作用。在实际系统中，CPU 的利用率一般在 40%到 90%之间，在大、中型系统中，选择调度方式和算法时应该考虑到这一点，而对于单用户的微机或某些实时系统，该调度准则就不那么重要了。

7. 公平性

除了要考虑 CPU 得到有效利用外，系统中的其他各类资源，如内存、外存和 I/O 设备等，也应该得到充分利用。因此，在选择调度方式和算法时，要尽量保持系统中各类资源都处于忙碌状态。

4.2　调度算法

调度算法有的适用于高级调度，有的适用于低级调度，有的则在对两种级别的调度中都有较好的应用。如前所述，对于不同的系统和系统目标，所要考虑的调度准则不一样，通常

采用不同的调度算法来实现。

4.2.1　先来先服务调度算法

先来先服务调度算法(first come first served,FCFS)按照作业/进程进入队列的先后顺序进行挑选,先进入的将先进行后续步骤的处理。

该算法既可用于高级调度,也可用于低级调度。当在高级调度中采用该算法时,每次调度都从后备作业队列中选择一个或多个最先进入该队列的作业,将它们调入内存,为它们分配资源、创建进程,然后放入就绪队列中。当在低级调度中采用该算法时,每次调度都从就绪队列中选择一个最先进入该队列的进程,并为之分配处理机,使之投入运行。该进程一直运行到完成或等待某事件而被阻塞后才放弃处理机。

例 4.1　有以下 4 个作业,它们到达系统的时间和所要求的服务时间如表 4.1 所示,采用先来先服务调度算法,计算它们的平均周转时间和平均带权周转时间(时间单位为 ms)。

表 4.1　采用先来先服务调度算法的作业时间表　　　(单位:ms)

作业	到达时间	服务时间	开始时间	完成时间	周转时间	带权周转时间
1	0	20	0	20	20	1
2	4	13	20	33	29	2.23
3	8	1	33	34	26	26
4	18	200	34	234	216	1.08

平均周转时间 $T=\dfrac{20+29+26+216}{4}$ ms$=72.75$ ms。

平均带权周转时间 $W=\dfrac{1+2.23+26+1.08}{4}$ ms$=7.58$ ms。

不难看出,作业 3 的服务时间为 1 ms,带权周转时间为 26 ms;作业 4 的服务时间为 200 ms,带权周转时间仅为 1.08 ms。这表明,先来先服务调度算法比较有利于长作业(进程),而不利于短作业(进程)。另外,采用先来先服务调度算法得到的平均周转时间和平均带权周转时间还与作业到达顺序和调度顺序有关。

4.2.2　短作业优先调度算法

短作业优先调度算法(shot job first,SJF)以进入系统的作业所要求的 CPU 运行时间的长短为挑选依据,优先选取预计所需服务时间最短的作业进行调度,可以分别用于高级调度和低级调度。短作业优先调度算法是从后备队列中选择一个或若干个估计运行时间最短的作业,将它们调入内存运行的算法。而短进程优先(shot process first,SPF)调度算法则是从就绪队列中选出一个估计运行时间最短的进程,将处理机分配给它,使它立即执行并一直执行到完成或等待某事件而被阻塞后放弃处理机时再重新调度的算法。

例 4.2　对例 4.1 中的作业采用短作业优先调度算法,计算它们的平均周转时间和平均带权周转时间(时间单位为 ms),如表 4.2 所示。

表 4.2　采用短作业优先调度算法的作业时间表　　　　（单位:ms）

作业	到达时间	服务时间	开始时间	完成时间	周转时间	带权周转时间
1	0	20	0	20	20	1
2	4	13	21	34	30	2.31
3	8	1	20	21	13	13
4	18	200	34	234	216	1.08

平均周转时间 $T = \dfrac{20+30+13+216}{4}$ ms = 69.75 ms。

平均带权周转时间 $W = \dfrac{1+2.31+13+1.08}{4}$ ms = 4.35 ms。

与先来先服务调度算法相比,其平均周转时间和平均带权周转时间都要短,这说明短作业优先调度算法有效降低了作业的平均等待时间,提高了系统吞吐量,具有较好的调度性能。

短作业优先调度算法主要的不足之处是,长作业的运行得不到保证,如果有一长作业进入系统的后备队列(就绪队列),则调度程序总是优先调度那些(即使是后进来的)短作业,将导致长作业长期不被调度。短作业优先调度算法还没有考虑作业的紧迫性,因而不能保证紧急的作业会被及时处理。另外,由于作业的长短只是根据用户所提供的估计执行时间而定的,而用户又可能会有意或无意地缩短其作业的估计运行时间,故该算法不一定能真正做到短作业优先调度。

4.2.3　优先级调度算法

优先级调度算法是根据事先设定好的进程的优先级来选取就绪队列中优先级最高的进程投入运行的算法。在运行过程中,如果就绪队列中出现优先级更高的进程,则根据系统策略是抢占式或非抢占式进行调度。

抢占式:在进程运行过程中,如果有优先级更高的进程到来,则当前进程所占用的处理机会被立即剥夺,并将处理机分配给优先级更高的进程,使之运行,即只要高优先级的进程出现,无论当前进程完成与否,都必须立即停止,重新将处理机分配给新到的优先级最高的进程。抢占式优先级调度算法能更好地满足紧迫作业的要求,故这种方式常用于对实时性要求比较高的系统中。

非抢占式:在进程运行过程中,如果有优先级更高的进程到来,则当前进程继续运行直到完成或出现需要等待的事件而放弃处理机时,才调度优先级更高的进程运行。这种方式多用于批处理系统中。

优先级的划分有两种方法。一种是静态优先级,它在创建进程时确定,且在进程的整个运行期间保持不变。静态优先级设置的依据是进程类型(系统进程优先于用户进程)、进程对资源的需求(时间短、需要内存少的优先考虑)、用户进程的紧迫程度等。静态优先级方法简单易行,系统开销小,但不够精确,很可能会长时间忽略优先级低的作业。另一种是动态优先级,它会随着时间的推移而进行调整,以获得更好的调度性能为前提而不断改变优先级。比如,在就绪队列中,等待时间越长的进程,其优先级也会以一定的速率提高;正在运行的进程,CPU 处理时间越长,其优先级以一定的速率降低。这样就能避免长进程长时间占据处理机,其他相对较短的进程无限等待的困境。

优先级是通过某一范围内的一个整数来表示的,例如,0~7 或 0~255 中的某一整数,又把该整数称为优先数;有的系统用小数字表示高优先级(本书采用该种表示方法),当数值越大时,其优先级越低;而有的系统的规定与之相反,用大数字表示高优先级。

例 4.3　在单机系统中,进程信息如表 4.3 所示,计算抢占式优先级调度算法下的进程调度顺序、平均周转时间和平均带权周转时间(时间单位为 ms)。

表 4.3　采用抢占式优先级调度算法的进程调度信息　　　（单位:ms）

进程	到达时间	服务时间	优先级	开始时间	完成时间	周转时间	带权周转时间
P₁	0	3	3	0	3	3	1
P₂	2	6	5	3	19	17	2.83
P₃	4	3	1	4	7	3	1
P₄	6	5	2	7	12	6	1.2
P₅	8	2	4	12	14	6	3

(1) 时间 0 ms:选取 P_1。

(2) 时间 2 ms:由于 P_2 的优先级低于 P_1 的,所以 P_1 继续执行。

(3) 时间 3 ms:P_1 执行完毕,选取 P_2,执行 1 ms。

(4) 时间 4 ms:由于 P_3 的优先级高于 P_2 的,所以抢占 P_2 的 CPU,选取 P_3。

(5) 时间 6 ms:由于 P_4 的优先级低于 P_3 的,所以 P_3 继续执行。

(6) 时间 7 ms:P_3 执行完毕,由于 P_4 优先级高于 P_2 的,选取 P_4。

(7) 时间 8 ms:由于 P_5 的优先级低于 P_4 的,所以 P_4 继续执行。

(8) 时间 12 ms:P_4 执行完毕,由于 P_5 的优先级高于 P_2 的,选取 P_5。

(9) 时间 14 ms:P_5 执行完毕,队列中只有 P_2,选取 P_2,继续执行剩余的 5 ms。

(10) 时间 19 ms:P_2 执行完毕。

进程调度的顺序为 $P_1 \rightarrow P_2 \rightarrow P_3 \rightarrow P_4 \rightarrow P_5 \rightarrow P_2$。

平均周转时间 $T = \dfrac{3+17+3+6+6}{5}$ ms=7 ms。

平均带权周转时间 $W = \dfrac{1+2.83+1+1.2+3}{5}$ ms=1.80 ms。

4.2.4　时间片轮转调度算法

时间片轮转调度算法将所有的就绪进程按先来先服务的原则排成一个队列,每次调度时,把处理机分配给队首进程,并令其执行一个时间片。当执行的时间片用完时,发出中断请求,调度程序便据此信号来停止该进程的执行,并将它送往就绪队列的末尾;然后,再把处理机分配给就绪队列中新的队首进程,同时也让它执行一个时间片。这样就可以保证系统能在给定的时间内响应所有用户的请求。

在时间片轮转调度算法中,时间片的大小对系统性能有很大的影响:如果选择的时间片较小,则有利于短作业,因为它能较快地完成,但会频繁地发生中断、进程上下文的切换,从而增加系统的开销;反之,如果选择的时间片较长,则每个进程都能在一个时间片内完成,时间片轮转调度算法便退化为先来先服务调度算法,无法满足交互式用户的需求。一个较为可取的大小是,时间片略大于一次典型的交互所需的时间。这样可使大多数进程在一个时间片内完成。

例 4.4 进程信息如表 4.4 所示,当时间片为 4 ms 时,计算时间片轮转调度算法下的进程调度顺序、平均周转时间和平均带权周转时间(时间单位为 ms)。

表 4.4 采用时间片轮转调度算法的进程信息 （单位:ms）

进程	到达时间	服务时间	开始时间	完成时间	周转时间	带权周转时间
P_1	0	3	0	3	3	1
P_2	2	6	3	17	15	2.5
P_3	4	4	7	11	7	1.75
P_4	6	5	11	20	14	2.8
P_5	8	2	17	19	11	5.5

(1) 时间 0 ms:选取 P_1,周转时间为 3 ms。

(2) 时间 3 ms:P_1 执行完毕,选取 P_2,执行 4 ms。

(3) 时间 7 ms:时间片截止,选取 P_3,执行 4 ms。

(4) 时间 11 ms:P_3 执行完毕,时间片也刚好截止,选取 P_4,执行 4 ms。

(5) 时间 15 ms:时间片截止,选取 P_5,执行 2 ms。

(6) 时间 17 ms:P_5 执行完毕,就绪队列中的进程排序为 P_2,P_4,所以选取 P_2,继续执行剩余的 2 ms。

(7) 时间 19 ms:P_2 执行完毕,选取 P_4,继续执行剩余的 1 ms,P_4 执行完毕。

进程调度的顺序为 $P_1 \rightarrow P_2 \rightarrow P_3 \rightarrow P_4 \rightarrow P_2 \rightarrow P_5 \rightarrow P_4$。

平均周转时间 $T = \dfrac{3+15+7+14+11}{5}$ ms $= 10$ ms。

平均带权周转时间 $W = \dfrac{1+2.5+1.75+2.8+5.5}{5}$ ms $= 2.71$ ms。

4.2.5 最高响应比优先调度算法

先来先服务调度算法只考虑作业等待时间,忽视作业计算时间,有利于长作业的运行;短作业优先调度算法只考虑作业预计的计算时间,而忽视作业的等待时间,不利于紧急情况的处理。而最高响应比优先调度算法则是一种同时兼顾作业的等待时间和处理时间,做有效的协调和折中的调度算法,既能照顾短作业的调度,同时也不会让长作业等待的时间超出合理的范围。为此我们为每个作业引入一个称为响应比的动态优先级指标,并使作业的优先级随着等待时间的增加而以一定的速率提高,则长作业在等待一定的时间后,必然会随着优先级的提高而有机会分配到处理机。

$$响应比 = \frac{周转时间}{服务时间} = \frac{等待时间 + 服务时间}{服务时间} = 1 + \frac{等待时间}{服务时间} \tag{4.1}$$

最高响应比优先调度算法就是每调度一个作业投入运行时,计算后备队列中的每个作业的响应比,然后选择响应比高的投入运行的调度算法。

由式(4.1)可以看出:

(1) 如果作业的等待时间相同,则要求服务的时间越短,其优先权越高,因而该算法有利于短作业;

(2) 当要求服务的时间相同时,作业的优先级取决于其等待时间,等待时间越长,其优先级越高,因而它实现的是先来先服务;

(3) 对于长作业,作业的优先级可以随等待时间的增加而提高,当其等待时间足够长时,其优先级便可升到很高,从而也可获得处理机。

这种调度算法的不足之处就是,每次调度前都要计算每个作业的响应比,这需要耗费一定的时间,其性能比短作业优先算法的略差。

例 4.5　还是对例 4.1 中的作业进行操作(见表 4.5),采用最高响应比优先调度算法进行调度,计算进程调度的顺序、平均周转时间和平均带权周转时间(时间单位为 ms)。

表 4.5　采用最高响应比优先调度算法的进程信息　　　　(单位:ms)

作业	到达时间	服务时间	开始时间	完成时间	周转时间	带权周转时间
1	0	20	0	20	20	1
2	3	12	25	37	34	2.83
3	10	5	20	25	15	3
4	18	8	37	45	27	3.38

(1) 时间 0 ms:只有作业 1,选取作业 1,执行时间 20 ms。

(2) 时间 20 ms:就绪队列中有作业 2、作业 3、作业 4。响应比依次为

$$r_2=1+\frac{等待时间}{服务时间}=\left(1+\frac{20-3}{12}\right)\text{ms}=2.42\text{ ms}$$

$$r_3=1+\frac{等待时间}{服务时间}=\left(1+\frac{20-10}{5}\right)\text{ms}=3\text{ ms}$$

$$r_4=1+\frac{等待时间}{服务时间}=\left(1+\frac{20-18}{8}\right)\text{ms}=1.25\text{ ms}$$

响应比最高的是作业 3,因此调度作业 3,执行时间为 5 ms。

(3) 时间 25 ms:就绪队列中有作业 2、作业 4。响应比依次为

$$r_2=1+\frac{等待时间}{服务时间}=\left(1+\frac{25-3}{12}\right)\text{ms}=2.83\text{ ms}$$

$$r_4=1+\frac{等待时间}{服务时间}=\left(1+\frac{25-18}{8}\right)\text{ms}=1.875\text{ ms}$$

响应比最高的是作业 2,因此调度作业 2,执行时间为 12 ms。

(4) 时间 37 ms:就绪队列中仅有作业 4,因此调度作业 4,执行时间为 8 ms。

进程调度的顺序为 $P_1 \rightarrow P_3 \rightarrow P_2 \rightarrow P_4$。

平均周转时间　　　　　　$$T=\frac{20+15+34+27}{4}\text{ms}=24\text{ ms}$$

平均带权周转时间 $\qquad W=\dfrac{1+3+2.83+3.38}{4}$ ms$=2.55$ ms

另外,如果采用先来先服务调度算法,则调度顺序为 $P_1 \to P_2 \to P_3 \to P_4$。

平均周转时间 $\qquad T=\dfrac{20+29+27+27}{4}$ ms$=25.75$ ms

平均带权周转时间 $\qquad W=\dfrac{1+2.42+5.4+3.38}{4}$ ms$=3.05$ ms

如果采用短作业优先调度算法,则调度顺序为 $P_1 \to P_3 \to P_4 \to P_2$。

平均周转时间 $\qquad T=\dfrac{20+15+15+42}{4}$ ms$=23$ ms

平均带权周转时间 $\qquad W=\dfrac{1+3+1.88+3.5}{4}$ ms$=2.35$ ms

由此可见,最高响应比优先调度算法的性能介于先来先服务调度算法和短作业优先调度算法的之间。

4.2.6 多级反馈队列调度算法

前面介绍的集中调度算法都有一定的局限性。如短作业优先调度算法仅照顾了短进程而忽略了长进程,甚至有可能使得某些长进程无法获得处理机,另外,进程长短的确定也是一件比较模糊的事情。而多级反馈队列调度算法则不必事先知道各个进程所需的执行时间,而且还可以满足各种类型进程的需要,因而它是目前公认的一种较好的进程调度算法。采用多级反馈队列调度算法的系统中,调度算法的实施过程如下所述:

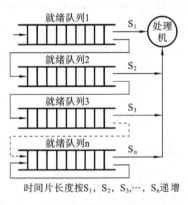

时间片长度按S_1, S_2, S_3,…, S_n递增

图 4.3 多级反馈队列调度算法

(1) 系统设置有多个就绪队列,如图 4.3 所示。每个队列具有不同的优先级,第 1 个队列的优先级最高,第 2 个队列的次之,其余各队列的优先级逐个降低。另外,各个队列中进程执行的时间片大小也不一样,在优先级越高的队列中,为进程安排的执行时间片就越小。

(2) 在一个新进程进入内存后,首先将它放入第 1 个就绪队列的末尾,并按照先来先服务调度算法进行调度。当轮到该进程执行时,若它能够在该时间片内完成,便可准备退出系统;如果它在一个时间片内无法完成,则调度程序便将该进程转入第 2 个就绪队列的末尾,再同样按照先来先服务调度算法进行调度;如果它在第 2 个就绪队列中被调度运行一个时间片后仍未完成,则再将其放入第 3 个就绪队列……如此下去。当一个长作业从第 1 个就绪队列依次降到第 n 个就绪队列时,在第 n 个就绪队列中,便按照时间片轮转的调度方式进行调度。

(3) 仅当第 1 个就绪队列空闲时,调度程序才调度第 2 个就绪队列中的进程运行;仅当第 1~(i-1) 个就绪队列为空时,才会调度第 i 个就绪队列中的进程运行。如果处理机正在为第 i 个就绪队列中的某个进程服务,此时又有新的进程进入优先级较高的就绪队列,那么,新进程将抢占正在运行进程的处理机,即由调度程序把正在运行的进程放回到第 i 个就绪队列的末尾,把处理机分配给新到的高优先级的进程。

多级反馈队列调度算法既能照顾到交互型短作业用户的要求,又考虑到了批处理型长作业的需要,是一个能够满足各类型用户需求的综合性能较好的调度算法。著名的 Windows NT 就采用了该调度算法。

4.2.7　实时调度算法

由于实时系统中都存在着若干个实时进程或任务来反映或控制相应的外部事件,具有某种程度的紧迫性,因而对实时系统中的调度提出了某些特殊要求。前面所介绍的多种调度算法并不能完全满足实时系统中的调度需要,在此介绍几种常用的实时调度算法。

1. 最早截止时间优先调度算法

最早截止时间优先(earliest deadline first,EDF)调度算法是根据任务的开始截止时间来确定任务优先级的,截止时间越早,其优先级越高。该算法要求在系统中保持一个实时任务就绪队列,该队列按各个任务截止时间的早晚进行排序,具有最早截止时间的任务排在队首。调度程序在选择任务时,总是选择就绪队列中的第一个任务,并为之分配处理机,使其投入运行。按其抢占方式的不同,最早截止时间优先调度算法又分为非抢占式的最早截止时间优先调度算法和抢占式的最早截止时间优先调度算法。前者主要用于处理非周期性的实时任务,设计好的话可以获得数百毫秒至数秒的响应时间;而后者则用于处理周期性的实时任务,响应时间能够达到几毫秒至 100 ms,甚至更低的调度延迟。

2. 最低松弛度优先调度算法

最低松弛度优先(least laxity first,LLF)调度算法根据任务紧急(或松弛)的程度来确定任务的优先级。任务的紧急程度越高,为该任务所赋予的优先级就越高,使其优先执行。例如,一个任务必须在 200 ms 时完成,而它本身所需的运行时间就有 100 ms,因此,调度程序必须在 100 ms 之前调度执行,该任务的松弛度为 100 ms。又如,另一个任务在 400 ms 时必须完成,它本身需要运行 150 ms,则其松弛度为 250 ms。在实现该调度算法时,要求系统中有一个按松弛度排序的实时任务就绪队列,松弛度最低的任务排在队列的最前面,调度程序总是选择就绪队列中的队首任务执行,采用的主要是抢占式调度方式。

4.2.8　多处理器调度算法

现代计算机硬件系统已经进入多核时代。相应地,操作系统中的调度程序一般采用的是多处理器调度方式,这与单处理器的调度有一定的区别。多处理器调度主要考虑两个方面的因素:如何为进程分配处理器和如何选择调度算法。

1. 分配方式

将处理器放入处理器池,采用两类分配方式。

(1)静态分配。每个处理器对应一个就绪队列,这样调度需要的开销并不多,但是对应的就绪队列长的处理器就会比较繁忙,而对应的就绪队列短的处理器就会相对空闲。在这种分配方式下,处理器利用率较低。

(2)动态分配。所有处理器都对应同一个就绪队列,哪个处理器空闲,就选择就绪队列中的进程占用该处理器。这种分配方式能够合理利用空闲处理器，提高了处理器的利用率。

2. 多处理器调度算法

1）负载共享调度算法

在该调度算法中，进程并不被指派到具体的处理器上，系统维护一个全局的就绪队列，一旦有某一处理器空闲，就选择进程的一个就绪线程占有该处理器运行。该调度算法能将负载平均分配到所有可用处理器上，确保了处理器的充分利用。但是在该算法中，必须保证互斥访问就绪队列，从而保证同一个线程不会运行在不同的处理器上。互斥访问会导致一些等待的情况发生，对性能有一定的影响。

（1）先来先服务调度算法。在一个作业进入内存后，该作业的所有线程按先进先出原则存放到共享队列的尾部。当某个处理机空闲时，选择队首线程运行，直至其完成或阻塞。在单处理机环境下，这种算法并不是一种好的方法，而在多处理机环境中却是一种比较好的方法。这是因为，线程本身是一个比进程小的独立运行单位，其运行时间很短，而系统中又有多个处理机，因此每个线程的等待时间不会很长，且先来先服务调度算法简单、开销小。

（2）最小线程数优先调度算法。使用该算法的全局可运行线程队列按优先级组织。来自具有最少的未被调度的线程数的作业的线程有最高优先级。相同优先级的线程则按先进先出原则调度。通常，一个被调度线程一直运行到完成或阻塞为止。

（3）抢占式最小线程数优先调度算法。此算法类似于上面的算法，只是当有高优先级线程到来或可运行（等待事件发生）时，允许抢占低优先级线程的处理器。

2）群调度算法

该调度算法将一组线程同一时间一次性调度到一组处理机上运行，使得多个线程能够并行执行，同时减少了进程同步、切换等损失，提高了系统性能。为了能更灵活而有效地调度处理机，有些多处理机系统提供了创建处理机集合的机制，每个集合可不包含或包含多个处理机。每个处理机属于一个单独的处理机集合，但是处理机也可以从一个集合转移到另一个集合。调度器把一个应用程序的线程集合分配给一个处理机集合，这可以让用户控制处理机的分配。应用程序和它的线程被分配到一个处理机集合，这种分配也可以随时间的变化而改变，调度器在其他应用程序要求分配处理机而没有处理机时，可收回一个或若干个处理机；反之，线程用完处理机后可将其交回内核，或为新线程向内核请求再分配处理机。这使系统对处理机的使用变得灵活。在处理机的分配方面，如果平均分配会产生处理机资源的浪费，则应该根据线程数加权的方式，按比例分配处理机时间，避免浪费。

群调度对应用中的一组线程需要密切协同合作的应用十分有用。这类应用程序创建几个线程，每个线程独立运行一段时间后，要求在程序中某一个执行点同步，等待其他线程到达。应用程序在此同步点之后，也许单独运行一些代码后，再创建另一批线程……这一组线程如果不是群调度，则有可能存在有的线程已到达同步点，而其他线程尚未运行的情况。如果群调度使每个线程都有一台处理机，那么应用程序的执行将非常快，而且在整个执行过程中，调度开销降低了，节省了资源分配的时间。

3）专用处理机调度算法

该调度算法是在一个应用程序执行期间，把一组处理器专门分配给这个应用程序，也就是说，当一个应用程序被调度时，它的每一个线程都被分配给一个处理器，这个处理器专门用于处理这个线程,直到应用程序运行结束为止。该调度算法可以看作是群调度算法的一种极端形式,看上去极端浪费处理器时间,因为如果一个应用程序的一个线程被阻塞,等待 I/O 或与其他线程的同步,则该线程的处理器将一直处于空闲状态。那为什么还要使用该调度算法呢? 原因有二:其一,在一个高度并行的系统中,有数十个或数百个处理器,每个处理器只占系统总代价的一小部分,处理器利用率不再是衡量有效性或性能的一个重要因素;其二,在一个程序的生命周期中,避免进程切换会加快程序的执行速度。

该算法的不足之处在于以下几点:

(1) 浪费处理机。例如,如果某一个应用程序的某线程由于等待 I/O 被阻塞,同时又要与另外一个线程保持同步,则该线程所在的处理机会处于空闲状态。另外,在一个应用程序的每个线程分配到了一台处理机之后,系统中可能仍有若干台剩余的处理机不能满足其他应用程序的需要,也会造成处理机浪费。

(2) 线程切换可能很频繁。当一个应用程序中线程的个数超过了处理机的数量时,只有部分线程能分配到处理机,而其余线程仍在就绪队列中。当运行中的某个线程需要与就绪队列中的一个进程进行同步操作时,运行中的线程就会被阻塞。由此可见,线程越多,线程切换就越频繁。

4) 动态调度算法

在计算机系统中,某些应用程序可能提供了语言和系统工具,允许动态地改变进程中的线程数,这就使得操作系统也应该能够相应地进行动态调整来提高利用率。动态调度算法是由操作系统和应用进程共同进行调度决策的。操作系统负责在应用进程之间分配处理器;应用线程决定在已分配的处理器上哪些可运行的线程可执行,哪些需要挂起。当进程请求一个或多个处理器时,操作系统调度的具体原则如下:

(1) 分配空闲的处理器以满足进程的请求。

(2) 若没有空闲的处理器且发请求的进程是新到达的,则从当前分配了多个处理器的任一个进程中回收一个处理器,将该处理器分配给请求的进程。

(3) 若任何分配都无法满足该请求,则该进程保持未完成的状态,直到有足够的处理器可用或者进程取消该请求为止。

(4) 每释放一个或者多个处理器时,都要对还没解决过的请求处理器的进程队列进行扫描,为其中的尚未分配过的进程分配处理器,如果还有多余的处理器资源,则再次扫描队列,按照先来先服务原则分配处理器。

对可以采用动态调度的应用程序,这种调度算法优于组调度算法和专用处理器调度算法,但是,该算法的开销较大,可能会抵消它的一部分性能优势。

4.3　死锁简介

4.3.1　资源

第 3 章已经介绍过临界资源和临界区的概念,当两个进程同时进入临界区时,有可能会导致数据错误或者系统错误。所以操作系统需要控制进程独立对这些临界资源进行访问。

对资源的访问需要遵循以下步骤:申请,访问,归还。如果当某一个进程申请资源时,资源正在被其他进程使用,则该申请的进程需要等待。

计算机系统中的资源可以分为可剥夺性资源和非剥夺性资源。

可剥夺性资源是指某进程在获得这类资源后,可以再被其他进程或系统剥夺的资源,如处理机和内存。优先权高的进程可以剥夺优先权低的进程的处理机;内存区可由存储器管理程序把一个进程从一个存储区移到另一个存储区,此即剥夺了该进程原来占有的存储区,甚至可将一个进程从内存调出到外存上。

系统在把不可剥夺性资源分配给某进程后,就再不能强行收回,只能由进程用完后自行释放,如磁带机、打印机等。

4.3.2 死锁产生的原因和必要条件

1. 死锁产生的原因

由于临界资源的出现,以及允许进程并发执行,就会出现进程申请资源失败而被永远阻塞的情况,即为"死锁"。由此可见,死锁是指多个进程因竞争资源而造成的一种僵局,如果没有外力的作用,这些进程就都再也不能向前推进了。假设一系统有一台打印机和一台阅读机,有两个进程 P_1 和 P_2,进程 P_1 已占用打印机,进程 P_2 已占用阅读机,若此时 P_1 对阅读机提出申请请求,P_2 对打印机提出申请请求,则这两个进程将处于死锁状态,如图 4.4 所示。

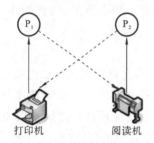

图 4.4 计算机中的死锁示例

死锁并不只是计算机操作系统环境下独有的现象,在日常生活中也经常会遇到类似的现象,例如,交通死锁。如图 4.5 所示,在一个只能通过一辆汽车的小路上,两辆车同时从两个方向相向而行进入该路段,如果双方都不避让,则谁也无法通过,两辆车都将被堵在该路上。

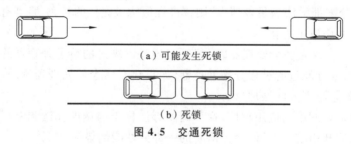

(a) 可能发生死锁

(b) 死锁

图 4.5 交通死锁

死锁产生与资源竞争及进程的推进顺序不当有关。

1) 资源竞争

当系统中多个进程同时需要使用某些资源,而这些临界资源又不能同时满足其需要时,便会引起进程对资源的竞争,从而导致死锁。图 4.4 所示的就是由于进程对资源竞争而引起的死锁。

2) 进程推进顺序不当

进程在系统中允许并发执行,但进程本身的异步性决定了在其请求和释放资源时,如果时机选择不当就有可能导致进程死锁的发生。假设系统中有进程 P 和进程 Q,资源 A 和资源 B。两个进程的一般形式如下:

进程 P	进程 Q
⋮	⋮
获得 A	获得 B
⋮	⋮
获得 B	获得 A
⋮	⋮
释放 A	释放 B
⋮	⋮
释放 B	释放 A
⋮	⋮

　　每个进程都需要独占这两个资源一段时间,图 4.6 所示的是这两个进程的执行进展情况,其中,x 轴表示 P 的执行进展,y 轴表示 Q 的执行进展。对于一个单处理器的系统,一次只有一个进程可以执行,P 和 Q 的执行路径就由交替的水平段和垂直段组成。水平段表示 P 执行而 Q 等待,垂直段表示 Q 执行而 P 等待。图 4.6 中给出了六种不同的执行路径。

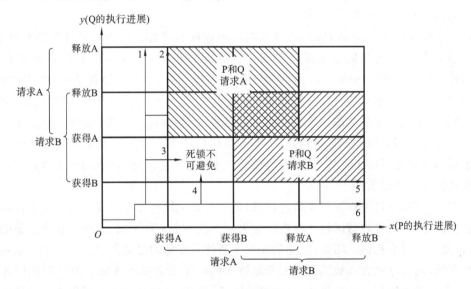

图 4.6　死锁图解

　　(1) Q 获得 B,然后获得 A;然后释放 B 和 A;当 P 恢复执行时,它可以获得全部资源。

　　(2) Q 获得 B,然后获得 A;P 执行并阻塞在对 A 的请求上;Q 释放 B 和 A;当 P 恢复执行时,它可以获得全部资源。

　　(3) Q 获得 B;然后 P 获得 A;由于在继续执行时,Q 阻塞在 A 上面而 P 阻塞在 B 上面,因而死锁不可避免。

　　(4) P 获得 A;然后 Q 获得 B;由于在继续执行时,Q 阻塞在 A 上面而 P 阻塞在 B 上面,因而死锁不可避免。

　　(5) P 获得 A;然后获得 B;Q 执行并阻塞在对 B 的请求上;P 释放 A 和 B;当 Q 恢复执

行时，它可以获得全部资源。

（6）P 获得 A，然后获得 B；然后释放 A 和 B；当 Q 恢复执行时，它可以获得全部资源。

由图 4.6 可以看出，如果进程的执行路径推进的顺序是（3）或者是（4），则会进入一个敏感区域，进入该区域后不可避免地会发生死锁。这种会导致死锁发生的进程推进顺序是非法的。

2. 死锁产生的必要条件

综上所述，在一个计算机系统中，死锁的产生是与时间相关联的，它的产生有以下四个必要条件：

（1）互斥：进程对所分配到的资源必须独立使用，即在一段时间内一个资源只能由一个进程占用，不能共享。如果此时还有其他进程请求该资源，则请求者只能等待，直到占有该资源的进程使用完毕，并将其释放为止。

（2）请求和保持：进程已经拥有了至少一个资源，但又提出了新的资源请求，而该资源又被其他进程占有，此时允许请求进程在不释放其已获得的资源的情况下进入阻塞状态，等待分配新的资源。

（3）不可剥夺：进程所获得的资源在未使用完之前，不能被其他进程强行夺走，只能在使用完后由进程自身释放。

（4）循环等待：当发生死锁时，必然存在一个进程和进程之间相互等待资源的环形链，使得环形链中每个进程的资源需求都得不到满足。例如，存在一个等待进程集合 $\{P_0, P_1, \cdots, P_n\}$，$P_0$ 在等待一个 P_1 占用的资源，P_1 在等待一个 P_2 占用的资源……P_n 在等待一个 P_0 占用的资源。由这些进程及其请求的资源构成了一个"进程→资源"的有向循环图。

实际上，第四个条件是前三个条件的潜在结果，即假设前三个条件存在，可能发生的一系列事件会导致不可解的循环等待，这个不可解的循环等待实际上就是死锁。第四个条件列出的循环等待之所以不可解，是因为有前面三个条件存在。因此，这四个条件连在一起构成了死锁的充分必要条件。[①]

在图 4.6 中，一旦进程运行至敏感区域，就不可避免地会发生死锁。只有当上述的前三个条件都满足时，这种敏感区域才存在。如果一个或多个条件不满足，则不存在所谓的敏感区域，也就不会发生死锁。因此，上述的前三个条件是死锁的必要条件。不仅进入敏感区域会发生死锁，而且导致进入敏感区域的资源请求的顺序也会发生死锁。如果出现循环等待的情况，那么进程实际上已经进入了敏感区域。因此，上述四个条件是死锁的充分条件。

为了更好地理解死锁，有些问题需要进一步说明。

（1）死锁是进程之间的一种特殊关系，是由资源竞争引起的一种僵局。因此，当提到死锁时，至少涉及两个进程。虽然单个进程也有可能自己锁住自己，但那是程序设计错误（如死循环）而不是死锁。

（2）在多数情况下，一个系统出现了死锁，是指系统内的一些而不是全部进程被锁，它

---

① 有些书籍仅列出了这四个条件作为死锁需要的条件，这种介绍模糊了一些细节问题。第四个条件与其他三个条件有本质区别。第一到第三个条件是策略条件，而第四个条件是取决于所涉及的进程请求和释放资源的顺序而可能发生的一种情况。循环等待和三个必要条件导致了死锁的"预防"和"避免"之间存在差别。

们是因竞争某些而不是全部资源而进入死锁状态的。若系统内的全部进程都被锁住,则我们说系统处于瘫痪状态。

（3）系统瘫痪意味着所有的进程都进入了睡眠（或阻塞）状态,但所有进程都睡眠了并不一定就是瘫痪状态,如其中至少有一个进程可以由 I/O 中断唤醒的情况。

4.3.3　死锁的表示方法

可以用系统资源分配图（system resource allocation graph，SRAG）来表示死锁。系统资源分配图是刻画进程间资源分配的有效工具。一个系统资源分配图可以定义为一个二元组 SRAG＝(V,E),其中 V 是顶点的集合,E 是有向边的集合。顶点分为两种类型:P＝$\{P_1,P_2,\cdots,P_n\}$ 是由系统内的所有进程组成的集合,P_i 代表一个进程;R＝$\{r_1,r_2,\cdots,r_n\}$ 是由系统内所有资源组成的集合,r_j 代表一类资源。边集 E 中的每一条边都是一个有序对$\langle P_i,r_j\rangle$或$\langle r_j,P_i\rangle$,其中 $P_i\in P,r_j\in R$。如果$\langle P_i,r_j\rangle\in E$,则存在一条从 P_i 指向 r_j 的有向边,它表示进程 P_i 提出了一个要求分配 r_j 类资源中的一个资源的请求,并且当前正在等待分配,将其称为请求边,如图 4.7(a)所示;如果$\langle r_j,P_i\rangle\in E$,则存在一条从 r_j 类资源指向进程 P_i 的有向边,它表示 r_j 类资源中的某个资源已被分配给了进程 P_i,将其称为分配边,如图 4.7(b)所示;图 4.7(c)所示的是一个死锁的例子;图 4.7(d)所示的则是一个没有死锁的例子。

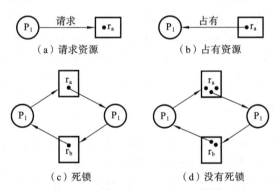

图 4.7　SRAG 示例

4.3.4　死锁的判定

根据 SRAG 的定义,可以用以下的规则来判定死锁。

（1）如果 SRAG 中无环路,则系统不会出现死锁。

（2）如果 SRAG 中有环路,且处于此环路中的每类资源只有 1 个,如图 4.7(c)所示,则系统出现死锁。此时,有环路是系统存在死锁的充分必要条件。

（3）如果 SRAG 中有环路,但是处于此环路中的每类资源的个数不全为1,如图 4.7(d)所示,则系统不一定会发生死锁。此时,有环路只是产生死锁的必要条件而不是充分条件。

上述判定死锁的规则,有时也称死锁定理。

另外,还可以通过对 SRAG 是否可以进行简化来判断系统是否会处于死锁状态。如果资源满足某个进程的要求,则在 SRAG 中消去此进程的所有请求边和分配边,使其成为孤立节点。对所有进程执行该操作。最终,如果所有进程都成为孤立节点,则称该图是可完全简化的,否则称该图是不可完全简化的。系统存在死锁状态的充要条件是当且仅当系统的SRAG是不可完全简化的。

4.4 死锁预防

死锁预防是试图设计一种系统来排除发生死锁的可能性。破坏死锁产生的条件中的一项或多项,就能够预防死锁情况的发生。由于临界资源本身的特性决定了其必须互斥访问,无法共享,因此互斥条件不能被破坏,只能考虑破坏另外三个条件。

4.4.1 破坏"请求和保持"条件

在采用这种方法时,系统规定所有进程对资源的申请放在运行之前一次性进行,得到了所需的所有资源后方可运行。这样,进程在整个运行期间不会再提出资源请求,从而破坏了请求条件。在分配资源时,只要有一种资源不能满足进程的要求,即使其他所需的各资源都空闲,也不分配给该进程,而让该进程等待。由于在该进程的等待期间,它并未占有任何资源,因而破坏了保持条件。

这种预防死锁方法的优点是简单、易于实现且安全。但其缺点也十分明显:首先是资源浪费严重,因为一个进程是一次性地获得其整个运行过程所需全部资源的,且独占资源,其中可能有些资源使用很少,甚至在整个运行期间都未使用,这就严重地恶化了系统资源的利用率;其次是使进程延迟运行,仅当进程在获得了其所需的全部资源后,才能开始运行,但可能因为某些资源已被其他进程占用而致使等待该资源的进程迟迟不能运行。

4.4.2 破坏"不剥夺"条件

在采用这种方法时,系统规定进程逐个地提出对资源的要求。当一个已经保持了某些资源的进程,再提出新的资源请求而不能立即得到满足时,必须释放它已经保持的所有资源,待以后需要时再重新申请。这意味着,某一进程已经占有的资源,在运行过程中会被暂时地释放掉,从而破坏了"不剥夺"条件。

这种预防死锁方法实现起来比较复杂且要付出很大的代价。因为一个资源在使用一段时间后,它的"被剥夺"可能会造成前段工作的失效,即使采取了某些防范措施,也还会使进程前后两次运行的信息不连续。此外,这种策略还可能因为反复的申请和释放资源,致使进程的执行被无限地推迟,这不仅延长了进程的周转时间,而且还增加了系统开销,降低了系统吞吐量。

4.4.3 破坏"环路等待"条件

采用这种方法时,系统规定将所有资源按类型分成不同等级进行排序,并赋予不同的等级号。例如,资源 a 序号为 1,资源 b 的序号为 2,资源 c 的序号为 3……所有进程对资源的请求必须严格按照资源序号递增的次序提出,这样,在所形成的资源分配图中,不可能再出现环路,从而破坏了"环路等待"条件。这种方法称为有序资源分配法。

例如,进程 A,使用资源的顺序是 R_1,R_2;进程 B,使用资源的顺序是 R_2,R_1;如果采用动态分配有可能形成环路条件:A 保持资源 R_1,B 保持资源 R_2,它们各自所需的另一个资源都在对方手中,造成死锁。如果采用有序资源分配法,则 R_1 的编号为 1,R_2 的编号为 2,A 和 B 对各自所需资源的申请次序都是 R_1,R_2。这样就破坏了请求和保持条件,避免了死锁的发生。

这种死锁预防方法与前两种相比,其资源利用率和系统吞吐量都有较明显的改善,但也存在一定的问题。首先是为系统中各类资源所分配的序号必须相对稳定,这就限制了新类型设备的添加;其次是尽管在为各类资源分配序号时,已经考虑到了大多数作业在实际使用这些资源时的顺序,但也会经常发生作业使用各类资源的顺序和系统规定的顺序不一致的情况,造成对资源的浪费;再次就是为了方便用户,系统对用户在编程时所施加的限制条件应尽可能少,然而这种按规定次序申请资源的方法必然会限制用户简单、自主地编程。

4.5　死锁避免

解决死锁的另一种方法是死锁避免,它与死锁预防的差别很微妙。死锁预防是通过破坏死锁发生的必要条件之一来完成的,这会牺牲系统的并发性能和资源的利用率。而死锁避免则相反,它允许这些必要条件存在,但通过合理的资源分配确保不会出现循环等待的条件,从而避免了死锁的发生。除了能够避免死锁外,该方法还能更好地支持进程的并发及资源的合理使用。另外,死锁避免的过程是动态的,没有强制和预先设置的规则。银行家算法是最具代表性的死锁避免算法。

4.5.1　银行家算法

银行家算法是科学家 Dijkstra 在 1965 年提出的避免死锁的调度算法,由于该算法能用于银行系统现金贷款的发放而得名。其基本思想是:先判断系统是否处于安全状态,然后试探性地接受一个进程的资源请求,试探性地分配资源,计算分配之后剩余的可用资源是否能满足系统中其他进程的需要,并且是否有进程能够获取足够多的资源来完成其执行并释放资源。如果考虑了完成进程的资源释放和其他进程的需求,能够最终使得每个进程都能够顺利完成,则对真正实施该进程的请求加以分配;否则,说明系统将处于不安全状态,不会真正实施该请求分配,转而等待其他进程的资源请求。

以下介绍银行家算法中安全状态的定义、算法的数据结构及算法的具体实现。

1. 安全状态

在避免死锁的方法中,允许进程动态地申请资源,但系统在进行资源分配之前,应先计算此次资源分配的安全性。若此次分配不会导致系统进入不安全状态,则将资源分配给进程,否则,让进程等待。

安全状态是指系统能按某种进程顺序 P_1,P_2,…,P_n(〈P_1,P_2,…,P_n〉称为安全序列),来为每个进程 P_i 分配其所需资源,直至满足每个进程对资源的最大需求,使每个进程都可顺利地完成。如果系统无法找到这样一个安全序列,则称系统处于不安全状态。不安全状态并不意味着死锁,但在系统进入不安全状态后,便有可能转化为死锁状态;反之,只要系统

处于 安全状态,系统就不会进入死锁状态。所以在进行资源分配时,如何让系统不进入不安全状态就是银行家算法所关心的问题。

例 4.6 假定系统中有三个进程 P_1、P_2 和 P_3,共有 16 台磁带机。进程 P_1 总共要求 15 台磁带机,P_2 和 P_3 分别要求 8 台和 5 台磁带机。假设在 T_0 时刻,进程 P_1、P_2 和 P_3 已分别获得 8 台、2 台和 3 台磁带机,尚有 3 台磁带机空闲未分配,如表 4.6 所示。

表 4.6 系统资源分配情况 (单位:台)

进 程	最 大 需 求	已 分 配	可 用
P_1	15	8	
P_2	8	2	3
P_3	5	3	

在 T_0 时刻以后,P_1 请求 1 台磁带机,若此时系统把剩余 3 台中的 1 台分配给 P_1,系统便进入不安全状态,因为此时已无法再找到一个安全序列。例如,把剩余的 2 台磁带机分配给 P_3,这样,在 P_3 完成后能释放出 5 台磁带机,这既不能满足 P_1 尚需 6 台磁带机的要求,也不能满足 P_2 尚需 6 台磁带机的要求,致使它们都无法推进到完成,彼此都在等待对方释放资源,即陷入僵局,从而导致死锁。

类似地,如果将剩余的 2 台磁带机先分配给 P_1 或 P_2,也同样无法使它们推进到完成。因此,从给 P_1 分配了第 9 台磁带机开始,系统便已经进入了不安全状态。由此可见,当 P_1 请求资源时,尽管系统中尚有可用的磁带机,但却不能分配给它,必须让 P_1 一直等待到 P_2 和 P_3 都完成并释放资源后再将足够的资源分配给 P_1,它才能顺利完成。

2. 算法数据结构

资源种类:m。

进程数目:n。

(1) 可利用资源向量 Available。该向量为一个数组,含有 m 个元素,每一个元素代表一类可利用的资源数目。将系统中所配置的该类全部可利用资源的数目设置为初始值,随着该类资源的分配和回收,其数值会动态地发生改变。Available[j]=K 表示系统中第 j 类资源有 K 个。

(2) 最大需求矩阵 Max。这是一个 n×m 阶矩阵,表示系统中 n 个进程中的每一个进程对 m 类资源的最大需求。Max[i,j]=K 表示进程 i 需要第 j 类资源的最大数目为 K 个。

(3) 分配矩阵 Allocation。这是一个 n×m 阶矩阵,表示系统中每一类资源当前已分配给每一个进程的资源数。Allocation[i,j]=K 表示进程 i 当前已分得第 j 类资源的数目为 K 个。

(4) 需求矩阵 Need。这是一个 n×m 阶矩阵,表示每一个进程还需要的各类资源数。Need[i,j]=K 表示进程 i 还需要第 j 类资源的数目为 K 个。

其中,后三者之间存在如下关系:

$$Max[i, j] = Allocation[i, j] + Need[i, j]$$

3. 算法过程

设 $Request_i$ 是进程 P_i 的请求向量,$Request_i[j]=K$ 表示进程 P_i 需要 K 个第 j 类资源。

在 P_i 发出资源请求后,系统按下述步骤进行检查:

(1) 如果 Request$_i$[j]=Need[i,j],则转向步骤(2)继续执行;否则由于它所需的资源数已超过它所宣布的最大值,故认为出错。

(2) 如果 Request$_i$[j]=Available[j],则转向步骤(3);否则表示尚无足够资源进行分配,P_i 必须等待。

(3) 系统试探着把资源分配给进程 P_i,并修改下列数据结构中的数值:

```
Available[j]:= Available[j]- Request_i[j];
Allocation[i,j]:= Allocation[i,j]+ Request_i[j];
Need[i,j]:= Need[i,j]- Request_i[j];
```

(4) 系统执行安全性算法,检查此次资源分配后系统是否处于安全状态。若安全,则正式将资源分配给进程 P_i,以完成本次分配;否则,将本次的试探分配作废,恢复原来的资源分配状态,让进程 P_i 等待。

综上所述,存在以下两种类型的判断:

1) 安全的分配

(1) 判断 T_0 时刻是否存在安全序列。

(2) 若 T_0 时刻存在安全序列,则对某进程 P_i 的请求进行判断:

① Request$_i$[j]≤Need[i,j];

② Request$_i$[j]≤Available[j];

③ 以上①、②均满足分配,得到 P_i 的新配置。

④ 对全新的 T_1 时刻判断是否存在安全序列。

(3) 若 T_1 时刻存在安全序列,则对某进程 P_j 的请求进行判断。

(4) 重复(1)~(3),直到找到一个具体的安全序列 $P_i,P_j,\cdots,P_n$ 为止。

2) 不安全的分配

(1) 判断 T_0 时刻是否存在安全序列。

(2) 若 T_0 时刻存在安全序列,则对某进程 P_i 的请求进行判断:

① Request$_i$[j]≤Need[i,j];

② Request$_i$[j]≤Available[j];

③ 以上①、②至少有一个不满足,P_i 等待。

(3) 不能同意 P_i 的请求,对另一个进程 P_j 的请求进行安全性判断。

4. 安全性算法

系统所执行的安全性算法描述如下:

(1) 设置两个向量。

① 工作向量 Work,该向量表示系统可提供进程继续运行所需的各类资源数目,它含有 m 个元素,在执行安全算法开始时,有 Work:=Available。

② 完成向量 Finish,该向量表示系统是否有足够的资源分配给进程,支持该进程完成运行。开始时,先设置 Finish[i]:=false。当有足够资源分配给进程时,再设置 Finish[i]:=true。

(2) 从进程集合中找到一个能满足下述条件的进程:

① Finish[i]=false；

② Need[i,j]≤Work[j]；

若找到,执行步骤(3),否则,执行步骤(4)。

(3) 在进程 P_i 获得资源后,可顺利执行,直至完成,并释放出分配给它的资源,故应执行:

```
Work[j]:= Work[j]+ Allocation[i,j];
Finish[i]:= true;
```

返回步骤(2)。

(4) 如果所有进程的 Finish[i]=true 都满足,则表示系统处于安全状态;否则,系统处于不安全状态。

4.5.2 银行家算法实例

例 4.7 用银行家算法对 5 个进程 P_1、P_2、P_3、P_4、P_5 和 4 类资源进行分配。T_0 时刻系统资源分配情况如表 4.7 所示。试分析该状态是否安全? 若是安全的,P_3 请求资源(1,2,2,2)后,系统是否会将资源分配给它?

表 4.7 T_0 时刻系统资源分配情况

进　程	Allocation	Need	Available
P_1	0,0,3,2	0,0,1,2	
P_2	1,0,0,0	1,7,5,0	
P_3	1,3,5,4	2,3,5,6	1,6,2,2
P_4	0,3,3,2	0,6,5,2	
P_5	0,0,1,4	0,6,5,6	

(1) 判断 T_0 时刻系统的安全性。利用安全性算法对该时刻的资源分配情况进行分析,如表 4.8 所示。可以得到进程的安全序列$\langle P_1, P_4, P_2, P_3, P_5 \rangle$。

表 4.8 资源分配情况分析

进　程	Work	Allocation	Need	Work＋Allocation	Finish
P_1	1,6,2,2	0,0,3,2	0,0,1,2	1,6,5,4	True
P_4	1,6,5,4	0,3,3,2	0,6,5,2	1,9,8,6	True
P_2	1,9,8,6	1,0,0,0	1,7,5,0	2,9,8,6	True
P_3	2,9,8,6	1,3,5,4	2,3,5,6	3,12,13,10	True
P_5	3,12,13,10	0,0,1,4	0,6,5,6	3,12,14,14	True

(2) 对 P_3 的请求向量 $Request_3[1,2,2,2]$,系统按照银行家算法进行判断:

① $Request_3[1,2,2,2] \leq Need_3[2,3,5,6]$；

② $Request_3[1,2,2,2] \leq Available_3[1,6,2,2]$；

③ 先假设为 P_3 分配资源,修改相关向量,资源变化情况如表 4.9 所示。

表 4.9　资源变化情况

进　　程	Allocation	Need	Available
P_1	0,0,3,2	0,0,1,2	
P_2	1,0,0,0	1,7,5,0	
P_3	2,5,7,6	1,1,3,4	0,4,0,0
P_4	0,3,3,2	0,6,5,2	
P_5	0,0,1,4	0,6,5,6	

④ 进行安全性判断，发现可用资源 Available[0,4,0,0]已经无法满足任何一个进程的需要，判断出系统进入不安全状态，所以不能响应 P_3 的资源分配请求。

4.6　死锁检测和恢复

死锁预防是非常保守的，它们通过限制访问资源和在进程上强加约束来解决死锁问题，这在一定程度上降低了系统资源的利用率。死锁检测则完全相反，它不限制资源访问或约束进程行为。对于死锁检测，只要有可能，被请求的资源就被分配给进程，使得系统资源得到充分合理的利用。

4.6.1　死锁检测

当系统为进程分配资源时，没有采取任何限制性措施，那么系统必须检测其内部是否会出现死锁的情况，并提供相应解除死锁的手段，为此，系统必须做到：

（1）保存有关资源的请求和分配信息；

（2）提供一种算法，以利用这些信息来检测系统是否已进入死锁状态。

4.3.4 小节中介绍的死锁定理和 4.5.1 小节中的安全性算法都是用于进行死锁检测的常用方法。死锁检测的相关难点在于：何时以何种频率运行死锁检测？死锁检测执行得太频繁，则会浪费 CPU 的处理时间；执行得太稀疏，则会导致系统内部死锁情况长时间不能被发现。

4.6.2　死锁恢复

一旦检测到死锁，就需要采用某种策略将其从死锁状态中恢复出来。可以从剥夺资源和撤销进程两个方面来进行死锁恢复。

1. 死锁恢复方法

下面按复杂度递增的顺序给出一些可能的死锁恢复方法。

（1）取消所有的死锁进程。这是操作系统中最常用的方法。

（2）让每个死锁进程回退到上述某些安全性检查的时间点之前，并重新启动所有进程。这要求在系统中构造回退和重启机制。该方法的风险是原来的死锁可能再次发生。但是，并发进程的不确定性通常能保证这种情况不会发生。

（3）连续取消死锁进程直到不再存在死锁为止。选择取消进程的顺序应基于某种最小代价原则。该方法要求在每次取消一个进程后，必须重新调用检测算法，以测试是否仍然存在死锁。

（4）连续抢占资源直到不再存在死锁为止。和方法（3）一样，也需要使用一种基于代价的选择方法，并且需要在每次抢占后重新调用检测算法。在该方法中，一个资源被抢占的进程必须回退到获得这个资源之前的某一状态。

2. 选择原则

对于方法（3）和方法（4），选择原则可以有如下几种：

（1）到目前为止消耗的处理器时间最少。

（2）到目前为止产生的输出最少。

（3）预计剩下的时间最长。

（4）到目前为止分配的资源总量最少。

（5）优先级最低。

4.7 处理死锁的综合措施

单独使用某种处理死锁的方法是不可能全面解决在操作系统中遇到的各种死锁问题的。因此，Howard 于 1973 年曾建议，将这些解决死锁问题的基本方法组合起来，并对由不同类资源竞争引起的死锁采用对它来说是最佳的方法来解决，以全面地解决死锁问题。这一思想的根源是：系统内的全部资源可按层次分成若干类，对于每一类，可以使用最适合于它的办法解决死锁问题。由于使用了资源分层技术，在一个死锁环中，通常只包含某一个层次的资源，而不会包含两个或两个以上层次的资源，每一个层次可以使用一种基本的方法，因此，整个系统就不会受控于死锁了。

对于具有资源层次的系统，一种比较理想的处理死锁的综合措施是：对内部资源，通过破坏循环等待条件，即给资源线性编序的方法，预防死锁；对主存储器，通过剥夺资源的办法防止死锁的产生，因为一个作业总是可以被对换出去的，并且主存储器空间本质上是可以被剥夺的；对作业资源，使用死锁避免算法；对交换空间，可以采用预分配措施，因为存储空间的最大需求量通常是知道的。

小　　结

死锁是指计算机中多个进程因资源竞争而造成的一种相持局面，如果没有外部的作用，这些进程就不能继续执行了。死锁产生有四个必要条件：互斥条件、保持(占有)和等待条件、非剥夺条件和循环等待条件。

在多道程序系统中，处理机的数目往往有限，内存中就绪队列中的进程需要接受系统根据某种算法动态分配的处理机。处理机调度程序负责处理机的分配。如何分配好处理机，提高利用率、系统吞吐量和改善响应时间，很大程度上取决于调度性能的高低。常见的处理机调度算法有先来先服务调度算法、短作业优先调度算法、最高响应比优先调度算法、优先级调度算法、时间片轮转调度算法等。

习　题　4

1. 何为作业和作业步？

2. 高级调度和低级调度的对象是什么？为什么要引入中级调度？

3. 何为死锁？产生死锁的原因和必要条件是什么？

4. 影响进程调度的因素有哪些？

5. 试比较最高响应比优先调度算法、先来先服务调度算法和短作业优先调度算法。

6. 某一系统分配资源的策略是：当进程提出申请资源时，只要系统有资源，就总是分配给它，系统无资源时，让其等待。任一进程总是先释放已占有的资源，然后再申请新的资源，且每次申请一个资源，系统中的进程得到资源后总能在有限的时间内归还。该系统是否会发生死锁？如果不会，与死锁的哪些必要条件相关。

7. 列举解除死锁的方法。

8. 某系统中有 3 个进程，都需要 4 个同类资源，试问该系统不会发生死锁的最少资源数是多少个？

9. 解释周转时间、等待时间及它们与具体的 CPU 执行时间之间的关系。

10. 有相同类型的 5 个资源被 4 个进程所共享，且每个进程最多需要 2 个这样的资源就可以运行完毕，试问该系统是否会由于对这种资源的竞争而产生死锁？

11. 设系统中有 A、B、C 共 3 种资源和 P_0、P_1、P_2、P_3、P_4 共 5 个进程，在 T_0 时刻，系统状态如表 4.10 所示，根据银行家算法，回答以下问题：

(1) T_0 时刻是否安全？若安全，给出安全序列。

(2) 此时，P_4 申请资源(1,2,2)，能否分配？为什么？

表 4.10　T_0 时刻的系统状态(题 11 表)

进　　程	最大资源需求量			已分配资源数量			剩余资源数		
	A	B	C	A	B	C	A	B	C
P_0	7	4	3	0	1	0			
P_1	3	3	2	2	0	0			
P_2	7	0	2	3	0	2	3	3	2
P_3	2	2	2	2	1	1			
P_4	4	3	3	0	0	2			

第5章 内存管理

学习目标

❖ 了解存储管理的目的与功能,熟悉各种存储器管理的方式及其实现方法。

❖ 了解重定位、虚拟存储器的概念及相关技术。

❖ 掌握分区、页式、段式与段页式存储管理的实现原理和实现方法。

❖ 掌握虚拟存储器中的页面置换算法及请求分页系统性能分析方法。

存储器是计算机系统中的重要组成部分,现代计算机都是以存储器为中心进行设计的,因此,存储器管理成为操作系统的主要任务之一。近年来,存储器的容量不断扩大,但仍然不能满足现代软件发展的需要。如何对其进行有效地管理,不仅直接影响到存储器的利用率,而且还对系统性能有重大影响。存储器管理的主要对象是内存。

5.1 概述

5.1.1 存储层次结构

存储器是计算机系统的重要资源之一。计算机的存储设备可以分为三个层次,如图5.1所示。第一层次是高速、昂贵而容量很小的高速缓冲存储器(cache)和寄存器;第二层次是速度快、价格高而数据易丢失的内存和磁盘缓存;第三层次是速度较低、价格低廉、容量极大而存储内容不易丢失的外存和可移动磁盘介质,如硬盘、光盘、U盘等。这三个存储层次通过操作系统的存储管理功能组合成统一管理与调度的一体化存储器系统,最终达到高速度、大容量、低价格的目的,即得到具有更高的执行性能的存储器系统。

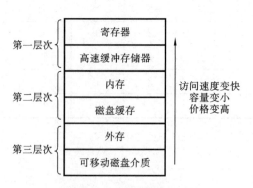

图 5.1 存储层次结构

1. 内存

内存（又称主存储器）是计算机系统中一个重要组成部件，用于保存进程运行时的程序和数据，其容量一般为数百兆字节到数吉字节，且容量还在不断增加。CPU 的控制部件只能从内存中取得指令和数据，数据能够从内存读取并将它们装入寄存器中，或者从寄存器存入内存。CPU 与外设交换的信息一般也依托于内存地址空间。内存的访问速度远低于 CPU 执行指令的速度，为缓和这一矛盾，在计算机系统中引入了寄存器和高速缓冲存储器。

2. 寄存器

寄存器具有极快的访问速度，能与 CPU 协调工作，但价格却十分昂贵，因此容量不可能做得很大。寄存器的长度一般以字（word）为单位。寄存器的数目，对于当前的通用计算机系统来说，可能有几百至几千个；而对于嵌入式计算机系统，一般仅有几十个。寄存器用于加速存储器的访问速度，如用寄存器存放操作数，或用作地址寄存器加快地址转换速度等。

3. 高速缓冲存储器

高速缓冲存储器是计算机存储体系结构中的一个重要组成部分，其容量远大于寄存器的，但又比内存的小几十个数量级，从几十千字节到数百兆字节，其访问速度快于内存的。根据程序执行的局部性原理，将主存中一些经常访问的信息存放在高速缓冲存储器中，减少访问内存的次数，可大幅度提高程序的执行速度。通常，程序执行时的指令和数据是存放在内存中的，每当这些指令和数据需要被使用时，会被临时复制到一个速度较快的高速缓冲存储器中。当 CPU 访问一组特定信息时，首先检查它是否在高速缓冲存储器中，如果已存在，则可直接从中取出使用，以避免访问主存；否则，从主存中读出信息。如大多数计算机有指令高速缓冲存储器，用于暂存下一条预执行的指令，如果没有指令高速缓冲存储器，CPU将会空等若干个周期，直到下一条指令从主存中取出为止。高速缓冲存储器的速度越高，价格也越贵，故有的计算机系统中设置了两级或多级高速缓冲存储器。紧靠内存的一级高速缓冲存储器的速度最高，而容量最小，二级高速缓冲存储器的容量稍大，速度也稍低。

4. 磁盘缓存

由于磁盘的 I/O 速度远低于对主存的访问速度，因此将频繁使用的一部分磁盘数据和信息，暂时存放在磁盘缓存中，可减少访问磁盘的次数。磁盘缓存本身并不是一种实际存在的存储介质，它依托于固定磁盘，提供对内存存储空间的扩充，即利用主存中的存储空间，来暂存从磁盘中读出或写入的信息。主存也可以看成是辅存的高速缓冲存储器，因为，辅存中的数据必须复制到主存方能使用；反之，数据也必须先存在主存中，才能输出到辅存。一个文件的数据可能出现在存储器层次的不同级别中，例如，一个文件数据通常被存储在硬盘中，当其需要被访问时，就必须调入主存，也可以暂时存放在主存的磁盘缓存中。

5.1.2　存储管理的目的和任务

内存是一种宝贵且非常有限的资源。一个程序要在计算机上执行，操作系统必须为其分配内存空间，使其部分或全部驻留在内存中。计算机技术的发展尤其是多道程序和分时技术的出现，要求操作系统的存储管理机构必须尽可能方便用户和提高内存的使用效率，使内存在成本、速度和规模之间获得较好的权衡。这要求操作系统进行存储管理时必须实现以下任务：内存分配、地址映射、内存共享与保护、内存扩充。

1. 内存分配

各个作业装入内存时，必须按照规定的方式向操作系统提出申请，由存储管理子系统进行统一分配。存储管理子系统设置一张表格记录存储空间的分配情况，根据申请的要求按一定的策略分析存储空间的使用情况，找出足够的空闲区域进行分配。当不能满足申请要求时，则让申请者处于等待内存资源的状态，直到有足够的内存空间时再分配给它。

当内存中某个作业撤离或主动归还内存资源时，存储管理子系统要收回它所占用的全部或部分存储空间，使它们成为空闲区域，同时还要修改表格的相关项。收回存储区域的工作也称释放存储空间。多个进程同时在系统中执行，都要占用内存，那么内存空间如何进行合理的分配就决定了内存是否能得到充分利用。

2. 地址映射

计算机系统在采用多道程序设计技术后，往往要在内存中同时存放多个作业程序，而这些程序在内存中的位置是不能预先知道的，所以用户在编写程序时不能使用绝对地址。计算机的指令中地址部分所指示的地址通常是逻辑地址，逻辑地址一般从 0 开始编号。用户按逻辑地址编写程序。装入、运行程序之前，首先，操作系统要为其分配一个合适的内存空间。由于逻辑地址经常与分配到的内存空间的物理地址不一致，而处理器执行指令是按物理地址执行的，因此必须把逻辑地址转换成物理地址才能得到信息的真实存放处。把逻辑地址转换成物理地址的工作称为地址映射。

3. 内存共享与保护

为了提高内存空间的利用率，操作系统必须实现内存共享与保护功能。所谓内存共享，一方面是指采用多道程序设计技术使若干个程序同时进入内存，各自占用一定数量的存储空间，即共享内存资源，共同使用一个内存；另一方面是指若干个作业有共同的程序段或数据段时，可将这些共同的程序段或数据段存放在某个存储区域内，各作业执行时都可访问它们，即共享内存的某些区域。

内存共享使得内存中不仅有系统程序，而且还有若干道用户程序。为了避免内存中的多道程序相互干扰，必须对内存中的程序和数据进行保护。通常由硬件提供保护功能，软件配合实现。当要访问内存某一单元时，由硬件检查是否允许访问，若允许访问，则执行，否则产生中断，由操作系统进行相应的处理。

最基本的保护措施是规定各道程序能访问属于自己的那些存储区域内的信息，对公共区域的访问则需加以限制。一般来说，一个程序执行时可能有以下三种情况：

(1) 对属于自己的内存区域内的数据既可读又可写；

(2) 对公共区域中允许共享的信息或可使用的别的用户的信息可读而不可写；

(3) 对未获得授权的信息，既不可读又不可写。

多个作业共享内存时，必须对内存中的程序和数据进行保护，并进行合理有效的调动以达到充分发挥内存效率的目的。

4. 内存扩充

为方便用户编写程序，使用户编写程序时不受内存实际容量的限制，可以采用一定的技术扩充内存容量，得到比实际容量更大的内存空间。这里所指的扩充不是对物理内存容量的扩充,而是指利用存储管理技术为程序的运行提供一个比实际内存更大的逻辑存储空间的做法。这种技术称为虚拟存储管理技术。

在计算机硬件的支持下,通过软硬件协作可把磁盘等外存作为内存的扩充部分来使用。当一个大型的程序要装入内存时,可先把其中的一部分装入内存,其余部分存放在磁盘上,如果程序执行中需要用到不在内存中的信息,则由操作系统采用覆盖技术将其调入内存。这样,用户编写程序时不必考虑实际内存空间的容量。这种内存空间的扩充技术使得编写程序时可不必考虑实际内存容量的限制,从而大大地方便了用户的使用。

5.2 地址重定位

5.2.1 基本概念

一个逻辑地址空间的程序装入物理地址空间时,由于两个空间不一致,故需要进行地址变换,称为地址重定位。

在用汇编语言或高级语言编写程序时,是通过符号名来访问某一单元的。我们把程序中由符号名组成的空间称为名字空间。源程序经过汇编或编译后再经过链接装配,加工形成程序的装配模块形式,它是以 0 为基址顺序进行编址的,称为相对地址,也称逻辑地址或虚地址,而相对地址的集合称为相对地址空间,也称地址空间。地址空间通过地址重定位机构转换到绝对地址空间,绝对地址空间也称物理地址空间、存储空间。

简单来说,地址空间是逻辑地址的集合,存储空间是物理地址的集合。名字空间、地址空间和存储空间的关系如图 5.2 所示。

图 5.2 名字空间、地址空间和存储空间

5.2.2 常用重定位技术

地址重定位有两种方式,即静态重定位和动态重定位。

1. 静态重定位

静态重定位是程序执行之前由操作系统的重定位装入程序一次性地将该程序中的指令地址和数据地址全部转换成物理地址。由于地址转换工作是在程序执行前集中完成的,因此在程序执行过程中就不需要再进行地址转换工作了。这种定位方式称为静态重定位。

例如,图 5.3 中某程序装配模块的地址空间以 0 为基址,要装入以 1400 单元为起始地址的连续内存存储空间。这将使装入模块中的所有逻辑地址与实际装入内存的物理地址不同。例如,"Load 1,200"指令的含义是将相对地址为 200 的存储单元的内容 3100 放入寄存器 R1。但若将该程序装入内存 1400~1700 单元而不进行地址变换,则在执行 1500 单元中的指令时,仍将从逻辑地址 200 的单元读取内容,从而导致错误。因此,程序装入后应该修改程序中与地址相关的代码,将逻辑地址转换成物理地址,程序才能得以正确执行。本例中,"Load 1,200"这条指令装入内存后,其中的逻辑地址 200 应加上装入的起始物理地址 1400,而修改为"Load 1,1600"。

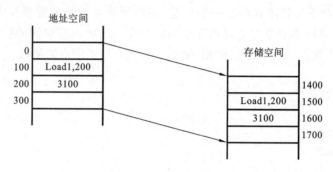

图 5.3 静态重定位

从上例中可以看出,静态重定位是在程序执行之前进行地址重定位的。这一工作通常是由装配程序来完成的。其优点是容易实现,无须硬件支持,但也存在着明显的缺点:一是程序经地址重定位后就不能再在内存中移动,不利于内存的有效利用;二是要求程序的存储空间是连续的,不能把程序放在若干个不连续的区域内。

2. 动态重定位

动态重定位是在程序执行的过程中进行地址重定位,准确地说,是在每次访问内存单元之前,才将要访问的程序地址转换为内存地址。一般来说,这种转换是由专门的硬件地址转换机构来完成的。通常的方法是设置一个定位寄存器,该寄存器用于存放程序装入的物理内存起始地址。程序中的每一个逻辑地址加上定位寄存器中的内容,就可以形成物理地址,即存储空间的地址。

例如,图 5.4 中,在存储管理子系统为某程序分配了一个内存区域 1400~1700 单元后,装入程序直接把程序装入所分配的区域中,然后把该内存区域的起始地址存入定位寄存器中。把程序的目标模块装入内存时,与地址相关的各项均保持原来的逻辑地址不变。当程序执行时,硬件地址转换机构自动将指令中的逻辑地址与定位寄存器中的值相加,再根据得到的物理地址去访问内存单元中的数据。例如,"Load 1,200"指令在执行时,是由硬件地址转换机构将 200 自动转换为 1600 后再读取数据 3100。这种地址转换是在程序执行时进行的,所以称为动态重定位。

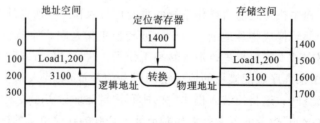

图 5.4 动态重定位

采用动态重定位可实现程序在内存中的移动。在程序执行过程中,若需要改变程序所占用的内存区域,则在把程序移到一个新的区域后,只要改变定位寄存器的内容,该程序就可正确执行了。另外,当一个程序由若干个相对独立的目标模块组成时,每个目标模块装入的存储区不必顺序相邻,只需设置各个模块各自对应的定位寄存器即可。

5.3　分区存储管理

5.3.1　单一连续分区存储管理

这是最简单的一种存储管理方式,但只能用于单用户、单任务的操作系统中。采用这种存储管理方式时,内存被分成两个区域:一个是系统区,仅供操作系统使用,可以驻留在内存的低地址部分,也可以驻留在内存的高地址部分;另一个是用户区,它是除系统区以外的全部内存区域,这部分区域是提供给用户使用的区域,任何时刻内存中最多只有一个作业存在。

在早期的单用户、单任务操作系统中,有不少都配置了存储器保护机构,用于防止用户程序对操作系统的破坏。在单用户环境下,计算机由一个用户独占,不可能存在其他用户干扰的问题。这时可能出现的破坏行为也只是用户程序自己去破坏操作系统,其后果并不严重,只是会影响该用户程序的运行,且操作系统也很容易通过系统的再启动而重新装入内存。

5.3.2　固定分区管理

固定分区式分配是最简单的一种可运行多道程序的存储管理方式。这是将内存用户空间划分为若干个固定大小的区域,在每个分区中只装入一道作业,这样,把用户空间划分为几个分区,便允许几道作业并发运行。当某一分区空闲时,便可以从外存的后备作业队列中选择一个适当大小的作业装入该分区。当该作业结束时,又可再从后备作业队列中找出另一作业调入该分区。

1. 划分分区的方法

可用下述两种方法将内存的用户空间划分为若干个固定大小的分区:

(1) 分区大小相等,即使所有的内存分区大小相等。其缺点是缺乏灵活性:当程序太小时,内存空间存在浪费;当程序太大时,一个分区又不足以装入该程序,致使该程序无法运行。尽管如此,这种划分方式仍被用于利用一台计算机去控制多个相同对象的场合,因为这些对象所需的内存空间大小是相等的。

(2) 分区大小不等。为了克服分区大小相等而缺乏灵活性的这个缺点,可把内存划分成含有多个较小的分区、适量的中等分区及少量的大分区。这样,便可根据程序的大小为之分配适当的分区。

2. 内存分配

为了便于内存分配,通常将分区按大小进行排队,并为之建立一张分区分配表,其中表项包括每个分区的起始地址、大小及分配状态,如图 5.5(a)所示。当有一个用户程序要装入时，由内存分配程序检索该表，从中找出一个能满足要求的、尚未分配的分区，将之分配给该程序，然后将该表项中的状态置为"已分配"；若未找到大小合适的分区，则拒绝为该用户程序分配内存。存储空间分配情况如图 5.5(b)所示。

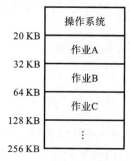

分区号	大小/KB	起始地址	状态
1	12	20 KB	已分配
2	32	32 KB	已分配
3	64	64 KB	已分配
4	128	128 KB	已分配

（a）分区分配表   （b）存储空间分配情况

图 5.5　固定分区式分配

固定分区式分配是最早的多道程序存储管理方式。由于每个分区的大小固定，这必然会造成存储空间的浪费，因而现在已很少将它用于通用的计算机中；但在某些用于控制多个相同对象的控制系统中，由于每个对象的控制程序大小相同（是事先已编好的），其所需的数据也是一定的，故仍采用固定分区式分配管理方式。

5.3.3　可变分区管理

可变分区式分配是在系统运行的过程中根据作业对内存的实际需要，动态地为之分配内存空间的一种分区方法。可变分区式分配是在作业装入和处理过程中建立的分区，并使分区的大小与作业的大小相等；分区的个数和大小不是固定不变的，而是根据装入的作业动态地划分。这种存储管理技术是对固定分区式分配的改进，解决了固定分区式分配严重浪费内存的问题，提高了内存利用率，是一种较为灵活、实用的存储管理方法。

使用这种技术，在装入一个作业时，根据作业需要的内存量查看内存中是否有足够的空间，若有，则按需要的内存空间大小分配一个分区给该作业；若无，则令该作业等待内存空间。当某个作业结束时，释放存储区，系统首先检查释放的分区是否与系统中的空闲分区相邻，若相邻，则把释放的分区合并到相邻的空闲分区中，否则把释放的分区作为一个独立的空闲分区插入空闲分区分配表的适当位置。

下面给出一个可变分区式分配的例子，如图 5.6 所示。在某一时刻，随着作业的装入和运行结束，用户空间被分成许多个分区，有的分区被作业占用，而有的分区是空闲的。如图5.6(a)所示，当前系统已分配了两个分区，留下两个空闲区。现在假定又有一个新的作业 3要求装入系统，作业 3 的实际内存需求量为 50 KB。此时，必须找一个足够大的空闲区，把作业 3 装入该区。系统找到 100 KB～160 KB 的空闲区的空间大于作业所需的内存空间大小，则将作业装入该分区，装入后又把原来的空闲区分成两部分，一部分被作业占用了，另一部分成为一个较小的空闲区 150 KB～160 KB，如图 5.6(b)所示。

若一些作业完成，则相应的分区被释放，变成空闲区。若归还的区域与其他空闲区相邻，则可合成一个较大的空闲区，这有利于大作业的装入。例如，图 5.6(b)中，在作业 2 完

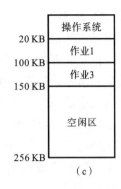

图 5.6 可变分区式分配

成并释放分区后,合成一个大空闲区 150 KB~256 KB,如图 5.6(c)所示。

从上例可以看出,在系统的运行过程中,内存中分区的数目和大小随作业的执行而不断改变。为了便于管理内存分配和回收情况,系统通常建立两张表,分别记录已分分区和未分分区的分区号、分区起始地址、分区大小和状态信息。表 5.1 中的内容对应于图 5.6(a)所示的内存分配状况。装入新作业或结束某作业时,两张表的相应表项均要做适当的修改。

表 5.1 可变分区式分配中的分区状态表

未分分区状态表				已分分区状态表			
分区号	分区起始地址	分区大小	状态	分区号	分区起始地址	分区大小	状态
1	100 KB	60 KB	未分配	1	20 KB	80 KB	已分配
2	216 KB	40 KB	未分配	2	160 KB	56 KB	已分配
⋮	⋮	⋮	⋮	⋮	⋮	⋮	⋮

为把一个新作业装入内存,必须按照一定的分配算法,从未分分区状态表中选出一个分区分配给该作业。为了便于处理,一般情况下未分分区状态表中的未分分区记录以地址递增的顺序排列。

5.3.4 分区分配算法

目前,可变分区式分配常采用以下所述的几种分配算法。

1. 首次适应算法

首次适应算法是指每次为作业分配存储空间时,总是顺序查找未分分区状态表,直至找到第一个能满足长度要求的空闲区为止。然后划分这个找到的未分分区,一部分分配给作业,另一部分仍作为空闲区。若从未分分区状态表中不能找到一个能满足要求的分区,则此次内存分配失败。这种分配算法可能将大的空间划分为很多小的空闲区,造成较多的内存"碎片"。作为改进,可把空闲区按地址从小到大排列在未分分区状态表中。在为作业分配存储空间时,优先利用低址区域,从而保留了高址区域的大空闲区,这样有利于大作业的装入。该算法的缺点是低址区域不断被划分,会留下许多难以利用、很小的空闲区,而每次查找又都是从低址区域开始的,这将增加查找可用空闲区的开销,另外,也给回收分区带来一些麻烦,每次回收分区后都要搜索未分分区状态表来确定其应在未分分区状态表中的位置。

2. 最优适应算法

最优适应算法是指每次为作业分配内存时,总是从空闲区中挑选能满足作业要求的最小分区分配给作业的算法。这样可以保证不去分割一个更大的区域,保证了在装入大作业时比较容易得到满足。采用这种分配算法时,可以把空闲区按分区大小以递增的顺利排列,查找时总是从最小的一个分区开始,直到找到一个满足要求的分区为止。按这种方法,在回收分区时也必须对未分分区状态表进行重新排序。采用最优适应算法找出的分区如果正好满足要求,则是最合适的了。但是,空闲区的大小一般不可能恰好等于作业的大小,如果找到的空闲区比所要求的略大,则切割下的剩余部分总是最小的。这将使得存储器中留下许多难以利用的"碎片"。

3. 最差适应算法

最差适应算法是指每次为作业分配内存时,总是挑选一个最大的未分分区分配给作业的算法。这样分割后剩下的未分分区不至于太小,仍能满足一般作业的需求,可供以后使用。为实现这种算法,应把未分分区按分区大小递减的顺序登记在未分分区状态表中,分配时顺序查找。最差适应算法对中、小作业是有利的。这种算法的缺点是,各空闲区比较均匀地减小,工作一段时间后就不能满足对于较大作业空间的分配要求。

4. 循环首次适应算法

该算法是由首次适应算法演变而来的。当为进程分配内存空间时,不再是每次都从表首开始查找,而是从上次找到的空闲区的下一个空闲区开始查找,直至找到一个能满足要求的空闲区为止,从中划出一块与请求大小相等的内存空间分配给作业。为实现该算法,应设置一个起始查寻指针,用于指示下一次起始查寻的空闲区,并采用循环查找方式,即如果最后一个空闲区的大小仍不能满足分配要求,则应返回到第一个空闲区继续查找。找到合适的分区后,应调整起始查寻指针。该算法能使内存中的空闲区分布得更加均匀,从而减少了查找空闲区的开销,但这样会使得内存空间中缺乏大的空闲分区。

5. 快速适应算法

该算法又称分类搜索法,是将空闲区根据其容量大小进行分类。对于每一类具有相同容量的所有空闲区,单独设立一个空闲区链表。这样,系统中存在多个空闲区链表,同时在内存中设立一张管理索引表,该表的每一个表项对应一种空闲区类型,并记录该类型空闲区链表的表头指针。空闲区的分类是根据进程常用的空间大小进行划分的,如 2 KB、4 KB、8 KB等,对于其他大小的分区,如 7 KB 这样的空闲区,既可以放在 8 KB 的空闲区链表中,也可以放在一个特殊的空闲区链表中。

该算法的优点是查找效率高,仅需要根据进程的长度,寻找到能容纳它的最小空闲区链表,并取下第一块进行分配即可。另外,该算法在进行空闲区分配时,不会对任何分区产生分割,所以能保留大的空闲区,满足大作业对空间的需求,同时也不会产生内存碎片。该算法的缺点是,在分区归还时算法比较复杂,系统开销较大。此外,该算法在分配空闲区时是以进程为单位的,一个分区只属于一个进程,因此在为进程分配的一个分区中,或多或少地存在一定的浪费。空闲区划分越细,浪费越严重,整体上会造成可观的存储空间浪费,这是典型的以空间换时间的做法。

5.4 页式存储管理

尽管分区管理实现方式较为简单,但该管理方式要求每一个作业必须分配到内存中的一组连续的存储单元内,从而导致了一系列的问题:一是作业的分配受空闲区大小的限制。若连续空闲区的大小不能满足作业的需求,即使系统中空闲区的总量大于需求量,也不能进行分配。二是导致了内存碎片问题,内存利用率不高,并且内存合并也要耗费大量的 CPU 时间。三是各作业对应于不同的分区,不利于程序段和数据段的共享。

页式存储管理不存在存储分配连续性的要求,使一个作业的地址空间在内存中可以是若干个不连续的区域。基于这一思想而产生了离散分配方式。如果离散分配的基本单位是页,则称为页式存储管理方式;如果离散分配的基本单位是段,则称为段式存储管理方式。

5.4.1 页面变换基本思想

页式存储管理是将内存分成大小固定的若干块,一般每一块的大小为 1 KB、2 KB 或 4 KB,每个这样的内存块称为页或物理块。内存被等分成块后地址按物理块 0,1,2,…,n 编号,这些编号称为块号。同样把每个用户的地址空间划分为相同大小的页面,每个页面也对应一个编号,称为页号。作业以页为单位分散地装入内存中不相邻的物理块中,图 5.7 给出了物理块为 1 KB 的页式存储管理方式。现有 3 个作业:作业 1 共 2 页,分别装入内存的第 5 块和第 6 块中;作业 2 共 3 页,分别装入内存的第 2 块、第 4 块和第 7 块;作业 3 共 1 页,装入内存的第 8 块中。由于进程的最后一页经常装不满一块而形成了不可利用的碎片,该碎片称为页内碎片。

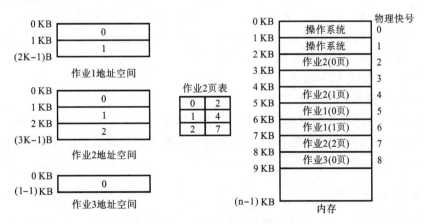

图 5.7 页式存储管理方式

1. 逻辑地址

按照页式存储的概念,用户访问内存的地址形式应理解为由页号和页内地址两部分组成。分页地址中的地址结构如下:

31	12	11	0
页号 P		页内地址 W	

它包含有两部分:前一部分为页号 P,后一部分为页内地址 W(或称位移量)。计算机地址总线通常是 32 位,其中 0~11 位为页内地址,即每页的大小为 4 KB(2^{12} B);12~31 位为页号,表示地址空间最多包含 1 M(2^{20})个页面。

页面的大小直接影响地址转换和页式存储管理的性能。如果页面太大,与作业的地址空间相差无几,就变成了分区存储管理,使得页内碎片增大。反之,如果页面太小,则页表冗长,系统需要提供更多的存储单元来存放页表,这会占用大量内存,此外还会减低页面换入/换出的效率。页面大小应选择适中,页面大小一般取 2 的整数次幂。

对于某特定计算机,它的地址结构是固定的。若给定一个地址空间中的地址 A,页面大小为 L,则页号 P 和页内地址 W 可以按照下列公式求得:

$$P = INT\left(\frac{A}{L}\right)$$

$$W = (A) MOD L$$

式中:INT 为整除函数;MOD 为取余函数。

例如,在一个分页系统中,页的大小为 2 KB,计算逻辑地址为 2A3CH 的页号和页内地址。逻辑地址 2A3CH 转换为二进制是 10101000111100B。利用上述公式计算得到逻辑地址的页号为 5,页内地址是 23CH。

2. 页表

在进行存储分配时,允许将进程的各个页离散地存储在内存中不同的物理块中,但系统应能保证进程的正确运行。这就要求系统能在内存中准确地找到每个页面所对应的物理块,为此系统为每个进程建立了一张页面映像表,简称页表。在进程地址空间内的所有页(0~n),依次在页表中有一个表项,其中记录了相应页在内存中对应的物理块号,图 5.7 中给出了作业 2 的页表,该页表记录了作业 2 的 3 个页面分别对应的物理块号。在配置了页表后,进程执行时,通过查找页表,即可找到每页在内存中的物理块号。可见,页表的作用是实现从页号到物理块号的地址映射。

页表中至少应包含以下信息。

(1) 页号:进程各页的序号。

(2) 物理块号:进程各页对应存放在内存中的物理块号。

页号和物理块号是页表中的基本表项,通常在系统中还需要设置存取控制字段,用于对物理块中的内容进行保护和共享。

5.4.2 地址变换过程

页表的功能可以由一组专门的寄存器来实现,一个页表项使用一个寄存器。由于寄存器具有较高的访问速度,因而有利于提高地址变换的速度。但由于寄存器成本较高,且大多数系统的页表可能很大,有的总数甚至可达数十万个,显然这些页表项不可能都用寄存器来实现。因此,页表大多驻留在内存中。在系统中只设置一个页表寄存器,在其中存放页表在内存中的起始地址和页表长度。进程未执行时,页表的起始地址和页表长度存放在本进程的进程控制块中。当调度程序调度到某进程时,才将这两个数据装入页表寄存器中。可以看出,在单处理机环境下,虽然系统中可以运行多个进程,但只需一个页表寄存器。

　　当进程要访问某个逻辑地址中的数据时,分页地址变换机构会自动地将有效地址(逻辑地址)分为页号和页内地址两部分,再以页号为索引去检索页表。在执行检索之前,先将页号与页表长度进行比较,如果页号不小于页表长度,则表示本次所访问的地址已超越了进程的地址空间。于是,这一错误将被系统发现并产生地址越界中断。若未出现越界错误,则得到该表项在页表中的位置,于是可从中得到该页的物理块号,并将物理块号装入物理地址寄存器中。与此同时,再将有效地址寄存器中的页内地址送入物理地址寄存器的块内地址字段中。物理地址的计算公式如下:

$$物理地址＝物理块号×页面大小＋页内地址$$

这样便完成了从逻辑地址到物理地址的变换。图 5.8 给出了分页系统的地址变换机构。

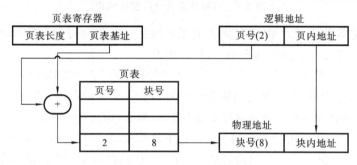

图 5.8　分页系统地址变换机构

5.4.3　快表

　　如果页表存放在内存中,那么每次访问内存都要先访问内存中的页表,然后根据所形成的物理地址再访问内存。这样进程访问内存数据必须两次访问内存,这大大降低了系统的处理速度。为了提高地址变换速度,在地址变换机构中增设一个具有查询能力的特殊高速缓冲寄存器(又称联想寄存器或快表)。快表中存放当前访问的那些页表项,每个页表项包括页号和相应的块号,并且通过并行匹配来实现查询。由于高速缓冲寄存器价格昂贵,快表一般都比较小,大程序的页表项不可能全部放在快表中,通常快表由 8～16 个单元组成。鉴于快表的容量很小,所以只存放当前最活跃进程的少数几页。各进程的页表仍然存放在内存的系统区中。由于快表存放的是正在运行进程的当前常用的部分页表项,因此,随着进程的推进,必须动态地不断更新快表的内容。

　　增加快表之后的地址变换过程是:逻辑地址由地址变换机构自动地将页号 P 送入快表的输入寄存器,确定所需的页是否在快表中。在快表的输入寄存器输入页号后,输入的页号与快表中的各页表项中的页号同时比较,若有相同,则快表的输出寄存器输出相应的块号,并送到物理地址寄存器中。若在快表中未找到对应的页表项,则还需再访问内存中的页表,把从页表项中读出的物理块号送地址寄存器,生成物理地址然后再进行内存的访问;同时,将此页表项存入快表的一个寄存器单元中。但如果快表已满,则操作系统必须找到一个被认为不再需要的页表项,将它换出,以供装入新的页表项。图 5.9 展示了具有快表的地址变换机构。

　　页号在快表中被查找到的概率称为命中率。85％的命中率意味着有 85％的时间可以

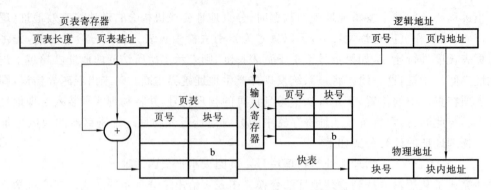

图 5.9 具有快表的地址变换机构

在快表中找到所需的页号。在具有快表的系统中,有效存取时间(effective access time, EAT),即访问存储器所需时间的平均值,其公式为

$$EAT = P_{TLB}(T_{TLB} + T_M) + (1 - P_{TLB})(T_{TLB} + 2T_M)$$

其中:P_{TLB} 为快表命中率;T_{TLB} 为访问快表的时间;T_M 为访问内存的时间。

假如查找块表需要 20 ns,访问内存需要 100 ns,那么总的访问时间是 120 ns。如果不能在快表中找到该页表项,那么必须先访问位于内存中的页表,得到相应的物理块号(花费120 ns),然后再访问内存(花费 100 ns),总共需要 220 ns,则访问存储器所需时间的平均值为

$$EAT = [0.85 \times (20 + 100) + (1 - 0.85) \times (20 + 200)] \text{ ns} = 135 \text{ ns}$$

5.4.4 多级页表

现代的大多数计算机系统支持的地址空间达到 64 位以上,在这样的环境下,页表就变得非常大,要占用相当大的内存空间。例如,对于一个具有 32 位地址空间的分页系统,规定页面大小为 4 KB,则在每个进程页表中的页表项至少占用 1 MB 的空间。若每个页表项占用 1 个字节,则所有进程仅其页表就要占用 1 MB 的内存空间,而且还要求该空间是连续的。这样的方式执行效率不高,可以用下述两个方法来解决这一问题:

(1)采用离散分配方式来解决难以找到一块连续的大内存空间的问题;

(2)只将当前需要的部分页表项调入内存,其余的页表项仍驻留在磁盘上,需要时再调入。

1. 两级页表

对于要求用连续的内存空间来存放页表的问题,可以利用将页表进行分页,并离散地将各个页面分别存放在不同的物理块中的办法来加以解决,同样也要为离散分配的页表再建立一张页表,称为外层页表,在每个页表项中记录了页表页面的物理块号。

以 32 位地址空间为例,当页面大小为 4 KB(12 位)时,若采用一级页表结构,则应具有 20 位页号,即页表项有 1 M 个;若采用两级页表结构,对页表再进行分页,使每页仅包含1 K (2^{10})个表项,最多允许有 1 K (2^{10})个页表分页,即外层页表中的外层页内地址 P_2 为 10 位,外层页号 P_1 也为 10 位。此时的逻辑地址结构如下:

31 22	21 12	11 0
外层页号 P_1	外层页内地址 P_2	页内地址 W

由图 5.10 可以看出,在页表的每个表项中存放的是进程的某页在内存中的物理块号,如第 0 页存放在 1 号物理块中,第 1 页存放在 4 号物理块中。而外层页表的每个页表项中所存放的是某页表分页的首地址,如第 0 页页表是存放在 1011 号物理块中。

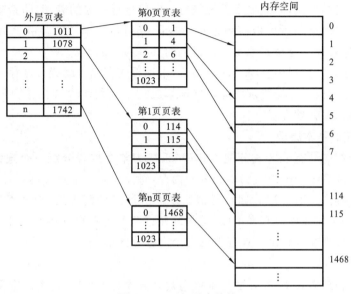

图 5.10 两级页表结构

2. 多级页表

随着 64 位计算机的普及,两级页表会出现外层页表非常大,要占用相当大的内存空间的问题。因此可以采用三级页表或者多级页表的方式,将原来两级页表中的外层页表再进行分页,然后利用第二级的外层页表来映射页表之间的关系。多级页表类似于多级目录。例如,教材,都是先分章,每章再分节。页表中存放的是一级页目录,然后每个目录项存放的是页表的首地址。UNIX 系统中使用了三级页表来实现地址映射,一个逻辑地址被划分为以下四个部分。

(1) 页目录偏移量:记录了该地址在页目录中的表项,通过它可以引用页中间目录的表项。

(2) 页中间目录偏移量:记录该地址在引用的页中间目录中的表项,通过该表项查找指定页表。

(3) 页表偏移量:它是页表的偏移量,通过它可以引用一个页,其中包含目标页面的页帧起始位置的物理地址。

(4) 页内地址:用于确定该逻辑地址在内存中的页内地址。

5.5 段式与段页式存储管理

5.5.1 段式存储管理

页式存储管理将用户作业按照系统要求划分为大小固定的若干页,这里每页的内容和用户编程时的逻辑结构不能完全对应。

引入段式存储管理方式,可以使用户把程序划分为若干个段,每个段具有独立的逻辑含义,如源程序可分为主程序、子程序、数据块等。用户调用这些段或数据时,通常用直接指定程序名或数据块名的方法,因此要求系统能对这些段进行独立的管理,即希望这些段在逻辑上是完整的。用户对这些段可以有效地进行权限控制和共享访问。由于页中的内容不独立,因此页式存储管理不能很好地实现逻辑上的共享和保护。

此外,程序在运行过程中有时会动态增长,采用页式存储管理或分区存储管理都无法解决这个问题,而采用段式存储管理就能较好地解决这一问题。段式存储管理能够提供一个更加灵活方便的内存管理方式。

1. 分段系统的基本原理

在前面所介绍的动态分区式分配方式中,系统为整个进程分配一个连续的内存空间。而在段式存储管理系统中则以段为单位分配内存,每段分配一个连续的内存区域,但各段之间不要求连续。其内存的分配和回收类似于动态分区式分配方式,但两者之间也有不同。在分段系统中,一个作业可以有多个段,这些段允许离散地存放在内存的不同分区当中,而分区存储管理方式则要求整个作业存放在一个内存分区中。

1) 分段

在段式存储管理方式中,作业的地址空间被划分成若干个段,每个段定义了一组相对完整的逻辑信息,每个段都有用户在编程时决定的名字,并且这些段的大小各不相等。系统根据每个段的大小按照动态分区式存储管理方式为其分配一个连续的空闲区,同一作业所包含的各段之间不要求连续存放在内存空间当中。系统对内存的管理使用的是动态分区式存储管理方式,采用其内存分配和回收的方法。图 5.11 为利用段表实现地址映射的关系图,图中给出了一个作业,该作业包括主程序段 Main、子程序段 Sub、数据段 Data 及栈段 Stack,分别存入内存起始地址为 40 KB、80 KB、120 KB 和 150 KB 的内存空间中。这些段在内存中不连续,但是每个段的存储空间是连续的。

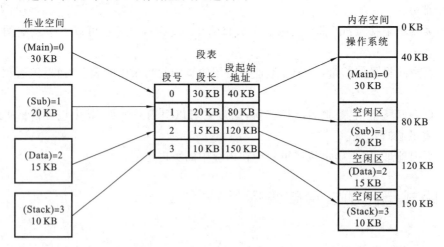

图 5.11　利用段表实现地址映射

为了方便实现,通常可用一个段号来代替段名,每个段都从 0 开始编址,并采用一段连

续的地址空间。段的长度由相应的逻辑信息的长度决定,因而各段长度不等。段式存储管理中的地址结构如下所示:

31	16	15	0
段号 S		段内地址 W	

它包含有两部分:前一部分为段号 S,后一部分为段内地址 W。以 32 位地址总线为例,其中 0~15 位为段内地址,即每段的最大长度为 64 KB(2^{16} B);16~31 位为段号,表示允许一个作业最长有 64 K(2^{16})个段。

2) 段表

为了在物理内存中能方便地找出每个逻辑段所对应的实际物理位置,应像分页系统那样,在系统中为每个进程建立一张段映射表,简称段表。每个段在表中占有一个表项,记录该段在内存中的起始地址(又称基址)和段的长度。段表可以存放在一组寄存器中,这样有利于提高地址转换速度,但更常见的是将段表存放在内存中。

段表至少应包含以下信息。

(1) 段号:进程中各段的序号。

(2) 段长:进程中各段的长度,用于检查段内地址是否越界。

(3) 段的起始地址:进程中各段存放在内存中的起始地址。

3) 地址变换机构

在分段系统中为了实现地址转换而设置了段表寄存器。段表寄存器用于存放段表的起始地址和段表长度。在进行地址变换时,系统首先将逻辑地址中的段号 S 与段表长度进行比较。如果段号大于段表长度,则产生越界中断信号;如果未越界,则根据段表起始地址和该段的段号,计算出该段对应段表项的位置,从段表中读出该段在内存中的起始地址。然后,再检查段内地址 W 是否超过该段的段长。如果段内地址超过段长,则同样发出越界中断信号;如果未越界,则将该段的起始地址 d 与段内地址相加,即可得到要访问内存的物理地址。图 5.12 给出了分段系统的地址变换过程,地址变换过程[①]步骤如下:

(1) 取出逻辑地址中的段号是 2,段内地址是 100;

(2) 将段号 2 与段表长度比较,发现未越界;

(3) 根据段表的起始地址和段号,查找段表,得到该段对应在内存中的段的起始地址是 8 K,段长是 500;

(4) 将段内地址 100 与段长 500 进行比较,发现未越界;

(5) 利用段的起始地址是 8 K 和段内地址 100,得到物理地址 $8 \times 1024 + 100 = 8292$。

2. 分页和分段的主要区别

分页系统和分段系统有许多相似之处。比如,两者都采用离散分配方式,且都要通过地址映射机构来实现地址变换。但在概念上两者完全不同,主要表现在下述四个方面。

(1) 页是信息的物理单位,与源程序的逻辑结构无关,且对用户不可见。分页的目的是提高内存的利用率,减少内存中的外部碎片。段则是信息的逻辑单位,由源程序的逻辑结构

---

① 在这个具体的例子当中,我们只关注地址的变换,与单位没有关系。

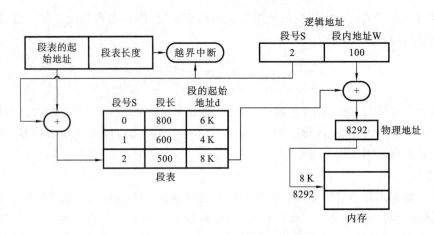

图 5.12　分段系统的地址变换过程

所决定,它含有一组意义相对完整的信息,对用户是可见的。分段是为了能更好地满足用户的需求。

(2)页的大小固定且由系统决定,系统自动把逻辑地址划分为页号和页内地址两部分,这是由机器硬件实现的,且页面只能以页面大小的整数倍地址开始。而段的长度却不固定,可以根据用户需要来划定,通常由编译程序在对源程序进行编译时,根据信息的性质来划分。段起始地址可以从任意主存地址开始。

(3)分页的作业空间是一维的,即单一的线性地址空间,程序员只需利用一个逻辑地址就可以表示一个地址。分段的作业空间则是二维的,程序员在标识一个地址时,需要给出两个信息:段名和段内地址。在段式存储管理方式中,源程序经连接装配后仍保持二维结构。

(4)通常分段的段内空间会比分页的页面空间大,因此段表会比页表短。对段表查询所需的时间也就会比对页表的查询时间少,这使得段式存储管理方式能够提高内存的访问效率。

5.5.2　段页式存储管理

页式和段式存储管理方式都有各自的优缺点,分页系统能有效地提高内存的利用率,而分段系统能很好地满足用户需求。将这两种存储管理方式相结合,就形成了一种新的存储管理方式,这种新方式既有段式存储管理方式便于实现、可共享、易于保护等优点,又能像页式存储管理方式那样很好地解决内存的外部碎片问题,这种新方式称为段页式存储管理方式。

1. 基本原理

段页式系统的基本原理是分段和分页相结合,首先将用户程序分为若干个段,然后再将每个段划分成固定大小的若干页,并为每个段赋予一个段名。图 5.13(a)中的作业由三段组成,页面大小为 2 KB。主程序段大小为 8 KB,占 4 页;子程序段大小为 5 KB,占 3 页,最后一页未占满;数据段大小为 9 KB,占 5 页,最后一页未占用满。

段页式存储管理的逻辑地址结构如图 5.13(b)所示,包括三个组成部分:段号 S、段内页号 P 和页内地址 W。这三个部分各占多少位则根据机器不同而有所差异。图 5.13(b)所示的结构中,一个作业最多允许有 $1024(2^{10})$ 个段,每段最多可以有 $1024(2^{10})$ 页,每页的大小为 $4\,KB(2^{12}\,B)$。在段页式存储管理方式中,作业的地址空间仍然是二维的,即有段号和段内页号。程序的分段是由编译程序根据信息的逻辑结构来划分的,但分页则是由系统自动进行的。

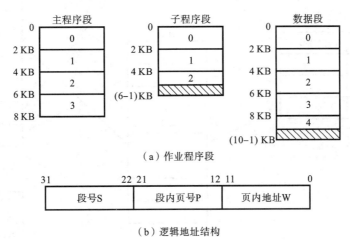

（a）作业程序段

31	22 21	12 11	0
段号S	段内页号P	页内地址W	

（b）逻辑地址结构

图 5.13　作业地址空间和地址结构

为了把逻辑地址转换为实际的物理地址,系统必须为每个作业建立一张段表和若干张页表。段表的表项中至少应包含段号、页表起始地址和页表长度。由于在段页式存储管理方式中,页表不再属于进程而是属于某个段,因此段表中包括该段对应的页表在内存中的起始地址和页表长度。页表则和页式存储管理方式中的相同,页表表项中至少应包括页号和块号。图 5.14 给出了利用段表和页表实现地址映射的示意图。每次地址分配和回收时,段表和页表都要参与管理。

2. 地址变换过程

在段页式系统中,为了便于实现地址变换,需要配置一个段表寄存器,其中存放段表起始地址和段表长度。图 5.15 给出了段页式地址变换过程。

进行地址变换时按如下步骤进行:

(1) 通过段表寄存器将段号与段表长度进行比较,如果未越界,则查找段表在内存中的位置,否则越界中断;

(2) 访问段表,将页表长度与页号进行比较,如果未越界,则根据段号查找页表所在的位置;

(3) 访问页表,根据页号查找该页所在的物理块号;

(4) 将物理块号和地址结构中的页内地址相加,形成内存单元的物理地址。

在段页式系统中,为了获得一条指令或数据,需三次访问内存。第一次访问是访问内存中的段表,从中取得页表起始地址;第二次访问是访问内存中的页表,从中取出该页所在的物理块号,并将该块号与页内地址一起形成指令或数据的物理地址;第三次访问才是从第二次访问所得的地址中,取出真正的指令或数据。

显然,这种机制使访问内存的次数增加了近两倍。为了提高执行速度,在地址变换机构

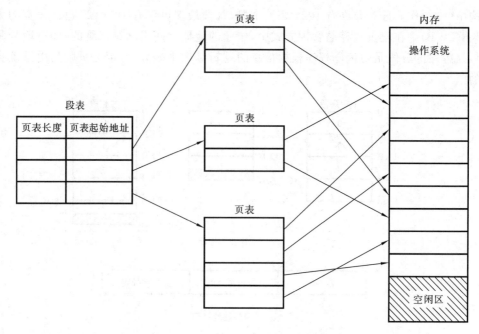

图 5.14　利用段表和页表实现地址映射

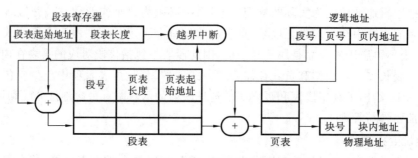

图 5.15　段页式地址变换过程

中增设了一个高速缓冲寄存器。每次访问它时,都需要同时利用段号和页号去检索高速缓冲存储器:若找到匹配的表项,便可从中得到相应页的物理块号,用于与页内地址一起形成物理地址;若未找到匹配表项,则仍需再次访问内存。

　　使用段页式存储管理方式,既可以有效地利用内存空间,又可以兼顾到作业调度的有效性,提高作业的执行效率。

5.6　内存扩充技术

　　前面所介绍的各种存储管理方式都有一个共同的特点,那就是都要求将一个作业的全部装入内存后方能运行,于是,出现了这样两种情况:一是有的作业很大,其所要求的内存空间超过了内存空间的总容量,作业不能装入内存,导致其无法运行;二是有大量的作业要求运行,但由于内存容量不足以容纳所有这些作业,只能将少数作业装入内存运行,其他大量作业留在外存等待。出现这两种情况的原因都是内存容量不够大。一个有效的解决办法就是增加物理内存,但这往往会受到机器自身、存储芯片物理特性等因素的限制。另一种方法就是从逻辑上来扩充内存容量。

为了实现逻辑上的扩充,可以把进程地址空间中的指令和数据的一部分放在外存上,而把那些当前需要执行的程序段和数据段放在内存中。这样,在内、外存之间就会出现一个信息交换的问题。本节所介绍的覆盖(overlay)技术和交换(swapping)技术就是用于控制这种交换的。覆盖技术与交换技术的主要区别是控制交换的方式不同,前者主要用于早期的系统及简单系统中,而后者则在目前的系统中应用得比较广泛。

5.6.1 覆盖技术

覆盖技术是指一个程序的若干程序段或几个程序的某些部分共享某一个存储空间的技术。覆盖技术的实现是把程序划分为若干个功能上相对独立的程序段,按照其自身的逻辑结构使那些不会同时执行的程序段共享同一块内存区域。未执行的程序段先保存在磁盘上,在有关程序段的前一部分执行结束后,再把后续程序段调入内存,覆盖前面的程序段。

覆盖技术不需要任何来自操作系统的特殊支持,可以完全由用户实现,即覆盖技术可以看作是用户程序自己附加的控制。覆盖技术要求程序员提供一个清楚的覆盖结构,即程序员要把一个程序划分成不同的程序段,并规定好它们执行和覆盖的顺序。操作系统则根据程序员提供的覆盖结构,完成程序段之间的覆盖。

覆盖技术打破了需要将一个程序的全部信息装入内存后程序才能运行的限制。它利用相互独立的程序段在内存空间的相互覆盖,逻辑上扩充了内存空间,从而在某种程度上实现了在小容量内存上运行较大程序的功能。

覆盖技术是早期采用的、简单的扩充内存技术,对用户不透明,它要求用户清楚地了解程序的结构,并指定各程序段调入内存的先后次序,以及内存中可以覆盖的程序段的位置等,增加了用户的负担,而且程序段的最大长度仍受内存容量的限制。覆盖技术可以由编译程序提供支持,此时被覆盖的块是由程序员或编译程序预先确定的。通常,覆盖技术主要用于系统程序的内存管理,因为系统软件设计者容易了解系统程序的覆盖结构。例如,MS-DOS 把系统分成两部分,一部分是操作系统中经常要用到的基本部分,它们常驻内存且占用固定区域,另一部分是不太常用的部分,它们存放在磁盘上,只有在被调用时,才被调入内存覆盖区。

5.6.2 交换技术

在现代操作系统中,用户的进程数量比内存能容纳的进程数量要多得多,这就需要在磁盘上保存那些内存放不下的进程。在需要运行这些进程时,随时将它们装入内存。

进程从内存移到外存,再移回内存的过程称为交换。交换技术是进程在内存与外存之间的动态调度,是由操作系统控制实现的。系统可以将那些不在运行中的进程或其一部分调出内存,暂时存放在外存上的一个后备存储区中,以腾出内存空间给现在需要内存空间的进程,后者可能需要从外存换入内存。待以后需要时,再将换出的进程调入内存继续执行。

交换技术的目的是尽可能快地实现进程在内、外存之间的交换,从而提高内存利用率。早期的交换技术多用于分时系统当中,大多数现代操作系统也都使用交换技术,交换技术有力地支持了多道程序设计,同时交换技术也是虚拟存储技术的基础。

交换技术的原理并不复杂,但在实际的操作系统中使用交换技术需要考虑如下相关问题:

1. 换出进程的选择

当系统需要将内存中的进程换出时,应该选择哪个进程?在使用交换技术时,换出进程的选择是非常重要的问题,如果处理不当,将会造成整个系统效率低下。在分时系统中,一般情况下可以根据时间片轮转调度算法或基于优先数的调度算法来选择要换出的进程。系统在选择换出进程时,希望换出的进程是短时间内不会立刻投入运行的。

2. 交换时机的确定

什么时候需要系统进行内、外存的交换?一般情况下可以在内存空间不够或有不够的危险时,换出内存中的部分进程到外存,以释放所需内存;也可以在系统发现一个进程长时间不运行时,就将其换出。

3. 交换空间的分配

在一些系统中,当进程在内存中时,不再为它分配磁盘空间。当它被换出时,必须为它分配磁盘交换空间。每次交换,进程都可能被换到磁盘的不同地方,这种管理交换区的方法与管理内存的方法相同。在某些系统当中,进程一旦创建,就在磁盘上为其分配交换空间。无论进程何时被换出,它都被换到已分配的交换空间中,而不是每次被换到不同的磁盘空间。当进程结束时,交换空间才被系统回收。

4. 换入进程换回内存时位置的确定

换出后再次换入内存的进程,其位置是否一定要在换出前的原来位置上?受绝对地址产生的限制,如果进程中引用的地址都是绝对地址,那么再次被换入内存的进程一定要在原来的位置上。如果进程中引用的地址是相对地址,在装入内存时,可在此进行地址重定位,那么再次被换入内存的进程就可以不在原来的位置上。

交换技术的不足在于交换时需要花费大量的 CPU 时间,这将影响用户的响应时间。对于一个给定的系统来说,由于 CPU 的处理速度一定,那么交换时信息量的大小就直接决定了每次交换所花费的时间,因此,如何减少交换的信息量就成了交换技术的关键问题。合理的做法是,在外存中保留每个程序的交换副本,换出时仅将执行时修改过的部分复制到外存,这样,就可以大幅度地减少那些相同数据的交换,从而减少交换所占用的 CPU 时间。

与覆盖技术一样,交换技术也是利用外存来逻辑地扩充内存,它的主要特点是打破了一个程序一旦进入内存便一直运行直到结束的限制。与覆盖技术相比,交换技术不要求用户给出程序段之间的逻辑覆盖结构,对用户而言是透明的;交换可以发生在不同的进程或程序之间,而覆盖只能发生在同一进程或程序内部,而且只能覆盖那些与覆盖段无关的程序段。因此,交换技术比覆盖技术更加广泛地用于现代操作系统。

覆盖技术与交换技术的发展导致了虚拟存储技术的出现。

5.7　虚拟存储管理

5.7.1　基本原理

1. 常规存储器管理方式的特征

（1）一次性。作业在运行前需要一次性地将其全部装入内存。但许多作业在每次运行时，并非其全部程序和数据都使用到了，如果一次性地将其全部装入内存，则实际上也是对内存空间的一种浪费。

（2）驻留性。作业装入内存后，便一直驻留在内存中，直至作业运行结束。尽管运行中的进程会因各种事件而长期等待，或有些模块在运行过一次以后就不再需要了，但它们仍将继续占用宝贵的内存资源。

由此可见，常规存储管理方式一次性和驻留性的特点使得许多在程序运行中不用或暂时不用的程序占据了大量的内存空间，导致一些需要运行的作业无法装入内存运行。那么，一次性和驻留性在程序运行时是否必要呢？

2. 局部性原理

早在 1968 年，计算机科学家 P. Denning 就曾指出，程序在执行时将呈现局部性规律，即在一段时间内，程序的执行仅限于某个部分。相应地，它所访问的存储空间也局限于某个区域。局部性原理主要表现在以下两个方面：

（1）时间局限性。如果某条指令被执行，则在不久的将来，该指令可能被再次执行；如果某个数据结构被访问，则在不久的将来，该数据结构可能再次被访问。产生时间局限性的主要原因是程序中存在着大量的循环操作。

（2）空间局限性。一旦程序访问了某个存储单元，则在不久的将来，其附近的存储单元也可能被访问，即程序在一段时间内所访问的地址可能集中在一定的范围内。产生空间局限性的主要原因是程序的顺序执行。

局部性原理是实现虚拟存储管理的理论基础。

3. 虚拟存储器

基于局部性原理，一个进程在运行时，没有必要全部装入内存，而只需把当前运行所需要的页（段）装入内存便可启动运行，其余部分则存放在磁盘上。程序在运行过程中，如果所需的页（段）已经调入内存，便可以继续运行。如果所需的页（段）不在内存，则此时应利用操作系统所提供的请求调入页（段）功能，将该页（段）调入内存，以使程序能够运行下去。

如果此时分配给该程序的内存已全部占用，不能装入新的页（段），则需要利用系统的置换功能，把内存中暂时不用的页（段）调出至磁盘上，腾出足够的内存空间，再将所要装入的页（段）调入内存，使程序能够继续运行下去。这样，便可以使一个较大的程序在一个较小的内存空间运行。从用户的角度看，系统所具有的内存容量比实际内存容量大得多；从系统的角度看，有了更大的内存空间，可以同时为更多的用户服务。这种大容量只是一种感觉，是虚拟出来的，故将采用了这种技术的存储器称为虚拟存储器。

所谓虚拟存储器，是指仅把作业的一部分装入内存便可运行的存储器系统，是具有请求调入功能和置换功能,能从逻辑上对内存容量进行扩充的一种存储器系统。虚拟存储器的逻辑容量由系统的寻址能力和外存容量之和所决定,与实际的内存容量无关。例如,计算机地址寄存器是 24 位,地址按单字节编址,则虚拟存储器的容量是 2^{24} B。虚拟存储器只是一个容量非常大的存储器的逻辑模型,不是任何实际的物理存储器。它借助于磁盘等辅助存储器来扩大主存容量,使之为更大或更多的程序所使用。虚拟存储器指的是主存-外存层次,它以透明的方式为用户提供了一个比实际主存空间大得多的程序地址空间。

在系统当中,物理地址是实际的主存单元地址,由 CPU 地址引脚送出,用于访问主存。设 CPU 地址总线的宽度为 m 位,则存储空间的大小就是 2^m。虚拟地址是用户编程时使用的地址,由编译程序生成,是程序的逻辑地址,其地址空间的大小受辅助存储器容量的限制。显然,虚拟地址要比实际地址大得多。程序的逻辑地址空间称为虚拟地址空间。

程序运行时,CPU 以虚拟地址来访问主存,由辅助硬件机构找出虚拟地址和实际地址之间的对应关系,并判断这个虚拟地址指示的存储单元内容是否已装入主存:如果已在主存中,则通过地址变换,CPU 可直接访问主存的实际单元;如果不在主存中,则把包含这一内容的一个存储块调入主存后再由 CPU 访问。如果主存已满,则由相应的替换算法从主存中将暂不运行的一个存储块调至外存,再从外存调入上述存储块到主存。在虚拟存储管理方式中,允许用户程序以逻辑地址来寻址,而不必考虑物理上可获得的内存大小。这种将物理空间和逻辑空间分开编址但又统一使用的技术为用户编程提供了极大方便。

从原理上看,虚拟存储器和"Cache-主存"层次有不少相同之处。但是,"Cache-主存"层次的控制完全由硬件实现,所以对各类程序员是透明的;而虚拟存储器的控制是软、硬件相结合的,对设计存储管理软件的系统程序员来说是不透明的,对应用程序员来说则是透明的。虚拟存储器和"Cache-主存"层次所使用的地址变换及映射方法和替换策略,从原理上看是相同的,都基于程序局部性原理。它们遵循以下原则:

(1) 把程序中最近常用的部分驻留在高速的存储器中;
(2) 一旦这部分变得不常用了,则把它们送回到低速的存储器中;
(3) 这种换入/换出是由硬件或操作系统完成的,对用户是透明的;
(4) 力图使存储系统的性能接近高速存储器的,容量(价格)接近低速存储器的。
本节主要讨论的虚拟存储是指主存-外存层次的虚拟存储。

5.7.2 请求分页存储管理

请求分页存储管理系统是在分页系统的基础上,增加了请求调页功能和页面置换功能后形成的页式虚拟存储管理系统。

1. 请求分页原理

请求分页存储是建立在页式存储管理基础之上,从静态页式存储管理发展而来的。在作业或进程开始执行前,不把作业或进程的程序段和数据段一次性地全部装入内存,而只是装入被认为是经常使用的那一部分。其他部分则在程序执行过程中动态地装入,即当需要执行某条指令或某条指令需要访问其他的数据或指令时,如果发现这些指令或数据不在内存中,则发生缺页中断,系统通过页面置换,将外存中的相应页调入内存。

请求分页存储管理方式的地址变换过程与静态页式存储管理方式的相同,都是通过页表查询出相应的块号之后,再由块号与页内地址相加得到实际的物理地址。

由于使用这种方式必然会出现缺页的现象,因此,系统必须要知道哪些页已经装入内存,哪些页还没有装入内存。为了对其进行标识,需要对页表进行相应的修改,修改后的页表至少要包括以下内容:

(1) 页号。

(2) 物理块号。

(3) 状态位。状态位用于指出该页是否已经装入内存:如果某页所对应的状态位为 1,则表示该页已经装入内存;若状态位为 0,此时可以根据外存地址知道该页在外存中的位置。

(4) 外存地址。外存地址即该页存放在外存中的地址。

(5) 调出标志。调出标志可以包括修改位、引用位、禁止缓存位和访问位,用于跟踪页的使用。在一个页被修改后,硬件自动设置修改位,一旦修改位被设置,在该页被调出内存时就必须重新写回外存;引用位则在该页被引用时设置,用于记录本页在一段时间内被访问的次数,或记录本页最近已有多长时间未被访问,供淘汰页时参考;禁止缓存位可以禁止该页被缓存,这一特性对于那些正在与外设进行数据交换的页是非常重要的;访问位则限定了该页允许什么样的访问权限,如读、写和执行。

2. 缺页中断机构

请求分页存储管理系统中的地址变换机构(又称缺页中断机构)在分页系统地址变换机构的基础上,为实现虚拟存储器而增加了某些功能,如处理缺页中断、从内存中换入/换出页等功能。

在请求分页存储管理系统中,每当所要访问的页不在内存时,便要产生一次缺页中断,请求操作系统将所缺的页调入内存。缺页中断作为一种中断,同样需要经历诸如保护 CPU 环境、分析中断原因、转入缺页中断处理程序、恢复 CPU 环境等几个步骤。在缺页中断逻辑中需要完成诸如所需页从何处装入、新调入的页放在何处等相关的细节操作。

图 5.16 给出了请求分页存储管理系统中的地址变换过程。当程序请求访问某页时,首先检索快表,若找到,则修改页表项中的访问位,并形成物理地址执行访问;若未找到,则到内存中查找页表。若该页对应的状态位为 1,则修改快表中的信息,并由页表项中给出的块号与页内地址相加得到实际的物理地址。若该页对应的状态位为 0,则由硬件发出一个缺页中断,表示该页不在内存中,要求操作系统进行缺页中断处理。进入缺页中断处理后,系统首先查看内存是否有空闲块:若有,则将该页装入内存,并在页表中填上它占用的物理块号、外存地址并修改相应标志;若内存已没有空闲块,则必须先调出已在内存中的某一页,再将所需的页装入,并对页表和内存分配表做相应的修改。

由于产生缺页中断时,一条指令并没有执行完,因此在操作系统进行缺页中断处理后,应更新执行中断的指令。当重新执行时,要访问的页已经装入内存,可正常执行下去。另外,如果需调出的页正在与外设交换信息,那么该页暂时不能调出,这时可以另选一页调出,

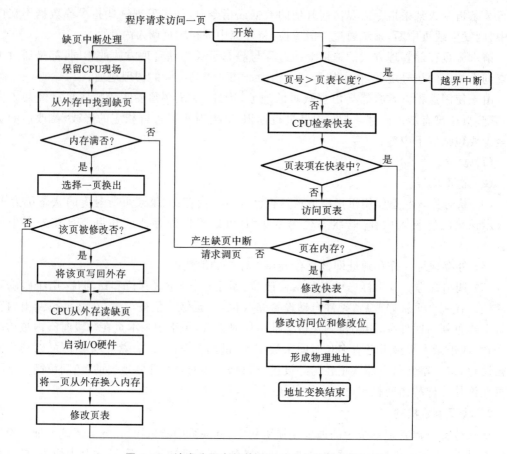

图 5.16 请求分页存储管理系统中的地址变换过程

或者等待该页与外设信息交换结束后再调出。

5.7.3 页面置换算法

在请求分页存储管理系统中,进程或作业执行中产生缺页中断,需要从外存中调入对应的程序或数据到内存当中,此时,如果内存已经满了,那么应该调出哪一页以腾出内存空间就需要遵循一定的算法。通常把这类算法称为页面置换算法。页面置换算法包括以下算法:

1. 最佳置换算法

最佳置换(optimal replacement,OPT)算法是从内存中选择今后不再访问的页面或者在最长一段时间以后才需要访问的页面予以淘汰。最佳置换算法是从理论上提出的一种算法,具体实现是困难的,因为它需要人们预先知道一个进程在整个运行过程中页面走向的全部情况。这个算法的主要用途是衡量其他算法的优劣。

假定一个作业执行时的页面走向是1、2、3、4、1、2、5、1、2、3、4、5。表5.2给出了物理块数为3时最佳置换算法下的页面置换情况,×表示产生缺页中断。由于初始状态内存的3个物理块均为空,因此访问前三个页面1、2、3时都会产生缺页中断。当进程第一次对页面

4进行访问时,首先发出缺页中断,选择1、2、3三个页面中未来一段时间内最长时间不会被访问的页面3进行置换,将页面3换出到外存,页面4换入内存然后访问。根据页面走向依次处理,得到最终的置换结果。整个执行过程中,缺页次数为7,缺页率为7/12=58%。

表5.2 物理块数为3时最佳置换算法下的页面置换情况

页 面 走 向	1	2	3	4	1	2	5	1	2	3	4	5
物理块1	1	1	1	1	1	1	1	1	1	3	3	3
物理块2		2	2	2	2	2	2	2	2	2	4	4
物理块3			3	4	4	4	5	5	5	5	5	5
缺页中断	×	×	×	×			×			×	×	

2. 先进先出置换算法

先进先出(first in first out,FIFO)置换算法是淘汰最先进入内存的页面,即选择在内存中驻留时间最久的页面予以淘汰的算法。该算法的出发点是最早调入内存中的页面,其不再被使用的可能性也会更高。先进先出置换算法的实现比较简单,对具有按线性顺序访问的程序比较合适,而对其他情况,如循环,则效率不高。这是因为某些经常被访问的页面往往在内存中停留的时间也是最长的,根据先进先出置换算法,它将最快被淘汰,但很有可能在它被淘汰之后马上又要用到它,系统又要立即将其调入。这种情况反复出现,就会产生所谓的"抖动"现象,即刚刚被换出的页面马上又要被换入。

对于上述作业执行时的页面走向,表5.3列出了物理块数为3时先进先出置换算法下的页面置换情况,×表示产生缺页中断。由于初始状态内存的3个物理块均为空,因此访问前三个页面1、2、3时都会产生缺页中断。当进程第一次对页面4进行访问时,根据先进先出的策略选择页面1、2、3中最先被调入内存的页面1进行置换,将页面1换出外存,页面4装入内存,然后进行访问。根据页面走向依次处理,得到最终的置换结果。整个执行过程中,缺页次数为9,缺页率为9/12=75%。

表5.3 物理块数为3时先进先出置换算法下的页面置换情况

页 面 走 向	1	2	3	4	1	2	5	1	2	3	4	5
物理块1	1	1	1	4	4	4	5	5	5	5	5	5
物理块2		2	2	2	1	1	1	1	1	3	3	3
物理块3			3	3	3	2	2	2	2	2	4	4
缺页中断	×	×	×	×	×	×	×			×	×	

一般来说,对于任意作业或进程,如果给它分配的内存页面数越接近于它所要求的页面数,则发生缺页的次数越少。在极限情况下,这个推论是成立的。因为如果给一个进程分配了它所要求的全部页面,则不会发生缺页现象。但是,使用先进先出置换算法时,在未给进程或作业分配能够满足它所要求的页面数时,有时缺页次数反而会随着分配给它的页面数增多而增加,这种现象称为Belady现象。

对于前面的样例,表5.4给出了物理块数为4时先进先出置换算法下的页面置换情况,缺页中断次数为 10。可以看出系统分配给该进程的物理块数从 3 块变成 4 块,缺页中断次数从 9 次变成 10 次,缺页次数反而增加。当然,导致这种异常现象的页面走向并不常见。实际上,在没有 Belady 现象的页面分配情况下,缺页率一定会随着系统分配给作业或进程的物理块数的增加而降低。

表 5.4　物理块数为 4 时先进先出置换算法下的页面置换情况

页 面 走 向	1	2	3	4	1	2	5	1	2	3	4	5
物理块 1	1	1	1	1	1	1	5	5	5	5	4	4
物理块 2		2	2	2	2	2	2	1	1	1	1	5
物理块 3			3	3	3	3	3	3	2	2	2	2
物理块 4				4	4	4	4	4	4	4	3	3
缺页中断	×	×	×	×			×	×	×	×	×	×

3. 最近最久未使用算法

先进先出置换算法和最佳置换算法之间的主要差别是,先进先出置换算法利用页面进入内存后的时间长短作为置换依据,而最佳置换算法的依据是将来使用页面的情况。如果以最近的过去作为不久将来的近似,那么就可以把过去最长一段时间里不曾被使用的页面置换掉。它的实质是,当需要置换一页时,选择在最近一段时间里最久没有使用过的页面予以置换。这种算法就称为最近最久未使用(least recently used,LRU)算法。最近最久未使用算法与每个页面最后使用的时间有关。

对于前面的样例,表 5.5 给出了物理块数为 3 时最近最久未使用算法下的页面置换情况,×表示产生缺页中断,最初访问前三个页面 1、2、3 时由于内存为空,因此都会产生缺页中断。当进程第一次对页面 4 进行访问时,首先发出缺页中断,选择 1、2、3 三个页面中最近一段时间最久未曾访问的页面 1 进行置换,将页面 1 换出到外存,页面 4 换入内存,根据页面走向依次处理,得到最终的置换结果。在整个执行过程中,缺页次数为 10,缺页率为 $10/12=83\%$。

表 5.5　物理块数为 3 时最近最久未使用算法下的页面置换情况

页 面 走 向	1	2	3	4	1	2	5	1	2	3	4	5
物理块 1	1	1	1	4	4	4	5	5	5	3	3	3
物理块 2		2	2	2	1	1	1	1	1	1	4	4
物理块 3			3	3	3	2	2	2	2	2	2	5
缺页中断	×	×	×	×	×	×	×			×	×	×

4. 第二次机会置换算法

先进先出置换算法可能会把经常使用的页面置换出去。为了避免这一问题,对该算法做一个简单的修改:检查最老页面的 R 位。如果 R 位是 0,那么这个页面既老又没有被使用过,可以立刻置换掉;如果 R 位是 1,就将 R 位清 0,并把该页面放到链表的尾端,修改它的装入时间,使它就像刚装入的一样,然后继续搜索。

这一算法称为第二次机会（second chance，SC）置换算法，如图 5.17 所示。在图 5.17 (a)中，我们看到页面 A 到页面 H 按照进入内存的时间顺序保存在链表中。

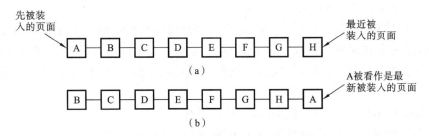

图 5.17　第二次机会置换算法

假设在时刻 20 发生了一次缺页中断，这时最老的页面是 A，它是在时刻 0 到达的。如果 A 的 R 位是 0，则将它淘汰出内存，或者把它写回磁盘，或者只是简单地放弃；另一方面，如果其 R 位已经置位了，则将 A 放到链表的尾部，并且重新设置"装入时间"为当前时刻，然后清除 R 位，如图 5.17(b)所示。然后从 B 开始继续搜索合适的页面。这就给了 A 第二次机会，可以继续留在内存中。

第二次机会置换算法用于寻找一个最近的时钟间隔以来没有被访问过的页面。如果所有的页面都被访问过了，该算法就简化为纯粹的先进先出置换算法。特别地，想象一下，假设图 5.17(a)中所有的页面的 R 位都被设置了，操作系统将会一个接一个地把每个页面都移动到链表的尾部并清除被移动页面的 R 位。最后算法又将回到 A，此时它的 R 位已经被清除了，因此 A 将被淘汰，所以这个算法总是可以结束的。

5. 时钟页面置换算法

尽管第二次机会置换算法是一个比较合理的算法，但它经常要在链表中移动页面，既降低了效率又不是很有必要。一个更好的办法是把所有的页面都保存在一个类似钟面的环形链表中，用一个表针指向最老的页面，如图 5.18 所示。

当发生缺页中断时，算法首先检查表针指向的页面，如果它的 R 位是 0，就淘汰该页面，并把新的页面插入这个位置，然后把表针前移一个位置；如果其 R 位是 1，就清除 R 位，并把表针前移一个位置，重复这个过程，直到找到了一个 R 位为 0 的页面为止。

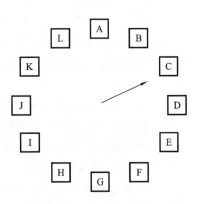

图 5.18　时钟页面置换算法

6. 最近未使用页面置换算法

为使操作系统能够收集有用的统计信息，在大部分具有虚拟内存的计算机中，系统为每一个页面设置了两个状态位。当页面被访问时，设置 R 位；当页面被写入时，设置 M 位。这些位包含在页表项中，每次访问内存时更新这些位，因此由硬件来设置它们是必要的。一旦设置某位为 1，它就一直保持 1，直到操作系统将它复位为止。

如果硬件没有这些位，则可以进行以下软件模拟：当启动一个进程时，将其所有的页面都标记为不在内存；一旦访问任何一个页面就会引发一次缺页中断，此时操作系统就可以设置 R 位,修改页表项,使其指向正确的页面,并设为 read only(只读)模式,然后重新启动引起缺页中断的指令;如果随后对该页面的修改又引发一次缺页中断,则操作系统设置这个页面的 M 位,并将其改为 read/write(读/写)模式。

可以用 R 位和 M 位来构造一个简单的页面置换算法:当启动一个进程时,它的所有页面的两个位都由操作系统设置成 0,R 位被定期地清 0,以区别最近没有被访问的页面和被访问的页面。当发生缺页中断时,操作系统检查所有的页面,并根据它们当前的 R 位和 M 位的值,将它们分为以下四类:

(1) 第 0 类:RM=00,没有被访问,没有被修改。

(2) 第 1 类:RM=01,没有被访问,已被修改。

(3) 第 2 类:RM=10,已被访问,没有被修改。

(4) 第 3 类:RM=11,已被访问,已被修改。

尽管第 1 类初看起来似乎是不可能的,但是一个第 3 类的页面在它的 R 位被时钟中断清 0 后就成了第 1 类的页面。时钟中断不清除 M 位是因为,在决定一个页面是否需要写回磁盘时将用到这个信息。清除 R 位而不清除 M 位产生了第 1 类页面。

最近未使用(not recently used,NRU)页面置换算法随机地从类编号最小的非空类中挑选一个页面,将其淘汰。这个算法隐含的意思是,在最近一个时钟周期淘汰一个没有被访问的已修改页面要比淘汰一个被频繁使用的"干净"页面好。最近未使用页面置换算法的主要优点是易于理解和能够有效地被实现,虽然它的性能不是最好的,但是已经够用了。

5.7.4 请求分页存储管理系统性能分析

1. 缺页率对访问时间的影响

1) CPU 访问内存所花费的时间

请求分页对计算机系统的性能有着举足轻重的作用。在请求分页存储管理系统中,如果使用了"快表"以提高访问内存的速度,则 CPU 访问内存所花费的时间由以下三个部分组成:

(1) 页面在快表时的存取时间,只需 1 个读写周期时间。

(2) 页面不在快表而在页表时的存取时间,需要 2 个读写周期时间。

(3) 当页面既不在快表也不在页表时,发生缺页中断处理的时间。

2) 缺页中断处理的时间

缺页中断处理的时间由以下三个部分组成:

(1) 缺页中断服务时间。

(2) 页面传送时间,包括寻道时间、旋转时间和数据传送时间。

(3) 进程重新执行时间。

由于 CPU 的速度很快,所以仅考虑页面传送时间。

设内存的读写周期为 m_a,缺页中断服务时间为 t_a,快表的命中率为 p,缺页率为 f,则有效访问时间可表示为

$$ETA=pm_a+(1-p-f)\times 2m_a+ft_a$$

若 $p=0.80$,$m_a=100$ ns,$t_a=10$ ms,则有

$$ETA = 0.80 \times 0.1 + (1-0.80-f) \times 2 \times 0.1 + 10000f = 0.12 + 9999.8f$$

如果在 1000 次存取中仅发生 1 次缺页中断,即 f=0.001,则 ETA=10.1198 μs。与没有缺页情况下的有效访问时间 0.12 μs 相比,有效访问时间将会减缓近 84 倍。由此可见,缺页率对系统有效访问时间的影响是多么的巨大。

2. 抖动现象

在前面介绍页面置换算法时,稍微提到了一下抖动现象。下面具体来介绍一下为什么会产生抖动现象,以及抖动现象有哪几种类型。

在一个单 CPU 的计算机系统中,进程在多道程序环境下运行时,CPU 的利用率随着程序道数的增加而提高,因为系统中的资源得到了比较充足的利用,但在进程数超过一定数量之后,随着进程数的进一步增加,CPU 的利用率将急剧下降。这一现象就称为抖动(thrashing)现象。所谓抖动是指,在具有虚拟存储器的计算机系统中,频繁的页面置换活动使访问外存的次数过多,从而引起系统效率大大降低的一种现象。如果一个进程的页面置换耗费的时间多于执行时间,则称该进程是抖动的。

抖动现象分为局部抖动和全局抖动两种类型。

1) 局部抖动

进程采用局部置换策略,产生缺页时,只能置换自身拥有的某个页面,而不能置换其他进程的页面。一旦空闲物理块不够,因置换算法不妥或页面访问序列异常,就会产生局部抖动。

2) 全局抖动

全局抖动是由进程之间的相互作用引起的。若进程采用的是全局置换策略,当一个进程发生缺页中断时,需要从其他进程那里获取物理块,从而导致这些进程在运行中需要物理块,产生缺页中断,又需要从其他进程那里获取物理块。如此下去,这些产生缺页中断的进程可能会因页面的频繁调入/调出而处于等待状态,以致就绪队列为空,从而使 CPU 的利用率降低。

局部抖动仅对某个进程的执行产生影响,而全局抖动则会影响整个系统的性能。为了防止产生全局抖动,可以在系统中采用局部置换策略,即当某个进程发生缺页中断时,仅在自己的内存空间范围内进行页面置换,不允许置换其他进程的页面。这样,即使某个进程发生了抖动,也不会波及其他进程,能把抖动控制在一个较小的范围内。但要注意的是,这种方法并没有从根本上防止抖动。特别是当系统中有多个进程发生抖动时,同样会使得整个系统的缺页中断处理时间增加,从而影响系统性能。

3. 页面大小的选择

在请求分页存储管理系统中,页面大小也是操作系统设计时应考虑的重要因素之一,因为它涉及内部碎片、页表大小、页面失效率的高低等诸多问题。

页面越小,内部碎片就越少,内存利用率就越高,但同时就会产生较大的页表,占用较大的内存空间;页面过大,会导致页面在内外存之间传输时间的增加,从而降低了系统的有效访问时间;页面较小,内存中包含的页面数就较多,相应地,缺页率就会较低,但随着页面的增大,缺页率也会随之升高,当页面大小超过进程的大小时,缺页率又开始下降。因此,选择最优的页面大小需要在这几个互相矛盾的因素之间权衡利弊。另外,页面的大小还与主存的大小、程序设计技术、程序结构及快表等因素有关。

5.7.5 请求分段存储管理

请求分段存储管理系统是在分段系统的基础上增加了请求调段功能和段置换功能后所形成的分段虚拟存储管理系统。

1. 请求分段原理

根据虚拟存储器的原理,请求分段存储管理系统为用户提供比实际内存容量大得多的存储空间。它把作业的所有分段的副本都存放在外存中,当作业被调度投入执行时,先把当前需要的一段或几段装入内存。在执行过程中,出现缺段中断时,再把存储在外存上的段交换至内存,以此实现请求分段存储管理。

与段式存储管理不同,请求分段存储管理必须在段表中增加若干项,如说明哪些段已在内存、存放的位置、段长等,哪些段不在内存、它们的副本在外存的位置等,还需要设置段是否被修改过、是否能移动、是否可扩充、能否共享等标志。增加项后的段表一般会包括以下内容:

（1）段号。

（2）特征位。特征位标明某段在内存、不在内存或者是共享段。

（3）存取权限。权限内容包括可读、可写和可执行等。

（4）扩充位。

（5）标识位。标识位标示是否已修改和是否可以移动等。

（6）内存起始地址。内存起始地址即段在内存中的起始地址。

（7）段长。

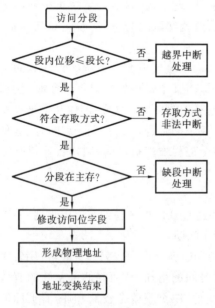

**图 5.19 请求分段存储管理
系统的地址变换过程**

（8）外存起始地址。外存起始地址即段在外存中的起始地址。

2. 缺段中断机构

缺段中断机构与缺页中断机构类似,在作业的指令执行期间产生和处理中断,如图5.19所示。如在作业执行期间访问某段时,首先由硬件的地址转移机构查询段表:若该段在内存中,则按段式存储管理中给出的算法进行地址转换,得到物理地址;若该段不在内存中,则由硬件发出缺段中断。

在如图5.20所示的缺段处理流程中,操作系统在处理中断时,查找内存分配表,找出一个足够大的能容纳该分段的连续区域。如果连续区域小于所需区域,则计算空闲区的总和。如果连续空闲区总和大于分段长度,那么通过内存移动技术,得到一个足够大的连续内存,并将该段装入内存。若连续空闲区总和小于分段长度,则进行换入、换出计算,调出一个或几个分段到外存,以得到一个足够大的内存

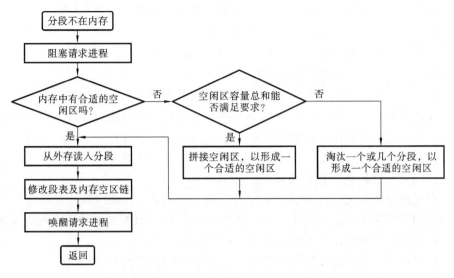

图 5.20　请求分段存储管理系统中的中断处理过程

空间,便于将该段装入。

小　　结

　　存储器是计算机系统的重要资源之一,对存储器进行有效的管理在一定程度上影响着整个系统的执行性能。存储器的层次结构在一定程度上解决了主存和 CPU 速度不匹配的矛盾,提高了系统的工作效率。同时,在对主存的管理过程中,用到了分区存储管理、页式存储管理、段式存储管理等管理手段,来提高对主存的访问速度。由于主存容量有限,为了能够运行更大的程序,还需要借助内存扩充技术及虚拟内存技术。虚拟内存技术充分利用了程序局部性的原理,通过请求分页和请求分段管理技术,实现了对内存容量逻辑上的扩充。

习　题　5

　　1. 现代计算机的存储层次是怎样的,为什么要配置层次式存储器?

　　2. 计算机存储体系的设计关系到三个指标:容量、速度和价格。如果希望获得巨大的存储容量、较快的存取速度和低廉的单位价格,试给出一种较通用的技术方案。

　　3. 可以通过哪些途径来提高内存利用率?

　　4. 为什么要引入动态重定位? 如何实现? 它与静态重定位的区别是什么?

　　5. 分区存储管理中常用哪些分配策略? 比较它们的优缺点。

　　6. 在固定式分区管理、可变式分区管理、页式存储管理、段式存储管理中,都会存在哪种零头?

　　7. 在请求分页存储管理中,什么叫快表? 为什么要引入快表? 画出具有快表的地址变换机构图。

8. 为什么要引入段式存储管理？页式存储管理和段式存储管理有何区别？

9. 描述分段系统的基本原理和地址转换过程。

10. 虚拟存储器有哪些特征？其中最本质的特征是什么？

11. 实现虚拟存储器需要哪几个关键技术？

12. 在请求分页存储管理系统中，页表应包括哪些数据项？每项的作用是什么？

13. 在请求分页存储管理系统中，常采用哪几种页面置换算法，试分析它们的优缺点。

14. 在一个请求分页存储管理系统中，采用先进先出置换算法时，假如一个作业的页面走向为 4、3、2、1、4、3、5、4、3、2、1、5，当分配给该作业的物理块数分别为 3 和 4 时，试计算在访问过程中所发生的缺页次数和缺页率，并比较所得结果。

15. 在虚拟存储系统中，若进程可占三个页面，开始时为 0，采用第二次机会置换算法，当执行访问页号序列为 1,2,3,4,1,2,5,1,2,3,1,5,4,6 时，计算产生缺页中断的次数。

16. 试说明改进型时钟页面置换算法的基本原理。

17. 简要说明请求分页存储管理系统中的缺页中断处理过程。

第6章 设备管理

学习目标

◈ 了解 I/O 设备的概念及与设备管理技术相关的概念。

◈ 熟悉 I/O 系统结构和设备分类。

◈ 掌握设备管理的目标和任务、常用的 I/O 控制方法和 I/O 系统的软件模块、磁盘管理有关的技术。

在操作系统中，除了 CPU 和内存之外，其他的大部分硬件设备都称为外设。外设包括常用的 I/O 设备、外存设备和终端设备等。这些设备种类繁多，特性各异，操作方式差别也大，从而使得操作系统的设备管理变得十分复杂。设备管理的主要对象是 I/O 设备，还可能要涉及设备控制器和 I/O 通道。而设备管理的基本任务是完成用户提出的 I/O 请求，提高 I/O 速率及提高 I/O 设备的利用率。

6.1 概述

设备是计算机操作系统与外界联系的纽带，专门负责计算机与外部的输入、输出和数据存储工作。在计算机操作系统中，将负责管理输入/输出的机构称为 I/O 系统。I/O 系统管理 I/O 设备、相关的设备控制器及高速总线，目的是提高 I/O 操作的速率和设备利用率，满足用户需求等。

6.1.1 设备管理的目标和任务

1. 设备管理的目标

在计算机操作系统设计中，设备管理的目标主要是提高 I/O 设备的利用率，提供一个便利、统一的管理模式，用于满足用户提出的各种 I/O 需求。设备利用率的提高，一方面涉及 I/O 设备本身的运行速率；另一方面则与处理器和 I/O 设备之间的并行化程度有关。常用的提高 I/O 设备的技术有中断技术、直接存储器访问（direct memory access，DMA）技术、缓冲技术和通道技术，在后面的章节我们将逐一进行介绍。

2. 设备管理的任务

设备管理的任务是保证在多道程序设计环境下，操作系统能够有效控制设备，合理解决多个进程对设备的竞争使用，有效地提高 CPU 和 I/O 设备的并行操作程度，从而满足系统和用户的需求。设备管理应具有如下几个方面的功能：

1）状态跟踪

为了能对设备进行分配和控制，I/O 系统应能动态掌握并记录设备的状态、参数等细节信息。I/O设备类型多种多样,且彼此存在着差异。为了能够对不同设备进行控制,需要配置设备控制器,其中包含多个用于存放控制命令和参数的寄存器。用户可以通过命令和参数控制设备的执行。

2) 设备分配

在多用户环境下,I/O系统的功能之一是设备分配。I/O系统将设备分配给进程或应用程序,使用完后及时收回,以备重新分配。设备的分配与回收可以在进程级进行,也可以在应用程序级进行。设备分配有两种不同的方式:① 静态分配是在应用程序进入系统时进行分配,退出系统时收回全部资源;② 动态分配是在进程对某设备提出使用申请时进行分配,使用完后立即收回。

3) 设备的控制

设备驱动程序控制I/O设备,负责将用户的I/O请求转换为设备能够识别的I/O指令。主要的I/O控制方式有直接控制I/O方式、中断I/O方式、直接存储访问I/O方式和通道控制方式。应根据I/O设备特性,采用对应的I/O控制方式。

4) 提高处理器和I/O设备的利用率

通常情形下,I/O设备之间是相互独立的,能够并行操作,而处理器和设备之间同样也能并行操作。为优化系统,应着力提高处理器和I/O设备利用率:① 对处理器而言,利用率的提高关键在于提高对用户I/O请求的响应速度;② 尽量减少处理器对I/O设备执行时的干预时间;③ 为了解决处理器和I/O设备速度不匹配的矛盾,引入了缓冲区技术。

5) 共享

设备管理应具有正确共享设备的功能。按照共享属性,设备可分为独占设备和共享设备两类。其中,独占设备是指每次只允许一个进程对该设备独占使用,直至运行完成才释放的设备,常用的独占设备有打印机、磁带机等。共享设备是在某一时间内允许多个进程同时访问的设备,如磁盘设备。

6) 差错处理

通常大多数设备运行时难免出现错误或故障,设备管理应具有应对错误、采取合适措施的能力。

6.1.2 I/O系统结构

I/O设备通常包括机械部件和电子部件两个部分。为了实现设计的模块性和通用性,一般将其分开处理。电子部件称为设备控制器或适配器,而机械部件就是设备本身。在微型和小型计算机系统中,电子部件可以是一块可以插入计算机总线槽的印刷电路板。其中,微型机系统中最典型的适配器是显示适配器,即通常所说的显卡。控制器卡上一般都有一个连接器,它通过电缆与设备相连。控制器可以连接控制2个、4个甚至更多设备。随着电子技术和计算机科学的不断发展,控制器和设备之间的接口越来越多地采用国际标准,如ANSI、IEEE、ISO等标准。各个计算机厂家都可以按照这些标准制造与其接口相符合的控制器和设备,如集成驱动设备电子器件(integrated drive electronics,IDE)接口磁盘、小型计算机系统接口(small computer system interface,SCSI)的磁盘等。引入控制器的概念,主要是因为操作系统基本上都与控制器打交道,而非设备本身。

　　对于不同规模的计算机系统,其 I/O 系统的结构也有所差异。一般而言,I/O 系统结构可以分成微型机 I/O 系统结构和主机 I/O 系统结构两类。微型机 I/O 系统结构采用单总线模型,如图 6.1 所示,处理器和内存直接连接到总线上,I/O 设备通过设备控制器连接到总线上。在该种类型的 I/O 系统结构中,设备控制器是处理器和 I/O 设备之间的接口,处理器通过设备控制器控制相应设备进行输入/输出。但是,计算机系统中往往可能配置大量的设备,如果系统的 I/O 系统结构采用单总线模型,则处理器和总线负担可能太重。为了提高处理器和设备的利用率,并且能够合理地管理和调度设备资源,以提高它们与处理器的并行执行程度,可在主机 I/O 系统中增加一级 I/O 通道。这样就形成了具有主机、I/O 通道、I/O 控制器和 I/O 设备的四级 I/O 系统结构,又称主机 I/O 系统结构,如图 6.2 所示。通常一个主机可以连接多个通道,一个通道可以连接多个控制器,一个控制器可以连接多个设备。处理器执行 I/O 指令,对通道实施控制。通道代替处理器使用通道命令,控制控制器。控制器发出动作序列,驱动设备工作,最终设备执行相应的 I/O 操作。

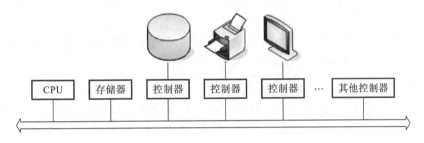

图 6.1　采用单总线模型的 I/O 系统结构

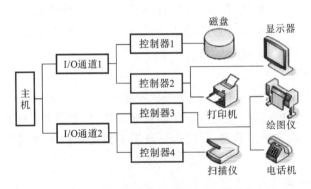

图 6.2　具有通道的主机 I/O 系统结构

　　由于通道的价格较贵,因此计算机系统中通道的数量远比设备的少。这样往往因通道数量不足产生“瓶颈”现象,影响整个系统的处理能力。为了使设备能得到充分的利用,在通道、控制器和设备的连接上,如果采用多通道的配置方案,如图 6.3 所示,则可以解决瓶颈问题,以提高系统的可靠性。

　　在多通道 I/O 系统中,从主机到设备往往有多条通路,这大大降低了某一设备因某一通道或某一控制器被占用而阻塞的概率。例如,在图 6.2 中,假设其他控制器都空闲,只要控制器 2 被显示器占用了,那么主机要想控制打印机就必须等待;而在图 6.3 中,如果控制

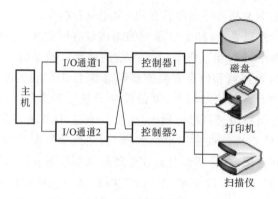

图 6.3 多通道 I/O 系统

器 2 被其他设备占用了,计算机和打印机之间的通信还可以借助控制器 1 来进行,从而提高了系统的利用率和可靠性。通道使用情况的分析与控制器的相似。

6.1.3 I/O 设备分类

随着计算机软硬件技术的不断发展及其应用领域的不断扩大,计算机的 I/O 信息量急剧增加,I/O 设备的种类和数量也越来越多。

1. 按使用特性分类

I/O 设备分为存储设备和 I/O 设备两大类。存储设备也称外存或辅存,是计算机系统用于存储信息的主要设备,如磁盘、磁带等。I/O 设备又可进一步分为输入设备、输出设备和交互式设备:输入设备如键盘、鼠标、视频摄像设备、各类传感器等,主要用于接收外部信息;输出设备如打印机、绘图仪、音响等,主要用于将计算机处理后的信息发送到外部的设备;交互式设备则集成上述两类设备的功能,利用输入设备接收信息,通过输出设备显示命令及执行结果,这类设备主要是显示器。

2. 按数据组织分类

I/O 设备分为块设备(block device)和字符设备(character device)。块设备是以数据块的形式组织和传送数据的设备,主要用于存储数据和信息,如磁盘、磁带等。字符设备则是以单个字符的形式组织和传递数据的设备,一般用于数据的输入和输出,如打印机、交互式终端等。

3. 按资源分配分类

I/O 设备分为独占设备、共享设备和虚拟设备。独占设备是在一段时间内只允许一个进程使用的设备。系统一旦把这类设备分配给某个进程,这类设备就由该进程独占,直至用完才释放。多数的低速 I/O 设备都属于独占设备,如打印机、用户终端设备等。这类设备属于临界资源,多个进程间必须互斥地对这类设备进行访问。共享设备是指在一段时间内允许多个进程同时访问的设备,如磁盘。虚拟设备是通过虚拟技术将独占设备变成多台逻辑设备,以供多个用户同时使用的设备,虚拟设备实际上是不存在的,而实现虚拟设备的关键技术是分时技术,即多用户通过分时方式使用同一台物理设备,目前常用的虚拟技术有假脱机(SPOOLing)技术。

4. 按数据传输率分类

I/O设备分为低速设备、中速设备和高速设备。低速设备一般指其数据传输速率为每秒几个字节至数百个字节的设备,常见的低速设备有鼠标、键盘等。中速设备的数据传输速率为每秒数千个字节到数十万个字节,常见的中速设备有行式打印机、激光打印机等。高速设备的数据传输速率则可以达到每秒数十万个字节至数千兆个字节,常见的高速设备有磁带机、磁盘机和光盘机等。

5. 按从属关系分类

I/O设备分为系统设备和用户设备。系统设备是指在操作系统生成时已经登记在系统中的标准设备,如键盘、显示器等。用户设备则是指操作系统生成时未登记在系统中的非标准设备,如鼠标、绘图仪、扫描仪等。

6.2 I/O系统控制方式

随着计算机技术的发展,I/O系统控制方式也在不断地发展。早期的计算机系统采用程序直接控制方式。在系统中引入中断机制后,I/O系统控制方式便发展为中断驱动方式。DMA控制器的出现使I/O系统控制方式在传输单位上发生了变化,即从以字节为单位进行传输扩大到以数据块为单位进行传输,从而大大改善了块设备的I/O性能。通道的引入又使得对I/O操作的组织和数据的传输都能独立地进行而无须CPU干预。在I/O系统控制方式的整个发展过程中,始终贯穿着这样一条宗旨,即尽量减少CPU对I/O控制的干预,把CPU从繁杂的I/O控制事务中解脱出来,以便更多地去完成其他数据处理任务。

6.2.1 程序直接控制方式

程序直接控制方式,又称程序查询方式,是由CPU通过程序来直接控制处理器和外设之间的信息传送的。采用这种方式实现主机和I/O设备交换信息,当用户程序需要启动I/O设备工作时,CPU向I/O设备发送一条指令,然后不断地循环测试I/O设备是否准备就绪。当I/O设备准备就绪时,CPU将从I/O接口中把数据取出,送入内存指定单元中,这样便完成了一个字的输入。接着再以这种方式进行下一个数据的读入,这样一个字一个字地传送,直至整个数据块的数据全部传送结束,CPU又重新返回到当前程序。图6.4给出了程序直接控制方式的工作流程。

在程序直接控制方式中,CPU处理数据的高速性和I/O设备的低速性不匹配,导致CPU的绝大部分时间都浪费在等待I/O设备完成数据传送的循环测试中。可见这种方式下,CPU和I/O设备处于串

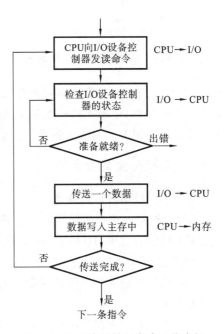

图 6.4 程序直接控制方式工作流程

行工作状态,CPU 工作效率不高。

6.2.2　中断控制方式

现代计算机系统都引入了中断机构。所谓中断,就是计算机在执行程序过程中,当出现异常情况或者特殊请求时,计算机停止当前程序的运行,而转向对这些异常情况或特殊请求的处理,处理结束后再返回当前程序的间断处,继续执行原程序。采用中断方式实现处理器和 I/O 设备交换信息,当用户程序需要启动某个 I/O 设备工作时,CPU 向 I/O 设备发送一条指令,然后立即返回,继续执行原来的任务。I/O 设备控制器根据该指令控制 I/O 设备。这个过程中,CPU 与 I/O 设备并行操作。例如,当 I/O 设备向处理器输入数据时,在设备控制器接收到 CPU 发来的读命令后,便去控制相应的输入设备以读取数据。当数据进入寄存器中时,控制器便向 CPU 发送中断信号,由 CPU 将数据取出,送入内存指定单元中。图 6.5 所示的为中断控制方式的工作流程。

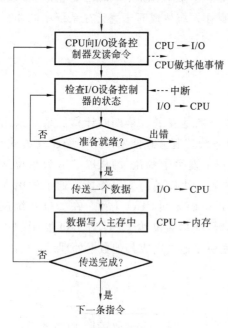

图 6.5　中断控制方式工作流程

采用中断控制方式时,在 I/O 设备输入数据过程中,由于无须 CPU 的参与,可以使 CPU 与 I/O设备并行工作,只有 I/O 设备准备就绪时,才需要 CPU 花费时间去处理中断请求。可见,这种情况下,CPU 和 I/O 设备都处于忙碌状态,提高了 CPU 的利用率。虽然中断控制方式与直接控制方式相比,CPU 的利用率大大提高了,但是仍然存在很多问题。首先,由于 I/O 设备控制器的数据缓冲寄存器装满之后将发生中断,而数据缓冲寄存器通常较小,因此,在一次数据传送过程中,将发生多次中断,而多次中断处理将消耗大量 CPU 处理时间。其次,各种外设通过中断处理方式进行并行操作,中断次数的急剧增加可能导致 CPU 无法响应中断和出现数据丢失的现象。而采用 DMA 控制方式和通道控制方式,则不会出现上述问题。

6.2.3　DMA 控制方式

1. DMA 控制方式的特点

DMA 控制方式是在外部 I/O 设备和内存之间开辟直接的数据交换通路的控制方式。在 DMA 控制方式中,I/O 设备控制器具有更强的功能,主存和外部 I/O 设备交换信息时,不需要通过 CPU,也不需要中断 CPU 而为 I/O 设备服务,其主要特点如下:

(1) 数据传输的基本单位是数据块,而不是字,在 CPU 与 I/O 设备之间,每次传输至少一个数据块。

(2) 所传输的数据从 I/O 设备直接进入主存,或者从主存直接传输到 I/O 设备。

(3) 只有在一次传输操作(一个或者多个数据块)的开始或者结束时,才需要 CPU 干预,在传输的过程中,无须 CPU 的干预,都是在 DMA 控制器的控制下完成的。

2. DMA 控制器的组成

DMA 控制器由三部分组成:处理器与 DMA 控制器的接口、DMA 控制器与块设备的接口及 I/O 控制逻辑。图 6.6 给出了 DMA 控制器的组成。

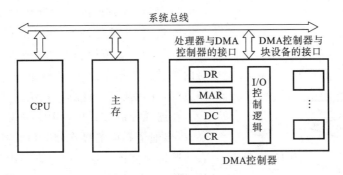

图 6.6 DMA 控制器的组成

为了实现处理器与控制器之间数据的直接交换,在控制器中需要有如下硬件支持:

(1) 命令/状态寄存器(control register,CR)。命令/状态寄存器用于接收从 CPU 发送的 I/O 命令,它可能是控制信息,也可能是设备状态信息。

(2) 内存地址寄存器(memory address register,MAR)。在输入数据时,将数据存放的内存起始地址存入 MAR 中。输出数据时,存放的则是由内存到设备的内存源地址。

(3) 数据寄存器(data register,DR)。数据寄存器用于存放从设备输入内存,或者从内存输出到设备的数据。

(4) 数据计数器(data counter,DC)。数据计数器用于存放每次 CPU 读或写的字(节)数。

3. DMA 控制方式的工作流程

当用户程序需要从外部 I/O 设备读取数据时,CPU 向外部 I/O 设备发送读命令,CR 存储该命令。同时 CPU 向 MAR 发送本次要将数据读入的内存起始目标地址,将本次要读入的数据字(节)数送入 DC 中,还需将外部 I/O 设备的源地址送至 DMA 控制器的 I/O 控制逻辑上。然后,控制器启动本次操作,在此期间,CPU 可以处理其他任务,整个数据的传送过程由 DMA 控制器控制完成。在 DMA 控制器已从外部 I/O 设备读入一个字(节)的数据并送入 DR 后,再挪用一个存储器周期,将该字(节)传送到 MAR 所指示的内存单元中,并将 MAR 的内容加 1,DC 的内容减 1。若 DC 的内容不为 0,表示数据还未传完,便继续下一个字(节)的传送;否则,由 DMA 控制器向 CPU 发出中断请求。图 6.7 所示的为 DMA 控制方式的工作流程。

6.2.4 通道控制方式

虽然 DMA 控制方式与中断方式相比,已经显著减少了 CPU 的干预,但 CPU 每发出一条 I/O 指令,也只能去读(写)一个连续的数据块。而当系统需要一次去读多个数据块且将它们分别传送到不同的内存区域,或者相反时,则需由 CPU 分别发出多条 I/O 指令及进行

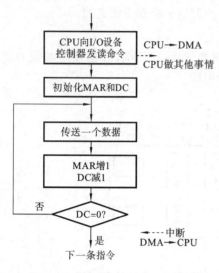

图 6.7　DMA 控制方式工作流程

多次中断处理才能完成。

通道控制方式与 DMA 控制方式类似，也是一种以内存为中心，实现设备和内存直接交换数据的控制方式。它与 DMA 控制方式不同的是，数据传送的方向、存放数据的内存起始地址及传送的数据长度不是由 CPU 控制的，而是由专管 I/O 的硬件通道来控制的。通道控制方式能够控制多台 I/O 设备与内存进行数据交换，它能够进一步减轻 CPU 的工作负担，并且提高了计算机系统的并行工作程度。

在通道控制方式中，CPU 只需发出启动通道指令，指出通道相应的操作和 I/O 设备，该指令就可以启动通道并使该通道从内存中调出相应的通道命令并执行，在数据传送结束后，向 CPU 发中断请求。采用通道控制方式，可以实现 CPU、通道和 I/O 设备三者的并行操作，从而更加有效地提高了系统资源的利用率。

6.3　I/O 软件的组成

I/O 设备管理的效率与管理设备的 I/O 软件密切相关。I/O 软件的设计，一方面，要确保 I/O 设备与处理器的并行程度，以提高资源的利用率；另一方面，要为用户提供一个简单抽象、清晰而统一的接口，采用统一标准的方法，来管理所有的设备及所需的 I/O 操作。为了达到上述要求，通常将 I/O 软件组织成一种层次结构，低层次软件用于屏蔽硬件的具体细节，高层次软件则主要向用户提供一个简洁友好、规范统一的接口。

6.3.1　I/O 软件设计目标和原则

计算机系统中包含了众多的 I/O 设备。这些设备种类繁多，硬件结构复杂，物理特性各异，速度慢，与 CPU 不匹配，并涉及大量专业 CPU 及数字逻辑运算等细节。因此，从系统的观点出发，采用多种技术和措施，解决由于外设与 CPU 速度不匹配所引起的问题，从而提高系统工作效率，这成为操作系统的一个重要目标。另一方面，用户必须掌握 I/O 系统的原理，对接口和控制器及设备的物理特性要有深入的了解，只有这样才能更好地使用计算机，这给用户带来了很大的困难。所以，设法消除或屏蔽设备硬件内部的低级处理过程，为用户提供一个简便、易用、抽象的逻辑设备接口，保证用户安全、方便地使用各类设备，也是 I/O 软件设计的一个重要原则。

设计 I/O 软件应达到以下的几个目标：

（1）设备无关性。设计 I/O 软件的一个最重要、最关键的目标是设备无关性。开发人员编写的 I/O 软件在访问不同的外设时应该尽可能地与设备的具体类型无关。除了直接与设备联系的底层软件外，其他部分的软件都应是与设备无关的。为了提高操作系统的可移植性和易适应性，I/O 软件应负责屏蔽设备的具体细节，向高层软件提供抽象的逻辑设备,并完成逻辑设备与具体物理设备的映射。对操作系统本身而言,应允许在不需要将整个操作系统重新编译的情况下,增添新的设备驱动程序,以方便安装新的 I/O 设备。如在 Windows 中,系统可以为新的 I/O 设备自动安装和寻找驱动程序,从而实现即插即用。I/O 软件的设备无关性可以有效提高设备管理软件的效率,从而提高资源利用率。

(2)统一命名。操作系统负责对 I/O 设备进行管理,要实现上述的设备无关性,其中一项重要工作就是如何给 I/O 设备命名。不同的操作系统采用不同的命名原则。一般而言,统一命名与具体设备无关,这是指在系统中对各类设备采取预先设计的、统一的逻辑名称进行命名,所有 I/O 软件都以逻辑名称访问 I/O 设备。

(3)出错处理。出错处理满足一条原则:错误应该在尽可能靠近硬件的地方处理,即在低层软件能够解决的错误绝不让高层软件感知,只有低层软件解决不了的错误才通知高层软件解决。

(4)独占性设备和共享性设备。在计算机操作系统中,某些设备可以同时为几个用户服务,如磁盘;而另外一些设备在一段时间内只允许被一个用户使用,如键盘。操作系统对上述两类设备必须区别对待,避免在设备管理过程中出现问题。

(5)缓冲技术。由于 CPU 与设备之间存在速度差异,故无论是块设备还是字符设备,都需要使用缓冲技术。对于不同类型的设备,其缓冲区的大小是不一样的,就是同类型的设备,其缓冲区的大小也存在差异。因此,I/O 软件应能屏蔽这种差异,向高层软件提供统一大小的数据块或字符单元,使得高层软件能够只与逻辑块大小一致的抽象设备进行交互。

(6)I/O 控制方式。针对具有不同传输速率的设备,综合系统效率和系统代价等因素,往往需要合理地选择不同的 I/O 控制方式。为了方便用户,I/O 软件也应能屏蔽这种差异,向高层软件提供统一的操作接口。

6.3.2 I/O 软件结构

I/O 软件涉及的面非常宽,往下与硬件有着密切的关系,往上又与用户直接交互,它与进程管理、存储器管理、文件管理等都存在着一定的联系,为了满足 I/O 软件设计的目标,通常将 I/O 软件设计成一种层次结构。换言之,将系统中的管理设备及其相关操作的软件划分成多个层次,每个层次都具有一个将要执行的且定义明确的功能和一个与邻近层次定义明确的接口,各个层次的功能与接口随系统的不同而异。每一层都利用其下层提供的服务,完成 I/O 功能中的某些子功能,并屏蔽这些功能的实现细节,向高层提供服务。通常把 I/O 软件组织成四个层次,如图 6.8 所示。各层次功能描述如下:

(1)用户层 I/O 软件。这是实现与用户交互的接口,用户可直接调用该层提供的、与 I/O 操作相关的库函数对设备进行操作。

(2)与设备无关的系统软件。负责实现与设备驱动器的统一接口、设备命名、设备的保护及设备的分配与释放等,同时为设备管理和数据传送提供必要的存储空间。

(3)设备驱动程序。与硬件直接关联,负责具体实现系统对设备发出的操作指令,驱动 I/O 设备工作的驱动程序。

(4)中断处理程序。用于保存被中断进程的处理器环境,转入相应的中断处理程序进行处理,处理完毕恢复被中断进程的现场后,返回到被中断进程。

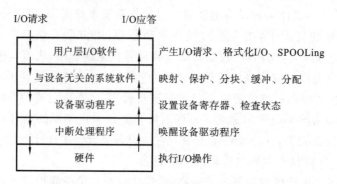

图 6.8 I/O 系统的层次结构及每层的主要功能

实际上,在不同的操作系统中,这种层次的划分并不是固定的,主要是随系统具体情况的不同,而在层次的划分及各层次的功能和接口上存在一定的差异。接下来将从低到高对每个层次进行详细介绍(有关中断处理程序的内容,请参见第 2 章)。

6.3.3 设备驱动程序

设备驱动程序通常又称设备处理程序,它是直接与硬件打交道的软件模块。通常,设备驱动程序的主要任务是在上层软件与设备控制器之间进行通信,具体为:① 接收与设备无关的上层软件发来的抽象 I/O 要求,在把它转换为具体要求后,发送给设备控制器,启动设备执行相应的操作;② 将设备控制器发来的信号传送给上层软件。简而言之,设备驱动程序是一种可以使计算机和设备通信的特殊程序,相当于硬件的接口,操作系统只有通过这个接口,才能控制硬件设备的工作。

1. 设备驱动程序的功能

设备驱动程序主要具有以下几个方面的功能:

(1) 接收来自与设备无关的上层软件发来的命令,并将命令中的抽象要求转换为具体要求。

(2) 检查用户 I/O 请求的合法性,了解 I/O 设备的状态,传递有关参数,设置设备的工作方式。

(3) 发出 I/O 命令,对各种可能的有关设备的排队、挂起、唤醒等操作进行处理。

(4) 及时响应由控制器或通道发来的中断请求,并根据其中断类型调用相应的中断处理程序进行处理。

(5) 对于设置有通道的系统,驱动程序还应能根据用户的 I/O 请求,自动地构成通道程序。

2. 设备驱动程序的特性

设备驱动程序属于低级的系统例程,它与一般的应用程序及系统程序之间有明显的差异,其特性表现在以下几个方面:

(1) 设备驱动程序与 I/O 设备的硬件结构紧密相关,这是其最突出的特点。每个设备驱动程序只处理一种设备,或者一类紧密相关的设备。

(2) 设备驱动程序中全部是依赖于设备的代码,且其中有一部分是用汇编语言编写的。

（3）设备驱动程序是操作系统底层中唯一知道各种 I/O 设备的控制细节及其用途的部分。

（4）设备驱动程序与 I/O 设备所采用的 I/O 控制方式联系密切。

（5）设备驱动程序不允许系统调用。虽然如此，但为了满足其与内核其他部分的交互，可以允许其对某些内核过程进行调用。

3. 设备驱动程序的结构

不同的操作系统对设备驱动程序结构的要求不同。通常，设备驱动程序的结构与 I/O 设备的硬件特性紧密相关，不同类型的设备具有不同的设备驱动程序，不同设备驱动程序的结构自然也不相同。当然，系统往往会对略有差异的一类设备提供一个通用的设备驱动程序，但基于性能的考虑，用户往往会选择设备厂家提供的、专门的设备驱动程序。因此，对于某一类设备而言，是采用通用的设备驱动程序，还是采用专门的设备驱动程序，完全取决于用户在这台设备上追求的目标。换言之，如果考虑设备安装的便利性，则选用通用的设备驱动程序；反之，如果考虑设备运行的效率性，则选用专门的设备驱动程序。

4. 设备驱动程序的处理过程

设备驱动程序的主要工作是按照上层软件模块的指令，启动设备完成相应的操作。但在启动设备之前，先要完成必要的准备工作，然后才能向设备控制器发送启动命令。以下是设备驱动程序详细的处理过程：

（1）将由与设备无关的上层软件发出的抽象要求转换为具体要求。例如，磁盘操作，将抽象要求中的磁盘块号转换为磁盘的盘面、磁道号及扇区。这一转换工作只能由磁盘驱动程序完成，这是因为只有磁盘驱动程序同时了解抽象要求的细节和设备控制器中的具体情况。

（2）检查用户 I/O 请求的合法性。设备驱动程序在启动 I/O 设备之前，必须对用户的 I/O 请求进行检验，确定该请求在设备上是否能够执行。如果该设备不支持这次 I/O 请求，则认为该次 I/O 请求非法。例如，用户试图请求从一台打印机读入数据，这是一个典型的非法请求的例子，系统应予以拒绝。

（3）检查设备的状态。每个设备控制器都设置了一个状态控制器。设备驱动程序在启动某个设备进行 I/O 操作之前，应当从设备控制器的状态寄存器中读出设备状态，确定该设备是否准备就绪：如果处于就绪状态，则启动其设备控制器，否则只能等待。

（4）传送必要的参数。在确定设备处于就绪状态之后，即可向设备控制器的相应寄存器传送数据以及相关的参数。

（5）工作方式的设置。有些设备可具有多种工作方式，在启动该接口之前，应先按照系统要求或通信规则设置正确的工作方式。

（6）启动 I/O 设备。在完成上述各项准备工作之后，设备驱动程序便可向设备控制器中的命令寄存器发送相应的命令以启动 I/O 设备完成具体的操作。

驱动程序发出 I/O 命令后，基本的 I/O 操作是在设备控制器的控制下进行的。通常，I/O 操作所要完成的工作较多，需要一定的时间，如读/写一个磁盘块中的数据，此时驱动（程序）进程会把自己阻塞起来，直到中断到来时才将其唤醒。

6.3.4 设备无关软件

为了提高操作系统的可适应性和可扩展性,现代操作系统都实现了设备无关性(device independence),也称设备独立性,其基本含义是:应用程序独立于具体使用的物理设备。在

提供设备驱动程序的统一接口

缓冲

提供与设备无关的逻辑块

独占设备的分配和释放

错误处理

图 6.9 与设备无关的
I/O 软件的功能

计算机系统中,尽管一些 I/O 软件是与设备相关的,但是大部分软件是与设备无关的。设备无关软件和设备驱动程序之间的精确界限在不同的操作系统中都不尽相同。具体划分取决于系统怎样权衡系统、设备无关性和设备驱动程序的运行效率等多方面的因素。图 6.9 所示的为与设备无关的 I/O 软件的功能。

1. 提供设备驱动程序的统一接口

通常,所有设备都需要的 I/O 功能可以在与设备无关的软件中实现,这类软件面向应用层提供一个统一的接口。为了使所有设备驱动程序有统一的接口,就必须满足如下要求:

(1) 每个设备驱动程序与操作系统之间都有着相同或相近的接口。这样会让添加新的设备驱动程序变得容易,同时方便开发人员编写设备驱动程序。

(2) 设备命名。将抽象的设备名称映射到适当的设备驱动程序上,换言之,将设备的抽象名称转换成物理设备名称。

(3) 设备保护。对设备进行必要的保护,防止无授权的应用或用户的非法访问。

2. 缓冲

无论是块设备还是字符设备,其运行速度都远远低于处理器的速度。因此,为了平衡处理器和 I/O 设备之间的速度矛盾,提高处理器利用率,引入了缓冲技术。一般而言,现代操作系统在块设备和字符设备与处理器之间都配置了相应的缓冲区,常见的有单缓冲区、双缓冲区、循环缓冲区等。

3. 提供与设备无关的逻辑块

各种 I/O 设备,其数据交换单位、空间大小、读取速度和传送速率等都各不相同。因此,设备无关软件有必要向上层软件隐藏各种 I/O 设备的数据交换单位、传输速率等的差异,而只需向上层软件提供大小统一的逻辑数据块。从而,上层软件只与抽象设备交互,可以不用关心物理设备空间和数据块大小而采用尺寸统一的逻辑数据块。

4. 独占设备的分配与释放

按资源分配对设备进行分类,可以将设备分成独占设备、共享设备和虚拟设备三类。对于独占设备,为了避免多个进程因竞争访问独占设备产生矛盾,不允许进程自行访问,必须由系统统一调度分配。当有进程需要访问独占设备时,首先向系统提出请求。系统在接到请求后,先检查请求访问的独占设备的当前状态:如果空闲,则把设备分配给该进程;否则,进程将被阻塞,进入等待状态,直到设备可用。

5. 错误处理

一般来说,设备出现故障和错误以后,多由设备驱动程序处理,而设备无关软件只处理

那些设备驱动程序无法处理的错误。大多数错误与设备密切相关,但还有一些典型错误不是设备造成的,如磁盘块受损导致不能读/写等。磁盘驱动程序在尝试多次读操作不成功后将放弃操作,并向设备无关软件报告错误。此后,错误处理就与设备无关了。

6.3.5 用户层软件

大部分的 I/O 软件都存放在操作系统内部,但仍有一小部分在用户层,包括与用户程序链接在一起的库函数,以及完全运行于内核之外的一些程序,如假脱机系统等。

1. 库函数

用户层 I/O 软件必须通过系统调用来取得操作系统服务。系统调用包括 I/O 系统调用,通常通过库函数间接提供给用户,即用户程序通过调用对应的库函数使用系统调用。这些库函数与调用程序连接在一起,被包含在运行时装入内存中的二进制机器代码当中。例如,如下所示的 C 语言语句:

```
count= write (fd,buffer,nbytes);
```

实际上,这一类库函数也是 I/O 系统的一部分,其主要工作是提供参数给相应的系统调用并调用之。但是,在许多现代操作系统中,系统调用本身已经采用 C 语言编写,并以函数形式提供,所以在使用 C 语言编写的用户程序中,可以直接使用这些系统调用。

2. 假脱机系统

并非所有的用户层 I/O 软件都由库函数构成,操作系统在用户层中还提供了一些其他非常有用的程序,如假脱机系统就是在核心外运行的用户级 I/O 软件。

众所周知,处理器的速度要比 I/O 设备的速度快很多,为了缓和两者速度不匹配的矛盾,引入了脱机输入和脱机输出技术。该技术的基本思想是:输入数据时,利用专门的外围控制器先将低速 I/O 设备上的数据传送到高速磁盘上,然后处理器直接从磁盘中读取数据;输出数据时,处理器把数据快速地输出到磁盘上,然后数据从磁盘传送到低速输出设备上。这样,便可在主机的直接控制下,实现脱机输入、输出功能。在这个过程中,处理器没有传送数据时,可以执行其他操作,这样显然提高了处理器的利用率。此时的外围操作与对数据的处理同时进行,我们把这种在联机情况下实现的同时外围操作称为假脱机操作(simultaneous peripheral operating on-line,SPOOLing)。

SPOOLing 技术是对脱机输入和脱机输出技术的模拟,它建立在多道程序设计的基础之上,同时需要有高速随机外存的支持。假脱机系统主要由以下几个部分组成:① 输入井和输出井;② 输入缓冲区和输出缓冲区;③ 输入进程和输出进程。各个部分分工明确,特点鲜明。图 6.10 给出了假脱机系统的组成结构图。

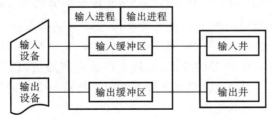

图 6.10 假脱机系统的组成

采用 SPOOLing 技术将独占设备改造成共享设备,在很大程度上提高了 I/O 速度,更有趣的是,SPOOLing 技术实现了虚拟设备功能。宏观上,多个进程同时使用一台独占设备,然而就每个进程自身而言,它们都认为自己独占了这台设备。当然,这台设备只具有逻辑层面的意义。也就是说,SPOOLing 技术实现了将独占设备变换成多台逻辑设备的功能。

6.4　具有通道的设备管理

6.4.1　通道

在引入通道之前的 I/O 系统中,虽然通过增加设备控制器,在一定程度上减少了处理器对 I/O 设备的直接干预,但当主机所连接的设备较多时,处理器的负担仍然比较沉重,处理器和设备的利用率仍然不高。随后,在处理器和设备控制器之间引入了 I/O 通道(I/O channel)。引入通道的主要目的是建立独立的 I/O 操作,这不仅使数据传送独立于处理器,而且也希望有关对 I/O 操作的组织、管理及其结束处理动作尽量独立,从而保证处理器有更多的时间去处理数据。换句话说,在 I/O 系统中引入通道,是为了将处理器从众多杂乱的 I/O 操作中解放出来,把一些原本由处理器负责的 I/O 操作改由通道完成。设置通道后,处理器只需向通道发出 I/O 指令,在通道完成 I/O 任务之后,向处理器发送一个中断信号,告知本次 I/O 操作已完成。

实际上,I/O 通道又称 I/O 处理器,它是一种特殊的处理器,具有自己的指令系统。通常把 I/O 处理器的指令称为通道命令字(channel command word, CCW)。它是通道从主存取出并控制 I/O 设备执行 I/O 操作的命令字。一条通道命令字往往只能实现一种功能,用通道命令字编写的程序称为通道程序,通道程序由多条通道命令字组成。I/O 通道与一般的处理器不同:一方面,由于通道硬件简单,所执行的命令主要集中在与 I/O 有关的操作上,故 I/O 通道命令字类型单一;另一方面,通道没有内存空间,所执行的通道程序存放在主机内存,即通道与处理器共享内存。

6.4.2　通道类型

通道代替处理器用于控制外设,而外设种类较多且设备数据传输速率相差较大,因此所使用的通道也具有多种类型。按照信息交换方式的不同,可将通道分成如下三类:

1. 字节多路通道

字节多路通道(byte multiplexor channel)是一种按字节交叉方式工作的通道,它通常都含有许多非分配型子通道。每个子通道都连接一台 I/O 设备,并控制该设备的 I/O 操作。另外还存在一个主通道,它采用时间片轮转方法,轮流为各子通道服务,即在某个子通道控制其 I/O 设备完成一个字节的交换后,便立即让出主通道,以供下一个子通道使用。多个子通道之间轮流共享主通道。只要字节多路通道扫描每个子通道的速率足够快,且连接到子通道上的设备的速率不太高,就不会丢失信息。所以,这些子通道通常连接的都是低速 I/O 设备,如行式打印机等。

2. 数组选择通道

字节多路通道不适合用于连接高速设备,从而推动了其他形式通道的出现。以数组方式进行数据传送的数组选择通道(block selector channel)就是其中一种。这种通道传输速率高,可以连接多台高速设备。但是,数组选择通道有一个明显的缺陷:通道的利用率较低,在一段时间内只能执行一道通道程序,控制一台设备进行数据传送。这是因为该类型的通道只含有一个可分配型子通道,导致在某台设备占用了该通道后便一直独占,即便无数据传送,通道也只能被闲置,直至该设备传送完毕自动释放该通道为止。

3. 数组多路通道

数组多路通道(block multiplexor channel)是将数组选择通道传输速率高和字节多路通道能使各子通道分时并行操作的优点相结合而形成的一种新通道。数组多路通道数据传输按数组方式进行,含有多个非分配型子通道,因而这种通道不但具有很高的数据传输速率,而且能获得令人满意的通道利用率。因此,数据多路通道适合用于连接高、中速的 I/O 设备。

6.5 设备管理相关技术

6.5.1 DMA

DMA 方式又称直接存储访问方式,在 6.2.3 节中详细介绍了 DMA 的原理、工作过程和特点。这里主要介绍 DMA 机制的几种配置方法。

(1) 单总线、分离的 DMA。如图 6.11 所示,CPU、DMA 控制器和所有的外部 I/O 模块共享同一个系统总线,DMA 模块代替 CPU 来处理内存与 I/O 模块之间的数据交换。虽然这种配置方式的额外开销较小,但是效率较低。与 CPU 控制的 I/O 模块一样,内存和 I/O 模块之间每传送一个字,需要两个总线周期,分别是数据传送请求总线周期和之后的数据传送总线周期。

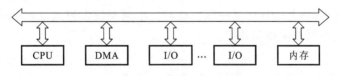

图 6.11 单总线、分离的 DMA

(2) 单总线、集成的 DMA-I/O。这种配置方式如图 6.12 所示,通过把 DMA 和 I/O 功能集中起来,可以很大程度上减少数据传送所需的总线周期数。在这种配置方式下,除了系统总线之外,在 DMA 模块和 I/O 模块之间还存在一条不包含系统总线的路径。在逻辑上,DMA 可以看成是 I/O 模块的一部分,或者可能是控制一个或多个 I/O 模块的一个单独模块。

(3) I/O 总线的 DMA 配置。在单总线、集成的 DMA-I/O 的基础上进一步拓展,通过使用一个 I/O 总线连接 I/O 模块和 DMA 模块,从而使得 DMA 模块中 I/O 接口的数目减少到一个,如图 6.13 所示。

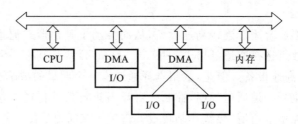

图 6.12 单总线、集成的 DMA-I/O

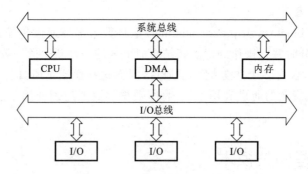

图 6.13 I/O 总线的 DMA 配置

在所有这些配置方法中,DMA 模块与 CPU、内存共享系统总线,系统总线只用于 DMA 模块同内存和 CPU 之间进行数据和控制信号的交换。DMA 和 I/O 模块之间的数据交换是脱离系统总线完成的。

6.5.2 缓冲技术

为了缓和 CPU 与 I/O 设备速度不匹配的矛盾,提高 CPU 的效率及 CPU 与 I/O 设备的并行性,几乎所有的 I/O 设备与 CPU 交换数据都使用了缓冲技术。根据 I/O 控制方式,缓冲的实现方法主要有两种。一种方法是采用专用硬件缓冲器,如 I/O 控制器中的数据缓冲寄存器。另一种方法是在内存中划出一个具有 n 个存储单元的专用缓冲区,以便存放输入/输出的数据,这种内存缓冲区又称软件缓冲。根据系统设置的缓冲区的个数,缓冲区分为单缓冲区、双缓冲区及循环缓冲区。

1. 单缓冲区

单缓冲区是在 I/O 设备和 CPU 之间设置一个缓冲区。在这种情况下,每当用户程序发起 I/O 请求时,操作系统便会在内存中为用户程序分配一个缓冲区,如图 6.14 所示。当块设备输入数据时,先把被交换的数据写入缓冲区,然后 CPU 从缓冲区中把数据取走。假设从磁盘把一个数据块输入缓冲区的时间是 T,CPU 从缓冲区中把数据取走的时间为 M,对数据处理的时间是 C。由于 T 和 C 是可以并行进行的,当 T>C 时,系统对一个数据块处

图 6.14 单缓冲区工作图

理的时间是 M＋T,反之则为 M＋C,因此系统对一个数据块的处理时间可以表示为Max(C,T)＋M。

2. 双缓冲区

为了加快输入/输出的速度,提高设备的利用率,人们又引入了双缓冲区技术。如图 6.15所示,双缓冲区是在 I/O 设备和 CPU 之间设置了两个缓冲区。当 I/O 设备输入数据时,先将数据传送到第一缓冲区,直至第一缓冲区满了之后,才将数据送入第二缓冲区。而用户进程从第一缓冲区中取出数据,然后 CPU 对相应的数据进行处理。当使用双缓冲区技术时,系统处理一个数据块的时间可以粗略地认为是 Max(C,T)。若 C<T,则设备块可以连续输入数据;若 C>T,则可使 CPU 连续工作而不需要等待数据的输入。

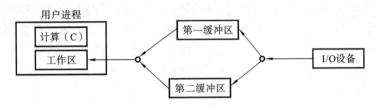

图 6.15 双缓冲区工作图

3. 循环缓冲区

当输入和输出的速度基本匹配时,采用双缓冲区技术能够取得较好的效果,使得输入和输出基本上能够并行操作。若两者的速度相差太远,则双缓冲区的效果将不够理想。因此,又引入了循环缓冲区技术。循环缓冲区有多个缓冲区,每个缓冲区的大小相同,同时还有多个指针。例如,输入时,作为输入的缓冲区可设置三个指针,即用于指示计算进程的下一个缓冲区 G 的指针 Nextg、指示输入进程下次可用的空缓冲区 R 的指针 Nexti,以及用于指示计算进程正在使用的缓冲区 C 的指针 Current,如图 6.16 所示。

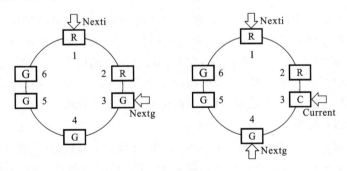

图 6.16 循环缓冲区工作图

计算进程和输入进程可以通过下述两个过程来使用循环缓冲区。

(1) Getbuf 过程。当计算进程要使用缓冲区中的数据时,可调用 Getbuf 过程。该过程将由指针 Nextg 所指示的缓冲区提供给进程使用,相应地,需要把它改为现行工作缓冲区,并令 Current 指针指向该缓冲区的第一个单元,同时将 Nextg 移向下一个 G 缓冲区。类似地,每当输入进程要使用空缓冲区来装入数据时,也调用 Getbuf 过程,由该过程将指针 Nexti 所指示的缓冲区提供给输入进程使用,同时将 Nexti 指针移向下一个 R 缓冲区。

(2) Releasebuf 过程。当计算进程把 C 缓冲区中的数据提取完毕时,便调用 Release-buf 过程,将当前的缓冲区 C 释放。此时,把该缓冲区由当前(现行)工作缓冲区 C 改为空缓冲区 R。类似地,当输入进程把缓冲区装满时,也应调用 Releasebuf 过程,将该缓冲区释放,并改为 G 缓冲区。

4. 缓冲池

循环缓冲一般适用于特定的 I/O 进程和计算进程,因而当系统中进程很多时,将会有许多这样的缓冲,这不仅要消耗大量的内存空间,而且其利用率也不高。目前,计算机系统中广泛使用缓冲池,缓冲池中的缓冲区可供多个进程共享。

缓冲池由多个缓冲区组成,其中的缓冲区可供多个进程共享,既能用于输入,又能用于输出。缓冲池中的缓冲区按其使用情况可以形成三个队列:空缓冲队列、装满输入数据的缓冲队列(输入队列)和装满输出数据的缓冲队列(输出队列)。除上述三个队列以外,还应具有四种工作缓冲区:用于收容输入数据的工作缓冲区、用于提取输入数据的工作缓冲区、用于收容输出数据的工作缓冲区和用于提取输出数据的工作缓冲区。

当输入进程需要输入数据时,便从空缓冲队列的队首摘下一个空缓冲区,把它作为收容输入数据的工作缓冲区,然后把数据输入其中,装满后再将它挂到输入队列的队尾。当计算进程需要输入数据时,便从输入队列取得一个缓冲区作为提取输入数据的工作缓冲区,计算进程从中提取数据,数据用完后再将它挂到空缓冲队列的队尾。当计算进程需要输出数据时,便从空缓冲队列的队首取一个空缓冲区,作为收容输出数据的工作缓冲区,在其中装满输出数据后,再将它挂到输出队列的队尾。当要输出时,由输出进程从输出队列中取得一个装满输出数据的缓冲区,作为提取输出数据的工作缓冲区,在数据提取完毕后,再将它挂到空缓冲队列的队尾。

6.5.3 总线技术

计算机系统中的各部件,如 CPU、内存和 I/O 设备都是通过总线实现它们之间的联系的。总线的性能用总线的时钟频率、带宽和总线的传输速率等指标来衡量。随着计算机中 CPU 和内存速率的提高、字长的增加及新型 I/O 设备的不断引入,人们对总线的时钟频率、带宽和传输速率的要求不断提高,同时也推动了总线技术的不断发展,使之由早期的 ISA 总线发展为 EISA 总线、VESA 总线,以及当前最流行的 PCI 总线。

1. ISA 和 EISA 总线

(1) ISA(industry standard architecture)总线:又称 AT 总线,这是在 1984 年为推出的 80286 型微机而设计的总线结构。它使用独立于 CPU 的总线时钟,因此 CPU 可以采用比总线频率更高的时钟,有利于 CPU 性能的提高。由于 ISA 总线没有总线仲裁的硬件逻辑,因此它不能支持多台主设备系统,而且 ISA 上所有数据的传送都必须通过 CPU 或 DMA 接口来管理,因此使 CPU 花费了大量时间来控制与外设交换数据。ISA 总线时钟频率为 8 MHz,最大传输速率为 16 MB/s,数据线为 16 位,地址线为 24 位。

(2) EISA(extended ISA)总线:到 20 世纪 80 年代末期,ISA 总线已难以满足带宽和传输速率的要求,于是人们又开发出扩展 ISA(EISA)总线,它是一种在 ISA 基础上扩充的开放的总线标准,与 ISA 可以完全兼容,从 CPU 中分离出了总线控制权,是一种智能化的总线,能支持多个总线主控制器和突发方式的传输。EISA 总线的时钟频率为 8 MHz,最大传输速率可达 33 MB/s,数据总线为 32 位,地址总线为 32 位,扩充 DMA 访问范围达 2^{32}。

2. 局部总线

随着多媒体技术的兴起,特别是全运动视频处理、高保真音响、高速 LAN 及高质量图形处理等技术的发展,它们都要求总线具有更高的传输速率,这时的 EISA 总线已难以满足要求,于是局部总线便应运而生。局部总线结构中,多媒体卡、高速 LAN 网卡、高性能图形板等从 ISA 总线上卸下来,再通过局部总线控制器直接接到 CPU 总线上,使之与高速 CPU 总线相匹配,而打印机、FAX/Modem、CDROM 等仍挂在 ISA 总线上,即在系统外为两个以上的模块提供高速传输信息的通道。在局部总线中较有影响的是 VESA 总线和 PCI 总线。

(1) VESA(video electronic standard association)总线。该总线是由 VESA(视频电子标准协会)提出的局部总线,又称 VL-BUS 总线,其设计思想是以低价位迅速占领市场。VESA 总线由 CPU 总线演化而来,采用 CPU 的时钟频率达 33 MHz,数据线为 32 位,可以通过扩展槽扩展到 64 位,配有局部控制器,最大传输速率为 133 MB/s。它在 20 世纪 90 年代初被推出时,广泛应用于 486 微机中。但 VESA 总线仍存在较严重的缺点,比如,它所能连接的设备数仅为 2~4 台,在控制器中无缓冲区,因此难以适应处理器速度的不断提高,也不能支持后来出现的 Pentium 微机。

(2) PCI(peripheral component interface)总线。随着 Pentium 系列芯片的推出,Intel 公司分别在 1992 年和 1995 年颁布了 PCI 总线的 V 1.0 和 V 2.1 规范,后者支持 64 位系统。PCI 总线在 CPU 和外设间插入一个复杂的管理层,用于协调数据传输和提供一致的接口。在管理层中配有数据缓冲,通过该缓冲可将线路的驱动能力放大,使 PCI 最多能支持 10 种外设,并使高时钟频率的 CPU 能很好地运行,自身采用 33 MHz 和 66 MHz 的总线时钟,数据线为 32 位,可扩展到 64 位,数据传输速率可以从 133 MB/s 提升到 528 MB/s。PCI 既可连接 ISA、EISA 等传统型总线,又可支持 Pentium 的 64 位系统,是基于 Pentium 等新一代微处理器而发展的总线。

3. 其他总线

其他常见的总线还包括显卡专用的局部总线——AGP(accelerated graphics port,加速图形端口)总线、串行通信总线标准——RS-232C 总线、通用串行总线——USB 总线等。

6.6 磁盘存储管理

磁盘存储器不仅容量大、存取速度快、数据可以长期保存,而且还可以实现随机存取,是当前存放大量程序、数据和文件的理想设备。对文件的操作都将涉及对磁盘的访问,磁盘 I/O 速度的高低和磁盘系统的可靠性都将直接影响到系统性能。因此,采用高效的磁盘管理技术以提高磁盘系统的性能,已成为现代操作系统的重要任务之一。

6.6.1 磁盘简述

磁盘是一种直接存取的存储设备,又称随机存取存储设备。它的每个物理记录都有确定的位置和唯一的地址。磁盘及其驱动器的结构如图 6.17 所示,它包括多个用于存储数据的盘片。每个盘片有一个读写磁头,所有的读写磁头都固定在唯一的磁盘臂上同时移动。

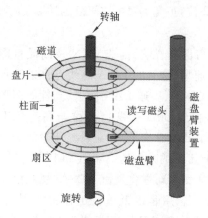

图 6.17   磁盘及其驱动器的结构

在一个盘片上的读写磁头的轨迹称为磁道,读写磁头位置下所有磁道组成的圆柱体称为柱面,一个磁道又可被划分成一个或多个物理块,这些物理块称为扇区。因此可以得出硬盘的存储容量,计算公式如下:

存储容量=磁头数×磁道(柱面)数

×每道扇区数×每扇区字节数

磁盘 I/O 的实际操作细节取决于计算机系统、操作系统及 I/O 通道和磁盘控制器硬件的特性。图 6.18 所示的为磁盘 I/O 传送的一般时序图。文件的信息通常不是记录在同一盘片的各个磁道上,而是记录在同一柱面的不同磁道上,这样可使磁盘臂的移动次数减少,缩短存取信息的时间。为了访问磁盘上的一个物理记录,必须给出三个参数:柱面号、磁道号、扇区号。

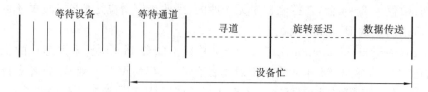

图 6.18   磁盘 I/O 传送的一般时序

当磁盘驱动器工作时,磁盘以一种恒定的速度旋转。为了读或写,磁头必须定位于指定的磁道和该磁道中指定扇区的开始处。磁道选择包括在活动头系统中移动磁头或者在固定头系统中选择一个磁头。在活动头系统中,磁头定位到磁道所需的时间称为寻道时间(seek time)。在任何一种情况下,一旦选择好磁道,磁盘控制器就开始等待,直到适当的扇区旋转到磁头处。磁头到达扇区开始位置的时间称为旋转延迟(rotational delay)时间。寻道时间和旋转延迟时间的总和为存取时间(access time),这是达到读或写位置所需的时间。一旦磁头定位完成,磁头就通过下面旋转的扇区,开始执行读操作或写操作,这正是操作的数据传送部分。传输所需的时间称为传送时间(transfer time)。对磁盘的访问时间的详细描述如下:

(1) 寻道时间 T_s。寻道时间由两个重要部分组成:启动磁头的时间 s 与磁头移动 n 条磁道所花费的时间之和,即

$$T_s = m \cdot n + s$$

式中:m 为一个常数,与磁盘驱动器的速度有关,对于一般磁盘,m = 0.2,对于高速磁盘,m ≤ 0.1。

(2) 旋转延迟时间 T_r。不同的磁盘类型中,旋转速度至少相差一个数量级,如软盘的为 300 r/min,硬盘的一般为 7200~15000 r/min,甚至更高。对于磁盘旋转延迟时间而言,如硬盘,旋转速度为 15000 r/min,每转需时 4 ms,平均旋转延迟时间为其旋转一周所需时间的一半,为 2 ms;而软盘,其旋转速度为 300 r/min 或 600 r/min,这样,平均旋转延迟时间

为 50～100 ms。

（3）传送时间 T_t。往磁盘传送或从磁盘传送数据的时间取决于每次所读/写的字节数和磁盘的旋转速度，计算公式如下：

$$T_t = \frac{b}{rN}$$

式中：b 为要传送的字节数；N 为一个磁道中的字节数；r 为旋转速度，单位为 r/s(转/秒)。

因此，总的平均访问时间可以表示为

$$T_a = T_s + \frac{1}{2r} + \frac{b}{rN}$$

由上式可以看出，在访问时间中，寻道时间和旋转延迟时间基本上都与读/写数据的多少无关，而且它通常占据了访问时间中的大头。因此，适当集中数据传输，将有利于提高数据传输的效率。

对旋转型存储设备上的不同记录，其访问时间有明显的差别，所以，为了减少延迟时间，I/O 请求的某种排序有实际意义。考虑每一磁道保存四个记录的旋转型设备，假定收到以下四个 I/O 请求。

请 求 次 序	1	2	3	4
记录号	读记录 4	读记录 3	读记录 2	读记录 1

对上述 I/O 请求有多种排序方法。

方法 1：如果调度算法按照 I/O 请求次序读记录 4、3、2、1，假定平均要用 1/2 周来定位，再加上 1/4 周读出记录。由于在读出记录 4 后需转过 3/4 周才能去读记录 3，因此，总的处理时间等于(1/2+1/4+3×3/4) 周＝3 周。

方法 2：如果调度算法决定的读入次序为读记录 1、2、3、4。那么，总的处理时间等于(1/2+1/4+3×1/4) 周＝1.5 周。

方法 3：如果知道当前读位置是记录 3，则调度算法采用的次序为读记录 4、1、2、3 会更好。总的处理时间等于 1 周。

为了实现方法 3，驱动调度算法必须知道旋转型设备的当前位置，这种硬件设备称为旋转位置测定设备。如果没有这种硬件装置，则会因无法测定当前记录而平均多花费半周左右的时间。

循环排序时，还必须考虑某些输入/输出的互斥问题。例如，读写磁头的记录信息需要两个参数：磁道号和记录号。如果收到如下的请求序列：

请 求 次 序	1	2	3	4	5
磁道号	道 1	道 1	道 1	道 6	道 4
记录号	记录 2	记录 3	记录 1	记录 3	记录 2

则请求 1 和 5、请求 2 和 4，都互相排斥。这是因为它们涉及的记录号相同。这样在第一周为请求 1 服务，第二周才能为请求 5 服务，或者反过来。相同记录号的所有 I/O 请求会产生竞争，如果硬件允许一次从多个磁道上读/写，就可减少这种拥挤现象。但是，这通常需要附

加的控制器,设备中还要增加相应的电子部件。

另外,信息在存储空间的排列方式也会影响存取等待时间。考虑 10 个逻辑记录 A,B,…,J 被存于旋转型设备上,每道存放 10 个记录,可安排如下:

物理块	1	2	3	4	5	6	7	8	9	10
逻辑记录	A	B	C	D	E	F	G	H	I	J

假定要经常顺序处理这些记录,而旋转速度为 20 ms,处理程序读出每个记录后花 4 ms 进行处理,则读出并处理记录 A 之后将转到记录 D 的开始处。因此,为了读出 B,必须再转将近 1 周。从而处理 10 个记录的总时间计算为:10 ms(移动到记录 A 的平均时间)+2 ms(读记录 A 的时间)+4 ms(处理记录 A 的时间)+9×[16 ms(访问下一记录的时间)+2 ms(读记录的时间)+4 ms(处理记录的时间)]=214 ms。

如果按照如下的方式对信息进行优化分布:

物理块	1	2	3	4	5	6	7	8	9	10
逻辑记录	A	H	E	B	I	F	C	J	G	D

则在读出记录 A 并处理结束后,恰巧转至记录 B 的位置,立即就可以读出 B 并处理。按照这一方案,处理 10 个记录的总时间就为:10 ms(移动到记录 A 的平均时间)+10×[2 ms(读记录的时间)+4 ms(处理记录的时间)]=70 ms。与原方案相比,速度快了两倍多。如果有更多的记录需要处理,节省的时间则更为可观。

6.6.2 磁盘调度

如果扇区访问请求包括随机选择磁道,则磁盘 I/O 系统的性能会非常低。为了提高性能,需要减少花费在寻道上的时间。考虑多道程序环境中的一种典型情况,操作系统为每个 I/O 设备维护一条请求队列。对一个磁盘,队列中可能有来自多个进程的多个 I/O 请求(读或写)。如果随机地从队列中选择请求,则性能较差。随机调度可用于与其他技术进行对比。下面介绍几种常用的磁盘调度算法:

1. 先来先服务调度算法

先来先服务(first come first served,FCFS)调度算法是一种简单的磁盘调度算法。它根据进程请求访问磁盘的先后次序进行调度。算法的优点是公平、简单,且每个进程的请求都能依次得到处理,不会出现某一进程请求长期得不到满足的情况。但由于此算法未对寻道进行优化,平均寻道时间比另外几种调度算法的要长。该算法适用于请求磁盘 I/O 的进程数目较少的情况。

2. 最短寻道时间优先调度算法

最短寻道时间优先(shortest seek time first,SSTF)调度算法选择这样的进程:要求访问的磁道与当前磁头所在的磁道距离最近,以便每次的寻道时间最短。但这种算法并不能保证平均寻道时间最短。通过表 6.1 可以看出,最短寻道优先调度算法的磁头平均移动距离明显低于先来先服务调度算法的距离,因此与先来先服务调度算法相比较,最短寻道优先调度算法拥有更好的寻道性能。但是,最短寻道优先调度算法可能导致某个进程发生饥饿现象。这是因为只要不断有新进程的请求到达,并且其所要访问的磁道与磁头当前所在磁道的距离更近,则新进程的 I/O 请求会优先于队列中已存在的进程请求。

3. 扫描调度算法

为了避免最短寻道优先调度算法出现饥饿,一种比较简单的方法是采用扫描调度(SCAN)算法。扫描调度算法不仅考虑了欲访问的磁道与当前磁道间的距离,更优先考虑的是磁头当前的移动方向。当磁头正在由里向外移动时,扫描调度算法所考虑的下一个访问的磁道满足既在当前磁道之外,又是距离最近的。这样自里向外访问,直至再无更外的磁道需要访问,或者它到达这个方向上的最后一个磁道时,才将磁头转换方向,变为自外向里移动。反之,也是按照上述思想进行类似的移动,从而避免了饥饿。在这种算法中,磁头移动的规律颇似电梯的运行,因而扫描调度算法又称电梯调度算法。

4. 循环扫描调度算法

扫描调度算法既能获得较好的寻道性能,又能防止饥饿现象,已被广泛用于大、中、小型计算机及网络中的磁盘调度。但扫描调度算法也存在这样的问题:当磁头从里向外移动刚刚越过某一磁道时,恰好又有一个进程请求访问该磁道。此时进程只能等待,待磁头继续从里向外到达最后一个访问的磁道,再转换方向从外向里扫描完所有要访问的磁道后,才能处理该进程的请求,以致该进程的请求被大大地推迟。为了减少这种延迟,循环扫描(C-SCAN)调度算法规定磁头单向移动,例如,只是从里向外移动,在磁头移到最外的磁道并访问后,磁头立即返回到最里的欲访问磁道上,亦即将最小磁道号紧接着最大磁道号构成循环,进行循环扫描。

对于扫描调度算法,如果从最里面的磁道扫描到最外面的磁道的期望时间为 t,则这个外设上的扇区的期望服务间隔为 2t。而对于循环扫描调度算法,这个间隔大约为 $t+s_{max}$,其中 s_{max} 为最大寻道时间。

通过下面这个例子,可以更好地理解上述四种磁盘调度算法。假设磁盘有 200 个磁道,磁盘请求队列中是一些随机请求。被请求的磁道按照磁盘调度算法的接收顺序分别为 55、58、39、18、90、160、150、38、184,并且从磁道 100 处开始(其中,在扫描调度算法和循环扫描调度算法下,磁头沿着磁道号增大的方向移动)。表 6.1 给出了相应的结果。

表 6.1　磁盘调度算法的比较

先来先服务调度算法		最短寻道时间优先调度算法		扫描调度算法		循环扫描调度算法	
被访问的下一个磁道号	横跨的磁道数	被访问的下一个磁道号	横跨的磁道数	被访问的下一个磁道号	横跨的磁道数	被访问的下一个磁道号	横跨的磁道数
55	45	90	10	150	50	150	50
58	3	58	32	160	10	160	10
39	19	55	3	184	24	184	24
18	21	39	16	90	94	18	166
90	72	38	1	58	32	38	20
160	70	18	20	55	3	39	1

续表

先来先服务调度算法		最短寻道时间优先调度算法		扫描调度算法		循环扫描调度算法	
被访问的下一个磁道号	横跨的磁道数	被访问的下一个磁道号	横跨的磁道数	被访问的下一个磁道号	横跨的磁道数	被访问的下一个磁道号	横跨的磁道数
150	10	150	132	39	16	55	16
38	112	160	10	38	1	58	3
184	146	184	24	18	20	90	32
平均寻道长度:55.3		平均寻道长度:27.5		平均寻道长度:27.8		平均寻道长度:35.8	

5. N 步扫描调度算法和 F-SCAN 调度算法

对于最短寻道时间优先调度算法、扫描调度算法和循环扫描调度算法,磁盘臂可能在一段很长的时间内不会移动。例如,当一个或多个进程对一个磁道有较高的访问频率时,它们可以通过重复地请求这个磁道以垄断整个设备。高密度多面磁盘比低密度磁盘及单面或双面磁盘更容易受这种特性的影响。为避免这种"磁臂黏性",磁盘请求队列被分成多个段,每次只有一个段被完全处理完后,才处理其他队列。这种方法的两个实例是 N 步扫描(N-step-SCAN)调度算法和 F-SCAN 调度算法。

N 步扫描调度算法是把磁盘请求队列分成长度为 N 的子队列,每一次用扫描调度算法处理一个子队列。当处理某一个队列时,新的请求必须添加到其他某个子队列中。当最后剩下的需要扫描的请求数小于 N 时,它们全部都将在下一次扫描时处理。对于比较大的 N 值,N 步扫描调度算法的性能与扫描调度算法的接近;当 N=1 时,这种算法实际上就是先来先服务调度算法。

F-SCAN 调度算法实质上是 N 步扫描算法的简化,即 F-SCAN 调度算法只将磁盘请求队列分成两个子队列。其中一个子队列是由当前所有请求磁盘 I/O 的进程形成的队列,由磁盘调度按扫描算法进行处理。在扫描期间,将新到达的所有请求磁盘 I/O 的进程放入另一个等待处理的请求队列。这样,所有的新请求都将被推迟到下一次扫描时处理。

6.6.3 磁盘管理

操作系统还负责磁盘管理方面的其他事务。这里将讨论磁盘初始化、磁盘引导、坏块恢复等内容。

1. 磁盘初始化

一个新的磁盘是一个空白板,它只是一些含有磁性记录材料的盘子。在磁盘能存储数据之前,必须将它分成扇区,以便于磁盘控制器能读和写,这个过程称为低级格式化(或物理格式化)。低级格式化时,磁盘的每个扇区采用特别的数据结构。每个扇区的数据结构通常由头部、数据区域(通常为 512 B 大小)和尾部组成。头部和尾部包含了一些磁盘控制器所使用的信息,如扇区号码和纠错代码(error-correcting code,ECC)。当控制器在正常 I/O 写入一个扇区的数据时,ECC 会用一个根据磁盘数据计算出来的值来更新。当读入一个扇区时,ECC 值会重新计算,并与原来存储的值相比较。如果这两个值不一样,那么就表示扇区的数据区可能已损坏或磁盘扇区可能变坏。ECC 是纠错代码,这是因为它有足够多的信息,如果只有少数几个数据损坏,控制器能利用 ECC 计算出哪些数据已改变并计算出它们的正确值,然后回报一个可恢复软错误(soft error)。控制器在读/写磁盘时会自动处理 ECC。

为了提高效率,大多数操作系统将块集中到一大块,通常称为簇(cluster)。磁盘 I/O 通过块完成,但是文件系统 I/O 通过簇完成,这样有效确保了 I/O 可以进行更多的顺序存储和更少的随机存取。

有的操作系统允许特别程序将磁盘分区作为一个逻辑块的大顺序数组,而没有任何文件系统数据结构。该数组有时称为生磁盘(raw disk),对该数组的 I/O 称为生 I/O(raw I/O)。例如,有的数据库系统比较喜欢生 I/O,因为它能控制每条数据库记录所存储的精确磁盘位置,生 I/O 避开了所有文件系统服务,如缓冲、文件锁、提前获取、空间分配等。某些应用程序在生磁盘分区上实现自己特殊存储服务的效率可能会更高,但是绝大多数应用程序在使用普通文件服务时会执行得更好。

2. 磁盘引导

为了让计算机开始运行,如当打开电源或重启时,它需要运行一个初始化程序。该初始化自举(bootstrap)程序应该很简单。它初始化系统的各个方面,从 CPU、寄存器到设备控制器和内存,接着启动操作系统。为此,自举程序应找到磁盘上的操作系统内核,装入内存,并转到起始地址,从而开始操作系统的执行。

对于绝大多数计算机,自举程序保存在只读存储器(ROM)中。ROM 不需要初始化且处于固定位置,这便于处理器在打开电源或重启时开始执行。而且,由于 ROM 是只读的,因此不会受计算机病毒的影响。但问题是,这种自举代码的改变需要改变 ROM 硬件芯片。因此,绝大多数系统只在启动 ROM 中保留一个很小的自举加载程序,其作用是进一步从磁盘上调入更为完整的自举程序。这一更为完整的自举程序可以容易地进行修改,新版本可写到磁盘上。这个完整的自举程序保存在磁盘的启动块上,启动块位于磁盘的固定位置。拥有启动分区的磁盘称为启动磁盘(boot disk)或系统磁盘(system disk)。

启动 ROM 中的代码引导磁盘控制器,将启动块读入内存(这时尚没有装入设备驱动程序),并开始执行代码。完整的自举程序比启动 ROM 内的自举加载程序更加复杂,它能从磁盘非固定位置中装入整个操作系统,并开始运行。

考虑 Windows 2000 中的启动程序。Windows 2000 系统将其启动代码放在硬盘上的第一个扇区,称为主引导记录(master boot record,MBR)。Windows 2000 系统允许硬盘分成一个或多个分区,其中一个分区设置为引导分区(boot partition),包含操作系统和设备驱动程序。Windows 2000 系统通过运行系统 ROM 上的代码启动执行。此代码指示系统从 MBR 读取引导代码。MBR 中除了含有引导代码之外,还包含一个硬盘分区列表和一个说明系统引导分区的标志,如图 6.19 所示。系统一旦确定引导分区,它将读取该分区的第一扇区,即所谓的引导扇区(boot sector),并继续余下的启动过程,包括加载各种子系统和系统服务。

3. 坏块恢复

由于磁盘中含有移动部件并且容错能力小,磁头在磁盘表面上飞行,故容易出问题。问

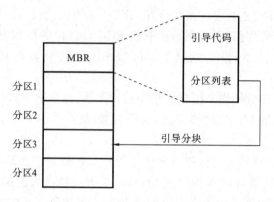

图 6.19　Windows 2000 中的 MBR

题严重时需要替换磁盘,此时磁盘上的内容需要从备份介质上恢复到新磁盘上。更常见的一种现象是一个或多个扇区坏掉,而且可能的是绝大多数磁盘从工厂生产出来时就存在坏块。

对于简单磁盘,可手工处理坏块。而更为复杂的磁盘,如用于高端个人计算机(personal computer,PC)、工作站和服务器上的小型计算机系统接口(small computer system interface,SCSI)磁盘,对坏块的处理更加智能化。其控制器维护一个磁盘坏块链表,且该链表在出厂前进行低级格式化时就已被初始化,并在磁盘整个使用过程中不断更新。低级格式化将一些块放在一边作为备用,操作系统看不到这些块。控制器可以用备用块来逻辑地替代坏块,这种方案称为扇区备用(sector sparing)或转寄(forwarding)。

坏块替代通常并不是一个完全自动的过程,这是因为坏块中的数据通常会丢失。一些软错误可能触发一个进程,在这个进程中,复制块数据,进行块备份或滑动。但是,不可恢复的硬错误(hard error)将导致数据丢失。因此,通常对任何使用了坏块的文件进行修复(如从备份磁带中恢复)时都需要人工干预。

6.6.4　容错技术

1. 容错技术的概念

容错技术是通过在系统中设置冗余部件的方法,提高系统可靠性的一种技术。磁盘容错技术则是通过增加冗余的磁盘驱动器、磁盘控制器等方法,提高磁盘系统可靠性的一种技术,即当磁盘系统的某部分出现缺陷或故障时,使磁盘仍能正常工作,且不会造成数据丢失或错误的技术。

2. 磁盘容错技术的分级

目前,不论是在中、小型机系统,还是在 LAN 中,都广泛采用磁盘容错技术来改善磁盘系统的可靠性,从而也就构成了实际上的稳定存储器系统。磁盘容错技术往往也被人们称为系统容错(system fault tolerance,SFT)技术,可把它分成以下三个级别:

(1) 低级磁盘容错技术(SFT-Ⅰ),主要用于防止磁盘表面发生缺陷所引起的数据丢失。由于磁盘价格较贵,因而只有在磁盘上有较多缺陷或完全损坏时,才更换一个新磁盘。对于磁盘表面有少量缺陷的情况,多是采取一些补救措施后继续使用。在磁盘上存放的文件目录和文件分配表 FAT,是文件管理所用的重要数据结构。为了防止这些表格被破坏,可在不同的磁盘上或在磁盘的不同区域中,分别建立(双份)目录表和 FAT。其中一份为主目录及主 FAT;另一份为备份目录及备份 FAT。一旦磁盘表面有缺陷,或造成主文件目录或主 FAT 损坏,系统便自动启用备份目录及备份 FAT,从而可以保证磁盘上的数据仍然是可访问的。

另外,还可以采取主要用于防止将数据写入有缺陷的盘块中的一些补救措施。以下是两种常用的补救措施:

一种是热修复重定向(hot-fix redirection),系统将一定的磁盘容量作为热修复重定向区,用于存放发现盘块有缺陷时的代写数据,并对写入该区的所有数据进行登记,以便于以后对数据进行访问。

另一种是写后读校验(read after write verification),为了保证所有写入磁盘的数据都能写入完好的盘块中,应该在每次从内存缓冲区向磁盘中写入一个数据块后,又立即从磁盘上读出该数据块,送到另一缓冲区中,再将该缓冲区中的内容与内存缓冲区中在写后仍保留的数据进行比较,若两者一致,便认为此次写入成功,可继续写下一个盘块;否则,重新写入。若重写后两者仍不一致,则认为该盘块有缺陷,此时,便将应写入该盘块的数据写入热修复重定向区中,并将该损坏盘块的地址记录在坏块中。

(2) 中级磁盘容错技术(SFT-Ⅱ),主要用于防止磁盘驱动器和磁盘控制器故障所引起的系统故障。SFT-Ⅰ 只能用于防止由磁盘表面部分故障造成的数据丢失。但如果磁盘驱动器发生故障,SFT-Ⅰ 便无能为力。为了避免在这种情况下丢失数据,便增设了磁盘镜像功能。为实现该功能,需在同一磁盘控制器下,再增设一个完全相同的磁盘驱动器。

如果采用磁盘镜像工作方式,则在每次向文件服务器的主磁盘写入数据后,都采用写后读校验方式,将数据再次同样地写到备份磁盘上,使两个磁盘上有着完全相同的位像图。换言之,可把备份磁盘看成是主磁盘的一面镜子。当其中一个磁盘驱动器发生故障时,由于存在备份磁盘,故在进行切换后,文件服务器仍能正常工作,不会造成数据的丢失,这便是第二级容错技术 SFT-Ⅱ。当一个磁盘驱动器发生故障时,必须立即发出警告,尽快修复,以恢复磁盘镜像功能。

如果控制这两台磁盘驱动器的磁盘控制器发生故障,或主机到磁盘控制器之间的通道发生故障,则磁盘镜像功能便起不到数据保护的作用。因此,在 SFT-Ⅱ 中,又增加了磁盘双工功能,即两台磁盘驱动器分别接到两个磁盘控制器上,同样使这两台磁盘机镜像成对。在磁盘双工时,文件服务器同时将数据写入两个处于不同控制器下的磁盘上,使两者有完全相同的位像图。如果某个通道或控制器发生故障,另一通道上的磁盘仍能正常工作,则不会造成数据的丢失。在磁盘双工时,由于每一个磁盘都有自己独立的通道,故可并行进行数据的 I/O 操作。

(3) 系统容错技术(SFT-Ⅲ),它基于集群技术实现容错。在进入 20 世纪 90 年代后,为了进一步增强服务器的并行处理能力和可用性,采用了多台对称多处理(symmetrical multiprocessing,SMP)服务器来实现集群系统服务器功能。集群是指由一组互连的自主计算机所组成的统一的计算机系统,给人们的感觉是,它们是连接在一起的一台机器。集群的使用可以提高系统的并行处理能力和系统可用性。集群的工作模式可以分为如下三类:

① 双机热备份模式。

如图 6.20 所示,在采用这种模式的系统中,备有两台服务器,两者的处理能力完全相同。一台作为主服务器,另一台作为备份服务器。平时主服务器运行,备份服务器则时刻监视着主服务器的运行。一旦主服务器出现故障,备份服务器便立即接替主服务器的工作而成为系统中的主服务器,修复后的主服务器将会被作为备份服务器。

图 6.20 双机热备份模式

为了使这两台服务器之间能够保持镜像关系,应在这两台服务器上各装入一块网卡,并通过一条镜像服务器链路 MSL(mirrored server link)将两台服务器连接起来。两台服务器之间保持一定距离,其所允许的距离取决于所配置的网卡和传输介质。如果用 FDDI 单模光纤,两台服务器间的距离可达 20 km。此外,还必须在系统中设置某种机制,来检测主服务器中数据的改变。一旦该机制检测到主服务器中有数据变化,便立即通过通信系统将修改后的数据传送到备份服务器的相应数据文件中。为保证两台服务器之间通信的高速性和安全性,通常都选用高速通信信道,并有备份线路。

该模式的优点是:提高了系统的可用性,易于实现;而且主、备份服务器之间完全独立,可支持远程热备份,从而能够消除由于火灾、爆炸等非计算机因素造成的隐患。缺点是:备份服务器处于被动等待状态,整个系统的使用效率只有 50%。

② 双机互为备份模式。

在该模式中,两台服务器平时均为在线服务器,它们各自完成自己的任务。在该模式中,最好在每台服务器内都配置两个硬盘,如图 6.21 所示,一个用于装载系统程序和应用程序,另一个用于接收由另一台服务器发来的备份数据,作为该服务器的镜像盘。在正常运行时,镜像盘对本地用户是锁死的,这样就易于保证镜像盘中数据的正确性。

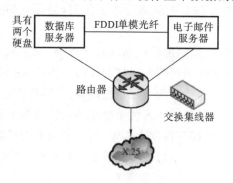

图 6.21 双机互为备份模式

双机互为备份模式的优点是:两台服务器都可用于处理任务,因而系统效率较高,当其中一台服务器发生故障时,系统可指定另一台服务器接替它的工作。现在该模式已从两台服务器扩展到四台、八台甚至更多服务器。

③ 公用磁盘模式。

为了减少信息复制的开销,可以将多台计算机连接到一台公共的磁盘系统上。该公共磁盘被划分为若干个卷,每台计算机使用一个卷。如果某台计算机发生故障,则系统将重新进行配置,根据某种调度策略来选择另一台替代计算机。后者对发生故障的计算机的卷拥有所有权,从而接替故障计算机所承担的任务。它的优点是消除了信息的复制时间,减少了网络和服务器的开销。

3. 廉价磁盘冗余阵列

廉价磁盘冗余阵列(redundant array of inexpensive disk,RAID)是在 1987 年由美国加利福尼亚大学伯克利分校提出的,现在已开始广泛地应用于大、中型计算机系统和计算机网络中。它利用一台磁盘阵列控制器,统一管理和控制一组(几台到几十台)磁盘驱动器,从而组成一个高度可靠的、快速的大容量磁盘系统。

(1)并行交叉存取。为了提高对磁盘的访问速度,已在大、中型机中应用的交叉存取(interleave)技术应用到磁盘存储系统中。在该系统中,有多台磁盘驱动器,系统将每一盘块中的数据分为若干个盘块数据,再把每一个子盘块的数据分别存储到各个不同磁盘中的相同位置。此后,当需要将一个盘块中的数据传送到内存时,采取并行传输方式,将各个盘块中的子盘块数据同时向内存中传输,从而使传输时间大大减少。

(2)RAID 的分级。通常可将 RAID 分成如下级别:

① RAID 0 级:仅提供并行交叉存取,虽能有效地提高磁盘 I/O 速度,但并无冗余校验功能,致使磁盘系统的可靠性不佳。

② RAID 1 级:具有磁盘镜像功能,可利用并行读/写特性,将数据分块并同时写入主盘和镜像盘,故其速度比传统的镜像速度快。但是,该种模式的磁盘阵列以牺牲磁盘容量为代价,其磁盘容量的利用率仅为 50%。

③ RAID 2 级和 RAID 3 级:都是具有并行传输功能的磁盘阵列。不同之处在于,RAID 3 级仅利用了一个奇偶校验盘来完成容错功能,与磁盘镜像相比,它减少了所需的冗余磁盘数。

④ RAID 4 级:采用带奇偶校验码的独立磁盘结构。它和 RAID 3 级很相似,不同的是 RAID 4 级对数据的访问是按数据块进行的。这大大提高了读数据的速度,但在写数据方面,需将从数据硬盘驱动器和校验硬盘驱动器中恢复出的旧数据与新数据进行校验,然后再将更新后的数据和检验位写入硬盘驱动器,所以其处理时间较 RAID 3 级的更长。

⑤ RAID 5 级:这是一种具有独立传送功能的磁盘阵列,每个驱动器都有各自独立的数据通路,能够独立地进行读/写,且无专门的校验盘。在该模式中,用于进行纠错的校验信息是以螺旋方式散布在所有数据盘上的。

⑥ RAID 6 级和 RAID 7 级:这是强化了的 RAID。在 RAID 6 级的阵列中设置了一个专用的、可快速访问的异步校验盘。该盘具有独立的数据访问通路,具有比 RAID 3 级和 RAID 5 级更好的性能。但其性能改进相对有限,且价格相对较高。RAID 7 级是对 RAID 6 级的改进,是目前最高档次的磁盘阵列,但其价格十分昂贵。

(3)RAID 的优点。RAID 具有下述一系列明显的优点:

① 可靠性高:RAID 最大的特点是它的高可靠性。除了 RAID 0 级外,其余各级均采用了容错技术。当阵列中某一磁盘损坏时,并不会造成数据的丢失。

② 磁盘 I/O 速度高:由于磁盘阵列可采取并行交叉存取方式,故可将磁盘 I/O 速度提高 N−1 倍(N 为磁盘数目)。

③ 性价比高:利用 RAID 技术来实现大容量高速存储器时,与其他相同容量和速度的大型磁盘系统相比,体积只有后者的 1/3,价格也只有后者的 1/3,但却拥有更高的可靠性。换言之,它仅以牺牲 1/N 的容量为代价,换取了相对更高的可靠性。

4. 后备系统

虽然,磁盘系统的容量通常都很大,一般是几吉字节至数百吉字节,但仍不可能将所有的信息都装入其中,在系统运行一段时间后,就可能将磁盘装满。因此,需要每隔一定的时间,就将磁盘上的大部分数据转储到后备系统中;而后备系统中的数据,也需每隔一定的时间重新进行复制,以防止由于自然因素使后备系统中的数据逐渐消失。可见,作为一个完整的应用系统,必须配置后备系统。

采用硬盘作为后备系统时,主要可采用以下两种方式:

(1) 利用活动硬盘作为后备系统,这种做法的最大优点是速度快,其脱机保存期也比磁带机的多出 3~5 年,但其单位容量的存储费用相对较高。

(2) 利用大容量磁盘机兼作后备系统,此时需为一个系统配置两个大容量硬盘系统,每个硬盘都被划分成两个区,一个是数据区,另一个是备份区。此种后备系统不仅复制速度快,而且具有容错功能。

小　　结

I/O 系统是计算机操作系统与外设交互的接口,专门负责计算机与外部的输入、输出和数据存储工作。在计算机操作系统设计中,设备管理的目标主要是提高 I/O 设备的利用率,提供一个简单、统一的模式,便于用户操作。设备管理的任务是保证在多道程序设计环境下,操作系统能够有效控制设备,合理解决多个进程对设备的竞争使用问题,从而满足系统和用户的需求。影响计算机系统性能的另一个 I/O 部分是磁盘 I/O。常见的磁盘调度算法有先来先服务调度算法、最短寻道时间优先调度算法、扫描调度算法和循环扫描调度算法。选择好的磁盘调度算法可以减少磁盘的寻道时间,提高磁盘 I/O 速度,提高对文件数据的访问速度;利用冗余技术可以提高磁盘系统的稳定性。

习　题　6

1. 简述设备管理的目标和任务。
2. 按照资源分配管理技术,I/O 设备可以分成哪三类?
3. 有哪几种 I/O 控制方式? 它们各适用于哪种场合?
4. 简述 I/O 软件的结构层次。
5. 按信息交换的方式不同,可以将通道分成哪几种类型? 每种类型的特点是什么?
6. 简述设备驱动程序应具备的功能。
7. 试说明设备驱动程序具有的特点。

8. 为何要引入设备独立性？如何实现设备的独立性？

9. 简述假脱机系统的组成。

10. 为什么要引入缓冲？

11. 磁盘访问时间由哪几部分组成？

12. 目前常用的磁盘调度算法有哪几种？每种算法的特点是什么？

第7章 文件管理

学习目标

◈ 了解文件系统的概念、文件的使用、文件系统的层次模型。
◈ 掌握文件系统的基本概念和实现过程。
◈ 掌握文件的逻辑结构、物理组织及对不同类型文件的存取方法。
◈ 掌握文件目录查询方法、文件共享及安全相关知识。

计算机中使用到的大量数据和程序都以文件的形式存放在外存当中,需要使用时才将其调入内存。要对外存上的大量文件进行有效管理,不仅要熟悉外存的特性,还要了解文件的各种属性及它们在外存当中的位置,并且在多用户环境下,还要能保证数据的安全性和一致性。显然,将文件管理交给用户是不现实的。于是,操作系统便成为文件管理的承担者,它负责管理外存上的文件,并把对文件的存取、共享和保护等手段提供给用户。这不仅方便了用户、保证了文件的安全性,还有效提高了系统资源的利用率。

7.1 概述

文件系统是指计算机存储设备上组织文件的方法,是操作系统用于明确存储设备或分区上的文件的方法和数据结构。具体地说,操作系统中负责管理和存储文件信息的软件模块称为文件管理系统,简称文件系统。

文件系统由三部分组成:与文件管理有关的软件、被管理文件及实施文件管理所需数据结构。从系统角度来看,文件系统是对文件存储设备的空间进行组织和分配,负责文件存储并对存入的文件进行保护和检索的系统。从功能角度来看,它负责为用户建立文件,读出、存入、修改、转存文件,控制文件的存取,当用户不再使用时撤销文件等。

7.1.1 文件

操作系统对信息的管理方法就是将它们组成一个个的文件。所谓文件,是指具有符号名的数据项的集合。在计算机系统中,要用到大量的程序和数据,需要将这些程序和数据以文件的形式保存在计算机的储存设备中。符号名是用户用于标识文件的。文件可以包含范围非常广泛的内容,系统和用户都可以将具有一定独立功能的程序模块、一组数据等命名为一个文件。例如,用户的一个 C 语言源程序、一段目标代码、一段音乐、一篇文章等。文件就是建立在储存设备中的具有符号名称的一批信息的集合,每个文件都有一个名字作为标志。

1. 数据项

在文件系统中,数据项是最低级的数据组织形式,分为基本数据项和组合数据项。基本数据项是用于描述一个对象的某种属性的字符集,是数据组织中可以命名的最小逻辑单位,即原子数据,又称数据元素或字段。基本数据项除了数据名外,还应有数据类型,因为基本数据项仅是描述某个对象的属性,根据属性的不同,需要用不同的数据类型来描述。例如,用于描述一个学生的基本数据项有学号、姓名、年龄、所在班级等,其中学号应使用整数,姓名应使用字符串,年龄应使用整数,所在班级也应使用整数或是字符串。组合数据项由若干个基本数据项组成,简称组项。例如,工资就是个组项,它由基本工资、工龄工资和奖励工资等基本数据项组成。

2. 记录

记录是能被某些应用程序处理的一组相关数据项的集合,用于描述一个对象在某方面的属性。一个记录应包含哪些数据项,取决于需要描述对象的哪个方面。而一个对象,根据它所处的环境不同,可把它作为不同的对象。例如,一个学生,把他作为班上的一名学生时,对他的描述应使用学号、姓名、性别、年龄等数据项,也可能还包括所学课程名、成绩等数据项。但当将其作为一个医疗对象时,对他描述的数据项则应该使用诸如病历号、姓名、性别、出生年月、身高、体重、病史等项。

在诸多记录中,为了能唯一标识一个记录,必须在一个记录的各个数据项中,确定一个或几个数据项,把它们的集合称为关键字(key)。或者说,关键字是唯一能标识一个记录的数据项。通常,只需用一个数据项作为关键字。例如,上述的学号和病历号就可以作为关键字。当找不到这样的数据项时,可以考虑把几个数据项的集合作为能唯一标识一个记录的关键字。记录的长度可以是固定的,也可以是变化的。

3. 文件

文件是具有文件名的一组相关元素的集合,可分为有结构文件和无结构文件。有结构文件由若干个相关的记录组成;而无结构文件则被看成是一个字符流。文件被用户和应用程序看作是一个实体,并可以通过其名字访问。文件有一个唯一的文件名,可以被创建或删除。存取控制通常在文件级实施。在一个共享系统中,用户和应用程序可以被允许或拒绝访问整个文件。

在现代操作系统中,一些设备也被看作是一个一个的文件,这是因为这些设备传输的信息均可看作是一组顺序出现的字符序列,这些字符序列可看成是一个顺序组织的文件,如键盘输入文件、打印机文件等。这样,用户就可以用统一的观点来看待和处理驻留在各种存储介质上的信息了,把设备也作为文件来统一管理。这从某种意义上讲已经拓宽了文件的含义。

为了有效、方便地管理文件,在文件系统中,常常把文件按其性质和用途的不同进行分类。

1) 按文件的用途分类

(1) 系统文件。

系统文件是操作系统和各种系统应用程序和数据所组成的文件。该类文件大多只允许用户通过系统调用来访问它们,这里访问的含义是执行该文件,但不允许对该类文件进行读/写和修改。有些系统文件甚至不直接对用户开放。

（2）库函数文件。

库函数文件是标准子程序及常用应用程序组成的文件。该类文件允许用户对其进行读取、执行，但不允许对其进行修改，如 C 语言的程序库等。

（3）用户文件。

用户文件是用户委托文件系统保存的文件。这类文件只有文件的所有者或所有者授权的用户才能使用。用户文件可以由源程序、目标程序、用户数据文件、用户数据库等组成。

2）按文件的组织形式分类

（1）普通文件。

普通文件主要是指文件的组织格式为文件系统所规定的最一般格式的文件，如由字符流组成的文件。普通文件既包括系统文件，也包括用户文件、库函数文件和用户实用程序文件等。

（2）目录文件。

目录文件是由文件的目录构成的特殊文件，是用于管理和实现文件系统功能的系统文件。显然，目录文件的内容不是各种程序文件或应用数据文件，而是含有文件目录信息的一种特定文件。目录文件主要用于检索文件的目录信息。

（3）特殊文件。

特殊文件在形式上与普通文件相同，也可以进行查找目录等操作。但是特殊文件有其不同于普通文件的性质。比如，在 UNIX 类系统中，I/O 设备被当作是特殊文件。这些特殊文件的使用是和设备驱动程序紧密相连的。操作系统会把对特殊文件的操作转成为对相应设备的操作。

3）其他分类方法

文件按其保护方式，可划分为只读文件、读写文件、可执行文件、无保护文件等。

文件按信息的流向，可划分为输入文件、输出文件和输入输出文件等。

文件按其存放时限，可划分为临时文件、永久文件和档案文件等。

7.1.2　文件系统

操作系统中负责管理和存储文件信息的软件模块称为文件系统。文件系统是计算机组织、存取和保存信息的重要手段，负责文件的创建、撤销、读/写、修改、复制和存取控制等，它管理存放文件的各种资源，并且还负责对文件进行按名存取控制。图 7.1 给出了文件系统的模型。模型分为三个层次，最底层是对象及其属性；中间层是对对象进行操纵和管理的软件集合；最高层是文件系统提供给用户的接口。

1. 对象及其属性

文件系统管理的对象如下。

（1）文件。它是文件管理的直接对象。

（2）目录。为了方便用户对文件的存取和检索，在文件系统中必须配置目录，每个目录项中，必须含有文件名及该文件所在的物理地址（或指针）。对目录的组织和管理是方便用户

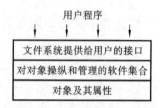

图 7.1　文件系统模型

和提高对文件存取速度的关键。

(3) 磁盘(磁带)存储空间。文件和目录必定占用存储空间,对这部分空间的有效管理,不仅能提高外存的利用率,而且能提高对文件的存取速度。

2. 对对象操纵和管理的软件集合

这是文件管理系统的核心部分。文件系统的功能大多是在这一层实现的,其中包括:对文件存储空间的管理、对文件目录的管理、用于将文件的逻辑地址转换为物理地址的机制、对文件读和写的管理,以及对文件的共享和保护等功能。

3. 文件系统接口

为了方便用户使用文件系统,文件系统通常向用户提供两种类型的接口:

(1) 命令接口。这是指作为用户与文件系统交互的接口,用户可以通过键盘终端键入命令,取得文件系统的服务。

(2) 程序接口。这是指作为用户程序与文件系统的接口,用户程序可以通过系统调用来获得文件系统的服务。

引入文件和文件系统后,所有程序和信息都以文件的形式存放在计算机中。文件系统负责管理这些文件,并把对文件的存取、共享和保护等手段通过操作系统提供给用户。

4. 文件系统的优点

(1) 使用的方便性。文件系统具有按名存取的功能,能够对文件和文件目录实施有效的管理,用户不再需要考虑文件的存储空间的分配。它还具有友好的用户界面,使用起来非常方便。

(2) 较强的数据安全性。文件系统提供各种文件保护和共享措施,防止对文件的意外破坏或有意破坏。

(3) 接口的统一性。文件系统具有统一的接口,用户可以利用统一的广义指令和系统调用存取各种介质上的文件,对文件的操作简单、直观,脱离了对存储介质的依赖。

7.2 文件结构

文件系统的设计者从不同角度研究文件的结构,根据视点的不同,将文件的结构分为逻辑结构和物理结构。逻辑结构是指一个文件在用户面前所呈现的形式,它主要为用户提供一种逻辑结构清晰、使用简便的逻辑文件,用户将按这种形式去存取、检索和加工文件。文件的物理结构是指文件在文件存储介质上的存储形式,主要研究驻留在存储介质上的文件的存储结构,选择一些工作性能良好、设备利用率高的物理结构。

7.2.1 逻辑结构

文件的逻辑结构是指从用户的观点出发所观察到的文件组织形式。这种数据及其结构是用户可以直接处理的,它独立于物理特性。

1. 逻辑文件的形式

逻辑文件从结构上分成两种形式:一种是无结构的字符流式文件,一种是有结构的记录式文件。

（1）无结构的字符流式文件。这是一种无结构文件，构成文件的基本单位是字符，文件是有逻辑意义的、无结构的一串字符的集合，其内部不再划分结构。这可以理解为字符是该文件的基本信息单位，也可以将流式文件看成是记录式文件的特例。这种文件的优点是节省存储空间。在这种文件中无须额外辅助信息和控制信息。文件的所有意义必须由用户层的程序来定义，这就给用户提供了最大的灵活性。在 UNIX 系统中，所有文件都被看成是流式文件。

（2）有结构的记录式文件。有结构的记录式文件是一种结构文件，由若干个记录组成，用户以记录为单位来组织信息。每个记录有一个键，可按键进行查找，文件中的记录可按顺序编号为记录 1，记录 2，…，记录 n。如果文件中所有记录的长度相等，则称为定长记录文件。文件的长度为记录个数与记录长度的乘积。这种文件是由一系列固定长度的记录组成的，操作系统对文件的读/写操作都是以记录为单位进行的。若文件中的记录长度不相等，则称为变长记录文件。文件长度为所有记录长度的总和。这些记录是以树状的形式组织起来的，每个记录都具有不固定的长度，在每个记录的固定位置都包含一个关键字域，记录树根据这个关键字域进行排序，以便能够依据这个特定的关键字进行快速查询。

相对无结构的字符流式文件而言，有结构的记录式文件的使用不太方便，尤其是变长记录式文件。另外，在有结构的记录式文件中还要有说明记录长度的信息，这就会产生一些额外的存储开销。

对于无结构的字符流式文件来说，查找文件中的基本信息单位，如某个单词，是比较困难的。但是，无结构的字符流式文件管理简单，用户可以方便地对其进行操作。所以，那些对基本信息单位操作不多的文件较适于采用字符流的无结构方式，如源程序文件、目标代码文件等。除了无结构的字符流文件外，有结构的记录式文件可把文件中的记录按各种不同的方式排列，构成不同的逻辑结构，以便用户对文件中的记录进行修改、追加、查找和管理等操作。

2. 选取文件逻辑结构的原则

（1）当用户对文件信息进行修改操作时，给定的逻辑结构应能尽量减少对已存储好的文件信息的变动。

（2）应能提高检索速度，当用户需要对文件信息进行操作时，给定的逻辑结构应使文件系统在尽可能短的时间内查找到需要查找的记录或基本信息单位。

（3）要降低文件信息占据的存储空间。

（4）要方便用户操作。

7.2.2 物理结构

文件的物理结构又称存储结构，是指文件在存储器上的存储组织形式。文件采用怎样的物理结构与存储介质的存储特性有关。

用户看到的是逻辑文件，处理的是逻辑记录，按照逻辑文件形式去存储、检索和加工有关的文件信息，也就是说，数据的逻辑结构和组织是面向应用程序的。然而，这种逻辑上的文件总是以不同方式保存到物理存储设备上，即存储介质上的，所以，文件的物理结构和组织是指逻辑文件在物理存储空间中的存放方法和组织关系。

在文件系统中,文件的存储设备通常被划分为若干大小相等的物理块,每块长为 512 B 或 1024 B。为了便于系统管理和有效地利用存储设备,同时也要将文件信息划分成与物理块等量的逻辑块,所有逻辑块统一编号,以逻辑块为分配和传送信息的基本单位。

文件物理结构一般分为顺序结构、链接结构、索引结构三种。

1. 顺序结构

顺序结构又称连续结构,是一种最简单的物理文件结构。如果一个逻辑文件的信息顺序存放在文件存储器上的相邻物理块中,则该文件称为顺序文件或连续文件,这样的结构称为顺序结构或连续结构。假定有一个连续文件 A,逻辑记录长和物理块长都是 512 B,该文件有 4 个逻辑记录,那么在文件存储器上它也应占用 4 块。如果起始物理块号为 80,那么该文件的分配如图 7.2 所示。

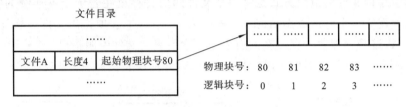

图 7.2 顺序结构

采用顺序结构的文件逻辑记录 R_{i+1} 的物理位置一定紧接在逻辑记录 R_i 之后。而存放在磁盘上的文件可以是连续结构的,也可以是非连续结构的。建立连续文件时,要求用户给出文件的最大长度,以便系统为文件分配足够的连续存储空间,并在相应的表格中登记文件的起始位置和长度。

顺序结构的优点是,一旦知道了文件存储的起始物理块号和文件长度,就可以立即找到所需的信息,访问起来比较容易,访问速度快。连续结构的缺点是:首先,在建立连续结构文件时,要求用户给出文件的最大长度,以便系统分配足够的连续存储空间,但文件的内容随时可能增减,所以有时这是很难办到的,而且预留空间会造成存储空间的浪费;其次,不便于对记录的增加、删除操作,增加或删除记录一般只能在文件的末尾进行。

2. 链接结构

链接结构又称串联结构,是一种物理上非连续的结构。它将逻辑上连续的文件信息存放在外存的不连续物理块中。链接结构不要求所分配的各物理块是连续的,也不必按顺序排列。为了使系统能方便地找到逻辑上连续的下一块的物理位置,在每个物理块中设置一个指针,指向该文件的下一个物理块号。这个指针的长度由物理设备的容量决定,通常放在该物理块的开头或结尾。

图 7.3 给出了一个采用链接结构文件的例子。假定文件 A 有 4 个逻辑记录分别存放在物理块 80、84、85 和 82 中。它的起始物理块号由文件说明给出,下一物理块号则由上一物理块中的链接字给出,最末块的链接字 null 表示该物理块是文件的结束块。

链接结构的优点是,文件可以方便地动态增加或删除,新建文件时,不必预留出文件的最大长度。由于可以不连续分配存储空间,因此不会造成几块连续区域的浪费。链接结构的缺点是:只适合顺序存取,不便于直接存取;为了找到后面物理块的信息,必须从文件头开

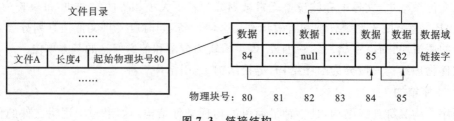

图 7.3   链接结构

始,逐一查找每个物理块的链接字,以致降低了信息的查找速度;在每个物理块中部设置了链接字,破坏了物理信息的完整性。

3. 索引结构

采用索引结构文件的组织方式是将一个文件的信息存放在若干个不连续的物理块中,并为每个文件建立一个专用数据结构——索引表,其中每个表项指出文件逻辑记录所在的物理块号,并将这些物理块号存放在索引表中。索引表由文件说明指出,如图 7.4 所示。图 7.4 中文件 A 有 4 个记录,对应于逻辑块 0、1、2、3,分别存放在物理块 16、18、25 和 32 中。

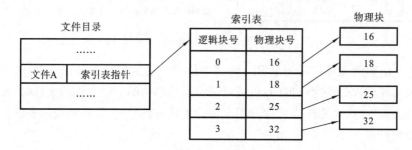

图 7.4   索引结构

一个索引表事实上就是磁盘块地址数组,其中第 i 个条目指向文件的第 i 个物理块。索引结构的优点在于它既保持了链接结构访问快速的优点,又解决了串联结构要求空间连续的缺点,主要表现为既能顺序存取,又能随机存取,满足了文件动态增长、插入、删除的要求,能充分地利用存储空间,避免存储设备资源的浪费。索引结构的缺点在于索引表本身带来了系统开销,如为了存储索引表导致内存空间开销增加。

7.2.3   直接文件和 Hash 结构

采用上述几种文件结构对记录进行存取时,都是利用给定的记录键值,先对线性表或链表进行检索,以找到指定记录的物理地址。而对于直接文件,则可根据给定的记录键值,直接获得指定记录的物理地址,也即记录键值本身就决定了记录的物理地址。这种由记录键值到记录物理地址的转换称为键值转换。组织直接文件的关键在于用什么方法进行从记录键值到物理地址的转换。

Hash 结构是目前应用最为广泛的一种直接文件结构。它利用 Hash 函数(又称散列函数)将记录键值转换为相应记录的地址。为了能够实现文件存储空间的动态分配,通常由 Hash 函数所求得的并非是相应记录的地址,而是指向一个目录表相应表项的指针,该表项的内容指向相应记录所在的物理块,如图 7.5 所示。例如,令 K 为记录键值,用 A 作为通过

Hash 函数 f 的转换所形成的该记录在目录表中对应表项的位置,则有 A＝f（K）。通常,把 Hash 函数作为标准函数存于系统中,供存取文件时调用。

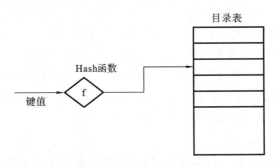

图 7.5 Hash 结构

7.2.4 文件存取方法

用户通过对文件的存取操作实现对文件内容的修改、添加和搜索等。常用的存取方法包括顺序存取法、随机存取法和按键存取法三种。

1. 顺序存取法

文件存取最简单的方法是顺序存取法,即严格按照文件信息单位排列的顺序依次存取文件。它是早期的文件存取方式,一个进程只能从头开始顺序读取一个文件的所有字节和记录。当打开文件时,文件的存取指针指向第一个信息单位,如第一个字节或第一个记录,每存取一个信息单位,存取指针加 1,指向下一个信息单位,以此类推。显然,顺序存取法不便于对信息项的查找。

顺序存取按照文件的逻辑地址顺序存取,所以固定长记录的顺序存取就非常简单。读操作总是读上一次读出的文件的下一个记录,同时,文件记录读指针向前推进,以指向下一次要读出的记录位置。如果文件是可读可写的,就设置一个文件记录指针,它总指向下一次要写入记录的存放位置,执行写操作时,将一个记录写到文件末端。允许对这种文件进行前跳或后退 N 个记录的操作。若当前指针为 rptr,L 为文件记录的长度,则前跳或后退 N 个记录的指针计算公式为

$$rptr＝rptr∓N \cdot L$$

对于可变长记录的顺序文件,每个记录的长度信息存放于记录前面一个单元中,它的存取操作分两步进行。读出时,根据指针值得到存放记录长度的单元。然后根据当前记录长度再把当前记录一起写到指针指向的记录位置,同时,调整写指针值。

2. 随机存取法

随机存取法又称直接存取法,每次存取操作必须先确定存取的位置。随机存取法允许用户根据记录的编号来存取文件的任一记录。对字符流式文件或定长记录式文件比较容易确定存取位置,而对变长记录式文件要确定其存取位置则比较麻烦。当然可从第一个记录开始顺序查询,直到找到要存取的记录为止,但这样做的效率很低。可以通过建立文件的索引来确定变长记录式文件的存取位置。文件的索引可以作为文件的一部分,也可以单独建立索引文件。

随机存取方式对许多应用来说是非常重要的,很多应用场合要求以任意次序直接读/写某个记录。例如,航空订票系统中,航班的所有信息用航班号来标示,存放在某物理块中,用户预订某航班时,需要直接将该航班的信息取出。不需要预先读取上千条其他航班的记录信息,这样做不仅浪费了时间、降低了效率,而且也没有意义。

为了实现直接存取,一个文件可以看作是由顺序编号的物理块组成的,这些块通常划成等长的物理块。将它作为定位和存取的一个最小单位,每块的大小可以是 1024 B,也可以是 4096 B,由系统的设计和应用来决定。直接存取文件对读或写块的次序没有限制,用户可以先读块 15,再写块 48,然后读块 9 等。

3. 按键存取法

按键存取法是一种在复杂文件系统,特别是数据库管理系统中的存取方法。在按键存取法中,文件的存取是根据给定的键进行的。既然要根据给定的键进行存取,则首先需要根据给定的键搜索到要进行存取记录的逻辑位置,再将其转换成相应的物理地址以完成信息的存取。通常记录按键的某种顺序存放,例如,按代表键的字母先后次序来排序。对于这种文件,除可采用按键存取法外,也可以采用顺序存取法或随机存取法。信息块的地址都可以通过查找记录键而换算出来。实际系统大都采用多级索引,以加速记录查找过程。

用户对不同种类的文件采用不同的存取方法,无论采用哪种存取方法,都要先搜索到操作对象的逻辑地址,再将逻辑地址映射到相应的物理地址,然后对物理地址中存放的数据信息进行操作。

7.2.5 常见的物理存储设备

文件的物理结构是指文件在外存上的存储组织形式,它不仅与存储介质的存储特性有关,而且与所采用的外存分配方式有关。下面就来介绍各种存储设备,常见的存储设备有磁带、磁盘、光盘、U 盘等,其中磁盘又包括硬盘和软盘。

1. 磁带

磁带可以永久保存大容量的数据。它是典型的顺序存取设备,只有前面的物理块被存取访问之后,才能存取后续物理块的内容,所以磁带的存取速度较慢,主要用于后备存储,或存储不经常使用的信息,也可以用于传递数据的介质。为了在存取一个物理块时让磁带机提前加速和不停止在下一个物理块的位置上,磁带的相邻两个物理块之间设计有一个间隙,用于分隔两个物理块。磁带设备的存取速度或传输速率与信息密度、磁带带速和块间间隙三个因素有关。如果带速高、信息密度大、所需块间间隙小,则磁带的存取速度和传输速率就快。

2. 磁盘

磁盘是典型的随机存取设备。存取磁盘上任一物理块的时间不依赖于该物理块所处的位置。磁盘由多个盘片(除第一片和最后一片外,其余各片正反两面都记录信息)组成,文件信息记录在各个盘片的磁道上,在盘片的两面都有磁头,用于读取磁道上的数据,磁头由一个磁盘臂控制,沿半径方向移动,经过各条磁道,以读取各磁道上的信息。当系统对磁盘进行初始化处理时,把每个盘片分割成大小相等的一些区域,这些区域称为扇区。在磁盘转动时,经过读写磁头所形成的圆形的轨迹称为磁道。所有盘面中具有相同半径的磁道组成一个柱面。一次读/写操作的完成过程由以下三个动作组成：

（1）寻道，磁头移动定位到指定磁道。

（2）旋转延迟，等待指定扇区从磁头下旋转经过。

（3）数据传输，数据在磁盘与内存之间的实际传输。

3. 光盘

磁带和磁盘采用的存储介质都是磁介质，而光盘采用的存储介质是光介质。光盘容量大，属于便携式的外部存储设备。光盘的存取速度快、价格便宜，光盘有只读光盘、一次写光盘和可读写光盘三种。虽然采用的存储介质不同，但光盘的空间结构与磁盘的是类似的。

4. U 盘

U 盘（全称为 USB 闪存盘）是基于 USB 接口，以闪存芯片为存储介质的无须驱动器的新一代存储设备。U 盘的出现是移动存储技术领域的一大突破，其体积小巧，特别适合随身携带，可以随时随地、轻松交换资料数据，是理想的移动办公及数据存储交换产品。

U 盘的基本工作原理也比较简单：USB 端口负责连接计算机，是数据输入或输出的通道；主控芯片负责各部件的协调管理和下达各项操作指令，并使计算机将 U 盘识别为可移动设备，是 U 盘的"大脑"；FLASH 芯片与计算机中内存条的原理基本相同，是保存数据的实体，其特点是断电后数据不会丢失，能长期保存；PCB（印制电路板）是负责提供相应处理数据平台，且将各部件连接在一起。在 U 盘被操作系统识别，使用者下达数据存取的操作指令后，USB 移动存储盘的工作便包含了这几个处理过程。

7.3　文件目录

对文件实施有效的管理主要是通过文件目录实现的。文件目录也是一种数据结构，用于标识系统中的文件及其物理地址，供检索时使用。

文件目录管理的主要目标如下：

（1）实现"按名存取"，即用户只需向系统提供所需访问文件的名字，便能快速准确地找到指定文件在存储设备上的存储位置。这是目录管理中最基本的功能，也是文件系统向用户提供的最基本的服务。

（2）提高对目录的检索速度。通过合理地组织目录结构，可加快对目录的检索速度，从而提高对文件的存取速度。

（3）实现文件共享。在多用户系统中，应允许多个用户共享一个文件。这样就只需在存储设备中保留一份该文件的副本，供不同用户使用，以节省大量的存储空间，方便了用户，提高了文件利用率。

（4）允许文件重名。系统应允许不同用户对不同文件采用相同的名字，以便于用户按照自己的习惯命名文件和使用文件。

7.3.1　文件目录内容

为了能对一个文件进行正确的存取，必须为文件设置用于描述和控制文件的数据结构，这种数据结构称为文件控制块（file control block，FCB）。文件管理程序可借助文件控制块中的信息,对文件施以各种操作。文件与文件控制块一一对应,而人们把文件控制块的有序集合称为文件目录,即一个文件控制块就是一个文件目录项。通常,一个文件目录也是一个文件,称为目录文件。

1. 文件控制块

为了能对系统中的大量文件施以有效的管理,文件控制块通常应含有三类信息,即基本信息、存取控制信息及使用信息。

1) 基本信息

(1) 文件名,是指用于标识一个文件的符号名。

(2) 文件物理位置,是指文件在存储设备上的存储位置,它包括存放文件的设备名、文件在存储设备上的起始盘块号、指示文件所占用的盘块数或字节数的文件长度。

(3) 文件逻辑结构,用于指示文件是字符流式文件还是记录式文件、记录数、文件是定长记录还是变长记录等。

(4) 文件的物理结构,用于指示文件是顺序结构,还是链接结构或是索引结构。

2) 存取控制信息

存取控制信息包括文件创建者的存取权限、核准用户的存取权限及一般用户的存取权限等。

3) 使用信息

使用信息包括文件的建立日期和时间、文件上一次修改的时间、当前已打开文件的进程数及是否被进程锁住等信息。

2. 索引节点

1) 索引节点的引入

文件目录通常是存放在磁盘上的,当文件很多时,文件目录可能要占用大量的盘块。在查找目录的过程中,先将存放目录文件的第一个盘块中的目录调入内存,然后把用户所给定的文件名与目录项中的文件名逐一加以比较。若未找到指定文件,便将下一个盘块中的目录项调入内存。设目录文件所占用的盘块数为 N,按此方法查找,查找一个目录项平均需要调入盘块 $(N+1)/2$ 次。若一个文件控制块为 64 B,盘块大小为 1 KB,则每个盘块中只能存放 16 个文件控制块;若一个文件目录中共有 640 个文件控制块,则需占用 40 个盘块,所以平均查找一个文件需启动磁盘 20 次。

通过分析可以发现,在检索目录文件的过程中,只用到了文件名,仅当找到一个目录项时,才需从该目录项中的物理地址读出该文件。而其他对该文件进行描述的信息,在检索目录时一概不用。例如,在 UNIX 系统中,便采用了把文件名与文件描述信息分开的办法,使文件描述信息单独形成一个称为索引节点的数据结构,简称 i 节点。在文件目录中的每个目录项仅由文件名和指向该文件所对应的索引节点的指针所构成。在系统中一个目录仅占16 B,其中 14 B 是文件名,2 B 为索引节点指针。在 1 KB 的盘块中可做 64 个目录项。这样做,可使在查找文件时平均启动磁盘的次数减少到原来的 1/4,大大节省了系统开销。

2) 索引节点的内容

索引节点是一个结构,它包含了一个文件的长度、创建及修改时间、权限、所属关系、磁盘中的位置等信息。一个文件系统维护了一个索引节点的数组,每个文件或目录都与索引节点数组中的唯一一个元素相对应。系统给每个索引节点分配了一个号码,也就是该节点在数组中的索引号,称为索引节点号。每个文件有唯一的一个索引节点,它主要包括以下内容:

(1) 索引节点号,用于标示索引节点。

(2) 文件主标识符,即拥有该文件的用户的标识符。

(3) 文件类型,包括正规文件、目录文件或特别文件。

(4) 文件存取权限,是指各类用户对该文件的存取权限。

(5) 文件物理地址,是指文件在存储设备的地址。

(6) 文件长度,是指以字节为单位的文件长度。

(7) 文件连接计数,表明在本文件系统中所有指向该文件名的指针计数。

(8) 文件存取时间,是指本文件最近被存取的时间、最近被修改的时间及索引节点最近被修改的时间。

(9) 状态,指示索引节点是否上锁或被修改。

(10) 访问计数,当有一进程要访问此索引节点时,将该访问计数加 1,访问完再减 1。

(11) 文件所属文件系统的逻辑设备号。

(12) 链接指针。设置有分别指向空闲链表和 Hash 队列的指针。

7.3.2　目录结构

文件目录结构的组织关系到文件系统的存取速度,也关系到文件的共享性和安全性。因此,组织好文件目录结构,是设计好文件系统的重要环节。常用的目录结构形式有单级目录结构、两级目录结构、多级目录结构和无环图目录结构。

1. 单级目录结构

这是最简单的目录结构。在整个文件系统中只建立一张目录表,每个文件占一个目录项,目录项中含文件名、文件扩展名、文件长度、文件类型、文件物理地址及其他文件属性。此外,为表明每个目录项是否空闲,还设置了一个状态位。单级目录结构如图 7.6 所示。

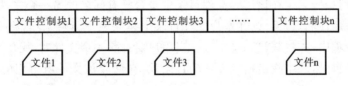

图 7.6　单级目录结构

当访问一个文件时,先按文件名在该目录中查找到相应的文件控制块,经合法性检查后执行相应的操作。当建立一个新文件时,必须先检索所有目录项以确保没有“重名”的情况,然后在该目录中增设一项,把文件控制块的全部信息保存到该项中。当删除一个文件时,先从该目录中找到该文件的目录项,回收该文件所占用的存储空间,然后再清除该目录项。

单级目录结构实现了按名存取,但是存在以下缺点:

(1) 查找速度慢。稍具规模的文件系统会拥有数目可观的目录项,因此,为找到一个指定的目录项要花费较多的时间。对于一个具有 N 个目录项的单级目录结构,为检索出一个目录项,平均需要查找 N/2 个目录项。

(2) 文件不允许重名。存在于同一个目录表中的所有文件,都不能与另一个文件有相同的名字。然而,重名问题在多道程序环境下却又是难以避免的:即使在单用户环境下,当文件数有数百个时,也难以记忆。

(3) 不便于实现文件共享。通常,每个用户都有自己的名字空间或命名习惯。因此,应当允许不同用户使用不同的文件名来访问同一个文件。然而,单级目录结构却要求所有用户都用同一个名字来访问同一个文件。简言之,单级目录结构只能满足对目录管理的四点要求中的第一点,因而,它只能适用于单用户环境。

2. 两级目录结构

单级目录结构很容易造成文件名称的混淆,为此,可以为每一个用户建立一个单独的用户文件目录(user file directory, UFD)。两级目录采用两级方案,将文件目录分成主文件目录(master file directory, MFD)和用户文件目录两级。为每一个用户建立一个单独的用户文件目录。这些文件目录具有相似的结构,它由用户所有文件的文件控制块组成。在系统中再建立一个主文件目录;在主文件目录中,每个用户目录文件都占有一个目录项,其目录项中包括用户名和指向该用户目录文件的指针。两级目录结构如图 7.7 所示。

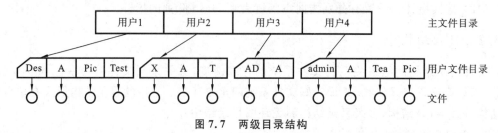

图 7.7　两级目录结构

在两级目录结构中,如果用户希望有自己的用户文件目录,可以请求系统为自己建立一个用户文件目录;如果自己不再需要用户文件目录,也可以请求系统管理员将它撤销。在有了用户文件目录后,用户可以根据自己的需要创建新文件。每当此时,操作系统只需检查该用户的用户文件目录,判定在该用户文件目录中是否已有同名的另一个文件。若有,则用户必须为该文件重新命名;若无,则在用户文件目录中建立一个新目录项,将新文件名及其有关属性填入目录项中,并将其状态位置位。当用户要删除一个文件时,操作系统只需查找该用户的用户文件目录,从中找出指定文件的目录项,在回收该文件所占用的存储空间后,将该目录项删除。

两级目录结构基本上克服了单级目录结构的缺点,并具有以下优点:

(1) 提高了检索目录的速度。如果在主目录中有 n 个子目录,每个用户目录最多为 m 个目录项,则为查找一个指定的目录项,最多只需检索 n+m 个目录项。但如果是采用单级目录结构,则最多需要检索 n·m 个目录项。若 n=m,则采用两级目录结构可使检索效率提高为采用单级目录结构的 n/2 倍。

(2) 在不同用户目录中,可以使用相同的文件名。只要是在用户自己的用户文件目录中,每一个文件名都是唯一的。例如,用户 Zhang 可以用 Test 来命名自己的一个文件;而用户 Wang 也可以用 Test 来命名自己的一个不同于 Zhang 的 Test 的文件。

（3）不同用户还可以使用不同的文件名来访问系统中的同一个共享文件。采用两级目录结构也存在一些问题。该结构虽然能有效地将多个用户隔开,当各用户之间完全无关时,这种隔离是一个优点;但当多个用户之间要相互合作去完成一个大任务,且一个用户又需要去访问其他用户的文件时,这种隔离便成为一个缺点,因为这种隔离会使诸用户之间不便于共享文件。

3. 多级目录结构

1）目录结构

对于大型文件系统,通常采用三级或三级以上的目录结构,以提高对目录的检索速度和文件系统的性能。多级目录结构又称树形目录结构,主目录又称根目录,把数据文件称为树叶,其他的目录均作为树的节点。图 7.8 给出了多级目录结构。图 7.8 中用方框代表目录文件,圆圈代表数据文件。在该多级目录结构中,根目录中有三个用户的总目录项 A、B 和 C。B 项所指出的 B 用户的总目录 B 中,又包括三个分目录 F、E 和 D,E 中每个分目录中又包含多个文件。如 B 目录中的 F 分目录中,包含 J 和 N 两个文件。为了提高文件系统的灵活性,应允许在一个目录文件中的目录项既是作为目录文件的文件控制块,又是数据文件的文件控制块,这一信息可用目录项中的 1 位来指示。例如,在图 7.8 中,用户 A 的总目录中,目录项 A 是目录文件的文件控制块,而目录项 B 和 D 则是数据文件的文件控制块。

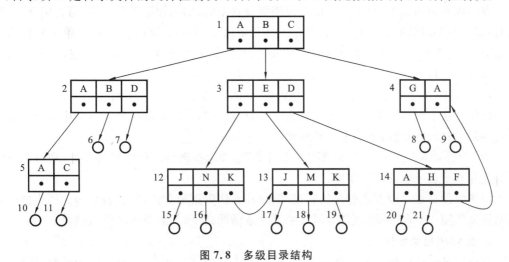

图 7.8 多级目录结构

2）路径名

在多级目录结构中,从根目录到任何数据文件,都只有一条唯一的通路。在该路径上从树的根目录开始,把全部目录文件名与数据文件名依次地用"/"连接起来,即构成该数据文件的路径名。系统中的每一个文件都有唯一的路径名。例如,在图 7.8 中用户 B 要访问文件 J,应使用其路径名/B/F/J 来访问。

3）当前目录

由于一个进程运行时所访问的文件大多仅局限于某个范围。当一个文件系统含有许多级时,每访问一个文件,都要使用从根目录开始直到树叶的全路径名,非常不方便。基于这一点,可为每个进程设置一个当前目录,又称工作目录。进程对各文件的访问都相对于当前目录进行。此时各文件所使用的路径名,只需从当前目录开始,逐级经过中间的目录文件,最后到达要访问的数据文件。把这一路径上的全部目录文件名与数据文件名用"/"连接,形成路径名。如果用户 B 的当前目录是 F,则此时文件 J 的相对路径名仅是 J 本身。这样,把从当前目录开始直到数据文件为止所构成的路径名,称为相对路径名;而把从根目录开始的路径名称为绝对路径名。

采用多级目录结构可以很方便地对文件进行分类,其查询速度更快,同时层次结构更加清晰,能够更加有效地进行文件的管理和保护。在多级目录结构中,不同性质、不同用户的文件可以构成不同的目录子树,不同层次、不同用户的文件分别呈现在系统目录树中的不同层次或不同子树中,可以容易地赋予其不同的存取权限。

但是在多级目录中查找一个文件,需要按路径名逐级访问中间节点,这就增加了磁盘访问次数,无疑影响了查询速度。目前,大多数操作系统,如 UNIX、Windows 和 Android 系列操作系统,都采用了多级目录结构。

4)增加和删除目录

在多级目录结构中,用户可为自己建立用户文件目录,并可再创建子目录。当用户要创建一个新文件时,只需查看在自己的用户文件目录及其子目录中有无与新建文件相同的文件名即可。若无,便可在用户文件目录或其某个子目录中增加一个新目录项。

在多级目录结构中,对于一个已不再需要的目录,应如何删除其目录项,需视情况而定。这时,如果所要删除的目录是空的,即在该目录中已不再有任何文件,就可简单地将该目录项删除,使它在其上一级目录中对应的目录项为空;如果要删除的目录不为空,即其中尚有几个文件或子目录,则可采用下述两种方法进行处理:

(1)不删除非空目录。当目录不为空时,不能将其删除,而为了删除一个非空目录,必须先删除目录中的所有文件,使之先成为空目录,然后再予以删除。如果目录中还包含子目录,还必须采取递归调用方式来将其删除。

(2)可删除非空目录。当要删除一个目录时,如果在该目录中还包含文件,则目录中的所有文件和子目录也同时被删除。

上述两种方法实现起来都比较容易,第二种方法则更为方便,但比较危险。因为整个目录结构虽然用一条命令即能删除,但如果是一条错误命令,其后果则可能很严重。

4. 无环图目录结构

多级目录结构可便于实现文件分类,但不利于实现文件共享。为此,在多级目录结构的基础上增加了一些指向同一节点的有向边,使整个目录成为一个有向无环图,如图 7.9 所示。引入无环图目录结构是为了更好地实现文件共享。

当某用户要求删除一个共享节点时,若系统只是简单地将它删除,则当另一共享用户需要访问时,就无法找到这个文件,导致系统发生错误。因此可以为每个共享节点设置一个共享计数器:每当图中增加对该节点的共享链时,计数器加 1;每当某用户提出删除该节点时,计数器减 1。仅当共享计数器为 0 时,才真正删除该节点,否则仅删除请求用户的共享链。

共享文件不同于文件复制。如果有两个文件复制,则每个程序员看到的是复制而不是

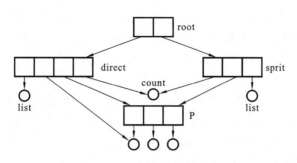

图 7.9　无环图目录结构

原件；但如果一个文件被修改，则另一个程序员的复制不会有改变。对于共享文件，只存在一个真正文件，任何改变都会为其他用户所见。无环图目录结构方便实现了文件的共享，但使得系统的管理变得更加复杂。

7.3.3　目录查询

当用户要访问一个已存在文件时，系统首先利用用户提供的文件名对目录进行查询，找出该文件的文件控制块及对应的索引节点；然后，根据文件控制块或索引节点中所记录的文件物理地址，再通过磁盘驱动程序，将所需文件读入内存。目前对目录进行查询的方式有两种：线性检索法和 Hash 方法。

1. 线性检索法

线性检索法又称顺序检索法。在单级目录结构中，利用用户提供的文件名，以顺序查找的方法直接从文件目录中找到指名文件的目录项。在多级目录结构中，用户提供的文件名是由多个文件分量名组成的路径名，此时须对多级目录进行查找。如果用户给定的文件路径名是/usr/ast/mbox，则查找/usr/ast/mbox 文件的过程如图 7.10 所示。

根目录			132号盘块/usr的目录			496号盘块/usr/ast的目录		
索引节点号	目录	盘块号	索引节点号	目录	盘块号	索引节点号	目录	盘块号
1	.	1	6	.	132	26	.	496
1	..	1	1	..	1	6	..	132
4	bin	14	30	disk	37	64	grants	177
6	usr	132	51	jim	85	60	mbox	160
14	dev	698	26	ast	496	80	mini	62
⋮	⋮	⋮	⋮	⋮	⋮	⋮	⋮	⋮

图 7.10　线性检索法

首先，系统应先读入第一个文件分量名 usr，用它与根目录文件中各目录项中的文件名顺序地进行比较，从中找出匹配者，并得到匹配项的索引节点号 6，再从 6 号索引节点中得知 usr 目录文件放在 132 号盘块中，将该盘块内容读入内存。

接着,系统再读入路径名中的第二个文件分量名 ast,用它与放在 132 号盘块中的第二级目录文件中各目录项的文件名顺序进行比较,又找到匹配项,从中得到 ast 的目录文件放在 26 号索引节点中,再从 26 号索引节点中得知/usr/ast 是存放在 496 号盘块中,再读入 496 号盘块。

然后,系统读入该文件的第三个分量名 mbox,用它与第三级目录文件/usr/ast 中各目录项中的文件名进行比较,最后得到/usr/ast/mbox 的索引节点号为 60,即在 60 号索引节点中存放了指定文件的物理地址。目录查询操作到此结束。如果在顺序查找过程中发现有一个文件分量名未能找到,则应停止查找,并返回"文件未找到"信息。

2. Hash 方法

如果我们建立一张 Hash 索引文件目录,便可利用 Hash 方法进行查询,即系统利用用户提供的文件名,将它变换为文件目录的索引值,再利用该索引值到目录中去查找,这将显著地提高检索速度。

在操作系统中,通常都提供了模式匹配功能,即在文件名中使用了通配符"*""?"等。对于使用了通配符的文件名,系统便无法利用 Hash 方法检索目录,因此,这时系统还是需要利用线性检索法查找目录。

在进行文件名的转换时,有可能把 n 个不同的文件名转换为相同的 Hash 值,即出现所谓的"冲突"。一种处理此"冲突"的有效规则如下:

(1) 在利用 Hash 法索引查找目录时,如果目录表中相应的目录项是空的,则表示系统中并无指定文件。

(2) 如果目录项中的文件名与指定文件名相匹配,则表示该目录项正是所要寻找的文件所对应的目录项,故而可从中找到该文件所在的物理地址。

(3) 如果目录表相应目录项中的文件名与指定文件名并不匹配,则表示发生了"冲突",此时须将其 Hash 值再加上一个特定常数,形成一个新的索引值,再返回到第(1)步重新开始查找。

7.4 文件共享和文件安全

文件共享是指多个用户可以共同使用某一个或多个文件。文件共享不仅是多个用户共同完成某一任务所必需的,而且能节省大量存储空间,同时也为用户使用文件提供了极大的方便。因此,文件共享是衡量文件系统性能好坏的重要标准之一。由于文件实现了共享,文件的安全性就遭到了威胁,因此必须对文件进行保护。文件保护是指文件不得被未经授权的任何用户存取,对于授权用户也只能在其允许的存取权限范围内使用文件。文件共享和文件安全是文件系统中的两个重要问题。

7.4.1 文件共享

文件共享一方面是为了多用户交换数据,另一方面是为了对文件数据进行多进程并行处理。文件共享有独占使用和并行共享两种;独占使用是在一个进程访问文件时,其他进程不能访问,直到独占进程关闭该文件,采用这种方式的文件数据利用率低;并行共享是指允许文件被多个进程同时使用,多个进程可以并行读/写文件,在这种方式下,文件数据的一致性需要得到保证。

1. 利用符号链方式实现文件共享

在符号链方式中,系统为共享的用户创建一个 Link 型的新文件。这个新文件登记在该用户的共享目录项中,这个 Link 型文件包含被链接文件的路径名。当用户读该链接文件时,可找到该文件所链接的文件名。

利用符号链方式实现文件共享时,只有文件所有者才拥有指向其索引节点的指针;共享该文件的其他用户只有共享文件的路径名,并不拥有指向其索引节点的指针。这样不会发生在文件所有者删除一个共享文件后,留下一个悬空指针的情况。在文件所有者把一个共享文件删除后,其他用户试图通过符号链去访问一个已被删除的共享文件时,系统会找不到该文件而导致访问失败,于是再将符号链删除,此时不会产生任何影响。

符号链方式的主要优点是能通过计算机网络链接世界上任何地方的计算机中的文件,此时只需提供该文件所在计算机的网络地址及其在计算机内的文件路径即可。然而,符号链方式也存在不足的地方:当其他用户读取共享文件时,系统是根据给定的文件路径名,线性检索目录,直至找到该文件的。因此,在每次访问共享文件时,都可能要多次地读盘。这使每次访问文件的开销甚大,且增加了启动磁盘的频率。此外,要为每个共享用户建立一条符号链,而由于该链实际上是一个文件,尽管该文件非常简单,却仍要为它配置一个索引节点,这也要耗费一定的磁盘空间。

2. 基于索引节点的共享方式

在多级目录结构中,当有两个或多个用户要共享一个文件时,通过使不同文件控制块中的物理地址数据相同来实现,即文件控制块指向相同的物理块。在其中一个文件控制块添加了新内容后,如果其他共享该文件的文件控制块没有改变,则新增加的内容不能被所有共享用户共享。

为解决这个问题,可以采用基于索引节点的共享方式,UNIX 文件系统中使用的便是基于索引节点的共享方式。该方法把文件目录项中的文件物理地址和其他的文件属性信息放在索引节点中,如图 7.11 所示。每个文件的索引节点均按序存储在外存的固定区域。打开文件时,将指定文件索引节点中的相关内容复制到内存,称为内存索引节点或活动索引节点,也称内存文件控制块。

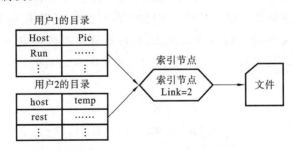

图 7.11 基于索引节点的共享方式

文件目录项中只有文件名和指向相应索引节点的指针,此时不同的文件目录项只需指向相同的索引节点即可实现共享。在一个文件增加了新物理块后,新增加的内容通过共同指向的索引节点能与其他用户共享。

在索引节点中再设置一个链接计数值 Link 来表示链接到本索引节点上的用户目录项的个数。当创建一个新文件时,需置链接计数值 Link=1。当有用户共享此文件时,需增加一个目录项指向该文件的索引节点,同时链接计数值加 1。删除共享文件时,也要判断 Link 的值,如果链接计数值 Link=1,就可删除文件及其索引节点,否则只删除当前的目录项并将链接计数值减 1。

基于索引节点的文件共享方式是一种间接链接方式,此时文件目录项中的内容只有索引节点的指针,从而降低了用户目录文件的存储开销。基于索引节点的共享方式存在悬空指针问题,即文件所有者不能删除自己的文件,否则将留下指向该文件索引节点的悬空指针,导致不能再次对该索引节点进行分配。为此,文件所有者只能清除自己的目录项,直至其他共享者都清除该文件为止。

7.4.2 文件安全

文件共享和文件安全是一个问题的两个方面。一方面,文件共享体现了系统内部用户之间及用户和系统之间的协作关系。另一方面,文件共享可能导致文件被破坏或某个用户的文件被盗用,造成这种局面的原因是未经文件所有者授权的擅自存取,以及某些用户的误操作,当然也包括文件所有者本人的误操作。文件安全包括文件的存取控制和文件保护,它是对文件共享的一种限制。文件系统应具有文件保护功能,并建立文件安全机制。文件安全机制应具有下述功能:

(1) 防止未核准的用户存取文件。

(2) 防止一个用户冒充另一个用户存取文件。

(3) 防止同组用户误用文件。

在实现存取控制时,不同的系统采用了不同的方法。下面介绍几种常用的存取控制方法。

1. 存取控制矩阵

可以利用一个矩阵来描述系统对文件的存取控制权限,并把该矩阵称为存取控制矩阵。这是一个二维矩阵,其中二维矩阵的行用于列出所有的用户,二维矩阵的列则表示所有的文件。对应的矩阵元素则是某一用户对某一文件的存取权限。存取控制矩阵通过查询矩阵来确定某一用户对某一文件的可访问性。例如,假设计算机系统中有 n 个用户 $U_1, U_2, \cdots,$ $U_j, \cdots, U_n (j=1,2,\cdots,n)$;系统中有 m 个文件 $F_1, F_2, \cdots, F_i, \cdots, F_m (i=1,2,\cdots,m)$,存取控制矩阵如下:

$$\mathbf{R} = \begin{bmatrix} R_{11} & R_{12} & \cdots & R_{1n} \\ R_{21} & R_{22} & \cdots & R_{2n} \\ \vdots & \vdots & & \vdots \\ R_{m1} & R_{m1} & \cdots & R_{mn} \end{bmatrix}$$

矩阵中元素 R_{ij} 表示用户 U_j 对文件 F_i 的存取权限。存取权限可以是读、写、执行及它们的任意组合。表 7.1 所示的就是一个存取控制矩阵的例子,其中,R 表示读,W 表示写,E 表示执行。

表 7.1　存取控制矩阵

用户 文件	Zhang	Wang	Li	……
F_1	RE	RW	R	……
F_2	REW	None	E	……
F_3	RW	EW	REW	……
⋮	⋮	⋮	⋮	⋮

当用户向文件系统提出访问请求时,由存取控制验证模块将该矩阵内容与本次访问要求进行比较:如果匹配,则允许本次请求;如果不匹配,则拒绝本次请求。

存取控制矩阵的优点是简单、清晰,缺点是实现起来有困难,不够经济。存取控制矩阵通常存放在内存,矩阵本身会占据大量的空间,而且其中还有很多空项,管理起来也较复杂。尤其是当文件系统很庞大时,更是如此。例如,若某系统有 500 个用户,他们共有 20000 个文件,那么与之相对应的存取控制矩阵就有 500×20000 个=10000000 个元素,这将占据相当大的存储空间。另外,查找这么大的表也很费时,而且每增加或减少一个用户或文件都要修改这个矩阵。因此,存取控制矩阵没有得到普遍的应用。

2. 存取控制表

存取控制矩阵所占空间太大,往往无法实现。通过分析存取控制矩阵不难发现,某一个文件只与少数几个用户有关,也就是说,存取控制矩阵实际上是一个稀疏矩阵,因而可以将其简化,即减少不必要的登记项。为此,可以按用户对文件的访问权限对用户进行分类,同时规定每一组用户对文件的存取权限。这样可将所有用户组存取权限的集合称为该文件的存取控制表。同时,还可以把对某一文件有存取要求的用户按某种关系分成几种类型,文件所有者、A 组、B 组和其他。同时规定每一类用户的存取权限,这样就得到了一个文件的存取控制表,如表 7.2 所示。

表 7.2　文件 File1 的存取控制表

文件 用户	File1
文件所有者	REW
A 组	RE
B 组	RW
其他	None

显然,这种方法不像存取控制矩阵那样对整个系统中所有文件的访问权限进行集中控制,而是对系统中的每一个文件设立一张存取控制表。由于该表的项数较少,可以把它放在文件目录项中。当文件被打开时,它的目录项被复制到内存,供存取控制验证模块检验存取

要求的合法性。UNIX 系统就是使用这种存取控制表,它把用户分成文件所有者、同组用户和其他用户三类,每类用户的存取权限为可读、可写、可执行及它们的组合。

3. 用户权限表

存取控制表是以文件为单位建立的,而以用户组为单位建立的存取控制表称为用户权限表。将一个用户或用户组所要存取的文件名集中存放在一个表,即文件权限表中,其中每个表项指明该用户或用户组对相应文件的存取权限,如表 7.3 所示。

表 7.3 用户权限表

用户 文件	Zhang
File1	REW
File2	RE
File3	RW
……	None

通常,把所有用户的用户权限表存放在一个特定存储保护区中,只允许存取控制验证模块访问这些权限表,这样就可以达到有效保护文件的目的。当用户对一个文件提出访问请求时,系统通过查访相应的权限表,就可判定其访问的合法性。

4. 口令方法

上述三种方法都要建立相应的表格来实现对文件的保护,这些表格本身需要占据一定的存储空间,而且表格的长度不一,这使得管理起来比较复杂。为此,提出了一种保证文件安全的比较简单的方法——口令方法,即文件所有者为自己的每个文件设置一个口令。口令方法有两种。一种是当用户进入系统,为建立终端进程时,获得系统使用权的口令。如果用户输入的口令与初始设置的口令不一致,则该用户将被系统拒绝。另一种是文件创建者创建文件时设置一个口令,且将该口令置入文件说明中,文件创建者把口令通知共享该文件的其他用户,当某个用户需要使用此文件时,必须提供口令,如果两个口令相符,则允许访问,否则拒绝访问。

该方法的优点是系统只需为每个需要保护的文件提供少量的保护信息,且只占用少量的存储空间,实现方便,易于管理。因此,该方法在各种操作系统中得到广泛的应用。但该方法也存在缺点,如口令保密性不强、不易更改存取权限等。每次修改某个用户的存取权限时,所有共享该文件的用户权限都将被取消。此时,文件创建者必须更改口令,而更改后的口令又必须通知其他允许使用该文件的用户,这对用户而言不是很方便。

5. 文件加密

文件保护的另一种方法是文件加密。文件加密是在用户创建源文件并将它写入存储设备时进行的,与之对应的文件解密则是在读出文件时对其进行的译码。文件加密操作和文件解密操作由系统中的存取控制验证模块完成。

文件加密和解密过程都需要用户提供一个密码(key)。加密程序根据这一密码对用户文件进行编码变换,然后将加密后的文件写入存储设备。读取文件时,只有当用户给定的密码与加密密码一致时,解码程序才能对加密文件进行解密,将其还原为源文件。因为只有核准的用户才知道用户提供的密码,所以只有核准的用户才能正确地访问文件。加密、解密过程如图 7.12 所示。

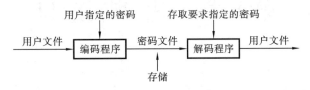

图 7.12 加密、解密过程

该方法中的密码由用户掌握,没有存放在系统中,因此非法用户无法窃取或篡改他人的文件。加密技术具有保密性强、占用存储空间少等优点。加密技术的主要缺点是编码和解码工作需要耗费大量的处理时间。

小 结

文件是计算机系统中数据存在的基本形式。文件系统的主要功能就是实现对文件的有效管理和方便文件的使用。为了实现这一功能,需要对文件采取相应的结构,对其进行存取,同时还需要对文件建立目录,以便对文件进行组织和管理。文件在系统中使用时,还应注意其共享和安全方面的问题,在充分共享信息的同时,也要防止未授权的用户对文件的访问。

习 题 7

1. 什么是文件系统? 文件系统的功能是什么?
2. 什么是数据项、记录和文件?
3. 什么是文件的逻辑结构? 试举出两类主要的文件逻辑结构。
4. 如何提高对变长记录顺序文件的检索速度?
5. NTFS 文件系统对文件采用什么样的物理结构?
6. 对目录管理的主要要求是什么?
7. 目前广泛采用的目录结构形式是哪种? 它有什么优点?
8. Hash 方法有何优点? 又有何局限性?
9. 试述基于索引节点和基于符号链的文件共享方式各自的优点。
10. 文件存取控制方式有哪几种? 试比较它们的各自优缺点。

第8章 用户接口

学习目标

❖ 了解计算机操作系统的接口类型。

❖ 了解操作系统的系统调用。

❖ 熟悉操作系统中命令接口的常用命令。

❖ 掌握图形用户接口的基本组成。

操作系统是用户与计算机硬件系统之间的接口,当用户需要时,激活操作系统,使它成为一个可以提供服务的系统。用户通过操作系统的帮助,可以快速、有效、安全、可靠地操纵计算机系统中的各类资源,以处理自己的程序。最常见的用户接口包括命令接口和程序接口两种形式,前者供用户在终端键盘上使用,后者供用户在编写程序时使用。而随着计算机技术的发展,除了上述两种接口外,还出现了图形接口。

8.1 系统生成和系统初启

为了激活操作系统,需要进行操作系统的启动工作,即将操作系统装入计算机,并对系统参数和控制结构进行初始化,这是计算机为用户所提供的用户工作环境。操作系统是一个大型的系统软件,包括程序和数据。在系统初启前,它必须存放在硬盘的特殊位置上,当系统加电时,才能开始系统初始化过程。但是,还有一个十分重要的问题,那就是操作系统的产生问题。

8.1.1 系统生成

操作系统的生成是形成一个能满足用户需要的操作系统的过程。这一过程只能由计算机厂商或系统程序员在需要时施行。这项工作将决定操作系统规模的大小、功能的强弱,所以它对计算机系统的特性和效率起着很大的作用。

所谓系统生成,是指为了满足物理设备的约束和需要的系统功能,通过组装一批模块来产生一个清晰的、使用方便的操作系统的过程。系统生成包括:根据硬件部件确定系统构造的参数,编辑系统模块的参数,并且连接系统的目标模块,成为一个可执行的程序。

系统生成过程中,必须确定以下信息:

(1) 使用的 CPU 类型、需安装的选项(如扩展指令集、浮点运算操作等)。对于有多个 CPU 的系统,必须描述每个 CPU 的类型。

(2) 可用主存空间。有的系统通过访问每个主存单元直到出现"非法地址"故障的方法来确定这一值。该过程定义了最后合法地址和可用主存的数量。

（3）可用的设备。系统需要知道设备类型、设备号、设备中断号及其所需的设备特点。

（4）所需的操作系统选项和参数值。例如，所支持进程的最大数量、需要的进程调度策略的类型、需要的缓冲区的大小等。

这些信息确定后，通过编译内核，生成所需要的操作系统的可执行代码。

操作系统的生成过程主要是针对开源的操作系统，如 Linux 来说的，用户可以根据需要自行进行操作系统内核代码的修改和生成。而对于 Windows 这样的操作系统来说，用户没有办法修改其内核，所以对于用户来说就不存在系统生成的过程，只需正确安装即可使用。

8.1.2　系统初启

在操作系统生成（安装成功）后，便以文件形式存储在某种存储介质（如磁盘）中。这是一个可执行的目标代码文件。

1. 什么是系统初启

系统初启又称系统引导，它的任务是将操作系统的必要部分装入主存并使系统运行，最终处于待命状态。系统初启在系统最初建立时要实施，在日常关机或运行中出现故障后也要实施。

系统初启分为以下三个阶段：

（1）初始引导：把系统核心装入主存中的指定位置，并在指定地址进行启动。

（2）核心初始化：执行系统核心的初启子程序，初始化系统核心数据。

（3）系统初始化：为用户使用系统做准备。例如，建立文件系统、建立日历时钟、在单用户系统中装载命令处理程序、在多用户系统中为每个终端分别建立命令解释进程并使系统进入命令接收状态。

系统引导在经过这三个阶段后，已经处于接收命令的状态，用户就可以使用操作系统提供的用户接口使用计算机系统了。

2. 系统初启的方式

操作系统的初启有独立引导（bootup）方式和辅助下装（download）方式两种方式。

1）独立引导方式

独立引导方式又称滚雪球方式，这种初启方式适用于微机和大多数系统。它的主要特点是，操作系统的核心文件存储在系统本身的存储设备中，由系统自己将操作系统核心程序读入主存并运行，最后建立一个操作环境。

2）辅助下装方式

辅助下装方式适用于多计算机系统、由主控机与前端机构成的系统及分布式系统。它的主要特点是操作系统的主要文件不放在系统本身的存储设备中，而是在系统启动后，执行下装操作，从另外的计算机系统中将操作系统常驻部分传送到计算机中，使它形成一个操作环境。这种方式的优点是可以节省较大的存储空间，下装的操作系统并非包含全部代码，只包括常驻部分或者专用部分的代码，若这部分代码出现问题或发生故障，则可以再次请求下装。

8.1.3 独立引导的过程

1. 初始引导

初始引导也称自举,即操作系统通过滚雪球的方式将自己建立起来。这是目前大多数系统所采用的一种引导方式。

系统核心是整个操作系统最关键的部分,只有它在主存中运行,才能逐步建立起整个操作系统。那么,在初始引导时,如何能在辅存上找到操作系统的核心文件并将它送到主存中呢? 这就需要设计一个小程序来实现这一功能,该程序称为引导程序。然而,这个引导程序也在辅存当中,如何将引导程序首先装入主存呢? 这需要有一个初始引导程序,而且这个程序必须在开机时就能自动运行,这就只能求助于硬件了。

在现代大多数计算机系统中,在它的只读存储器(ROM、PROM、EPROM)中都有一段用于初始引导的固化代码。当系统加电或按下某种按钮时,硬件电子线路便会自动地把只读存储器中这段初始引导程序读入主存,并将 CPU 控制权交给它。初始引导程序的任务是将辅存中的引导程序读入主存。这里必须明确指出,这个引导程序必须存放在辅存的固定位置(称为引导块)上。只读存储器从这个引导块上读取内容,而不管它具体是什么。这就要求将引导程序事先存放在这个引导块上。

初始引导的具体步骤如下:

(1) 系统加电。

(2) 执行初始引导程序,对系统硬件和配置进行自检,保证系统没有硬件错误。

(3) 从硬盘中读入操作系统引导程序,并将控制权交给该程序模块。

在 X86 计算机中,当计算机电源被打开时,它会先进行上电自检,然后执行 FFFF:0000 的 BIOS 初始引导程序。该程序的执行将寻找启动盘,如果从硬盘启动,则读入的是硬盘的 0 柱面 0 磁道 1 扇区。引导扇区的 512 个字节包含三个方面的内容:引导程序、磁盘分区表(其中之一标注为活动区)、引导盘标记。该扇区的内容会被读入内存的 0000:7C00 中,随后,CPU 执行跳转指令,跳转到 0000:7C00 处执行引导程序。

2. 引导程序执行

在引导程序进入主存后,随即开始运行。该程序首先查找分区表,找到活动分区,并读入活动分区的第一个扇区,一般整个磁盘的第一个扇区称为主引导块,每个逻辑磁盘的第一个扇区称为引导块。引导块被读入内存后,其程序被执行,该程序的任务是将操作系统的核心程序读入主存的某一位置,然后控制转入核心的初始化程序执行。由于现代操作系统往往都很庞大,系统映像可能以压缩的格式存放,而引导块又受限于 512 个字节,实现的功能有限,因此,引导程序也可以是只负责装入引导装入程序,再由后者装入操作系统。

3. 核心初始化

在装入操作系统后,开始执行核心的初始化程序,其任务是初始化系统数据结构及参数,具体如下:

(1) 建立与进程有关的数据结构。

(2) 获得自由存储空间容量,建立存储管理的数据结构。

(3) 建立系统设备和文件系统的数据结构。

（4）初始化时钟。

4. 系统初始化

系统初始化的主要任务是：做好一切准备工作，使系统处于命令接受状态，使用户随时都可以使用计算机。

（1）完善操作系统的工作环境，装载命令处理程序，并初始化。

（2）在多用户系统中，为每个终端建立命令解释进程，使系统处于命令接受状态。

8.2　命令接口

命令接口通常是指字符显示用户界面的联机用户接口。所谓字符显示式用户界面，即用户在利用该用户界面的联机用户接口实现与计算机的交互时，先在终端的键盘上键入所需的命令，由终端处理程序接收该命令，并在用户终端屏幕上，以字符显示方式反馈用户输入的命令信息、命令执行及执行结果信息。用户主要通过命令语言来实现对作业的控制和取得操作系统的服务。

8.2.1　命令语言

用户在终端键盘上键入的命令称为命令语言，它是由一组命令动词和参数组成的，以命令行的形式输入并提交给系统。命令语言具有规定的词法、语法、语义和表达形式。该命令语言以命令为基本单位指示操作系统完成特定的功能。完整的命令集反映了系统提供给用户可使用的全部功能。不同操作系统所提供的命令语言的词法、语法、语义及表达形式是不一样的，但其功能基本相同。命令语言一般又可分成两种方式：命令行方式和批命令方式。

1. 命令行方式

该方式以行为单位输入和显示不同的命令。每行长度一般不超过 256 个字符，命令的结束通常以回车符为标记。命令的执行是串行、间断的，后一个命令的输入一般需等到前一个命令执行结束，如用户键入的一条命令处理完成后，系统发出新的命令输入提示符，用户才可以继续输入下一条命令。也有许多操作系统提供了命令的并行执行方式，若一条命令的执行需要耗费较长时间，并且用户也不急需其结果（即两条命令执行是不相关的），则可以在一个命令的结尾输入特定的标记，将该命令作为后台命令处理，用户接着即可继续输入下一条命令，系统便可对两条命令进行并行处理。一般而言，对新用户来说，命令行方式十分烦琐，难以记忆，但对有经验的用户而言，命令行方式用起来快捷方便、十分灵活，所以，至今许多操作员仍常使用这种命令行方式。

简单命令的一般形式为

```
Command arg1 arg2...argn
```

其中，Command 是命令名，又称命令动词，其余为该命令所带的执行参数。有些命令可以没有参数。

2. 批命令方式

在操作命令的实际使用过程中，经常遇到需要对多条命令的连续使用，或若干条命令的重复使用，或对不同命令进行选择性使用的情况。如果用户每次都采用命令行方式，将命令一条条由键盘输入,既浪费时间,又容易出错。因此,操作系统都支持一种称为批命令的特别命令方式,允许用户预先把一系列命令组织在一种称为批命令文件的文件中,一次建立,多次执行。使用这种方式可减少用户输入命令的次数,既节省了时间和减少了出错概率,又方便了用户。通常批命令文件都有特殊的文件扩展名,如 MS-DOS 系统的.bat 文件。

同时,操作系统还提供了一套控制子命令,增强对命令文件使用的支持。用户可以使用这些子命令和形式参数书写批命令文件,使得这样的批命令文件可以执行不同的命令序列,从而增强了命令接口的处理能力。如 UNIX 和 Linux 中的 Shell 不仅是一种交互型命令解释程序,也是一种命令级程序设计语言解释系统,它允许用户使用 Shell 简单命令、位置参数和控制流语句编写带形式参数的批命令文件。这种批命令文件称为 Shell 文件或 Shell 过程。Shell 可以自动解释和执行该文件或过程中的命令。

8.2.2　命令的类型

为了能向用户提供多方面的服务,通常,操作系统都向用户提供了几十条甚至上百条命令。根据这些命令所完成的功能,可把它们分成以下几类:

1. 系统访问命令

在单用户微型机中,一般没有设置系统访问命令。然而在多用户系统中,为了保证系统的安全性,都毫无例外地设置了系统访问命令,即注册命令 Login。用户在每次开始使用某终端时,都须使用该命令,使系统能识别该用户。凡要在多用户系统的终端上上机的用户,都必须先在系统管理员处获得合法的注册名和口令。以后,每当用户在接通其所用终端的电源后,便由系统直接调用,并在屏幕上显示以下的注册命令:

　　Login: /提示用户键入自己的注册名

当用户键入正确的注册名,并按下回车键后,屏幕上又会出现:

　　Password: /提示用户键入自己的口令

用户在键入口令时,系统将关闭掉回送显示,以使口令不在屏幕上显示出来。如果键入的口令正确而使注册成功,则屏幕上会立即出现系统提示符(所用符号随系统不同而异),表示用户可以开始键入命令。如果用户多次(通常不超过三次)键入的注册名或口令都有错,则系统将解除与用户的连接。

2. 磁盘操作命令

微机操作系统通常都提供了若干条磁盘操作命令。

(1) 磁盘格式化命令 format。它被用于对指定驱动器上的磁盘进行格式化。每张新磁盘在使用前都必须先格式化。其目的是使磁盘记录格式能为操作系统所接受。可见,不同操作系统将磁盘初始化后的格式各异。此外,在格式化过程中,还将对有缺陷的磁道和扇区加保留记号,以防止将其分配给数据文件。

(2) 复制整个磁盘命令 diskcopy。该命令用于复制整个磁盘,另外它还有附加的格式化功能。如果目标盘片是尚未格式化的,则该命令在执行时,首先将未格式化的磁盘格式化,然后再进行复制。

(3) 磁盘比较命令 diskcomp。该命令用于将源盘与目标盘的各磁道及各扇区中的数据逐一进行比较。

（4）备份命令 backup。该命令用于把硬盘上的文件复制到磁盘上，而 restore 命令则完成相反的操作。

3. 文件操作命令

每个操作系统都提供了一组文件操作命令。微机操作系统中的文件操作命令有下述几种：

（1）显示文件命令 type：用于将指定文件内容显示在屏幕上。

（2）复制文件命令 copy：用于实现文件的复制。

（3）文件比较命令 comp：用于对两个指定文件进行比较。两个文件可以在同一个或不同的驱动器上。

（4）重新命名命令 rename：用于将以第一参数命名的文件的文件名改成第二参数给定的文件名。

（5）删除文件命令 erase：用于删除一个或一组文件，当参数路径名为 ＊.bak 时，表示删除指定目录下的所有扩展名为 .bak 的文件。

4. 目录操作命令

目录操作命令包括下述几个命令：

（1）建立子目录命令 mkdir：用于建立指定名字的新目录。

（2）显示目录命令 dir：用于显示指定磁盘中的目录项。

（3）删除子目录命令 rmdir：用于删除指定的子目录文件，但不能删除普通文件，而且，一次只能删除一个空目录（其中仅含"."和".."两个文件），不能删除根目录及当前目录。

（4）显示目录结构命令 tree：用于显示指定盘上的所有目录路径及其层次关系。

（5）改变当前目录命令 chdir：用于将当前目录改变为由路径名参数给定的目录。用".."做参数时，表示应返回到上一级目录下。

5. 其他命令

（1）输入/输出重定向命令。在有的操作系统中定义了两个标准 I/O 设备。通常，命令的输入取自标准输入设备，即键盘；而命令的输出通常送往标准输出设备，即显示终端。如果在命令中设置输出重定向符＞，其后接文件名或设备名，表示将命令的输出改向，送到指定文件或设备上。类似地，若在命令中设置输入重定向符＜，则不再是从键盘而是从重定向符左边参数所指定的文件或设备上，取得输入信息。

（2）管道连接。这是指把第一条命令的输出信息作为第二条命令的输入信息；类似地，又可把第二条命令的输出信息作为第三条命令的输入信息。这样，两条以上（含两条）的命令可形成一条管道。在 MS-DOS 和 UNIX 中，都用 | 作为管道符号，其一般格式为：

```
Command1 | Command2 | … | Commandn;
```

（3）过滤命令。在 UNIX 及 MS-DOS 中都有过滤命令，用于读取指定文件或标准输入，从中找出由参数指定的模式，然后把所有包含该模式的行都打印出来。例如，MS-DOS 中用命令 find/N"erase"（路径名）可对由路径名指定的输入文件逐行检索，把含有字符串"erase"的行输出。其中，/N 是选择开关，表示输出含有指定字符串的行；如果不用 N 而用 C，则表示只输出含有指定字符串的行数；若用 V，则表示输出不含指定字符串的行。

（4）批命令。为了能连续地使用多条键盘命令，或多次反复地执行指定的若干条命令，而又免去每次重敲这些命令的麻烦,可以提供一个特定文件。在 MS-DOS 中提供了一种特殊文件,其后缀名用.bat;在 UNIX 系统中称为命令文件。它们都是利用一些键盘命令构成一个程序,一次建立,多次使用。在 MS-DOS 中用 batch 命令去执行指定或默认驱动器的工作目录上指定文件中所包含的一些命令。

8.2.3 命令解释程序

所有的操作系统都是把命令解释程序放在操作系统的最高层,以便能直接与用户交互。该程序的主要功能是先对用户输入的命令进行解释,然后转入相应命令的处理程序去执行。MS-DOS 中的命令解释程序是 COMMAND. COM,UNIX 中的是 Shell。这里主要介绍 MS-DOS 的命令解释程序。

1. 命令解释程序的作用

在联机操作方式下,终端处理程序把用户键入的信息送入键盘缓冲区中保存。一旦用户键入回车符,便立即把控制权交给命令处理程序。显然,对于不同的命令,应有能完成特定功能的命令处理程序与之对应。可见,命令解释程序的主要作用是在屏幕上给出提示符,请用户键入命令,然后读入该命令,识别命令,再转到相应命令处理程序的入口地址,把控制权交给该处理程序去执行,并将处理结果送到屏幕上显示。若用户键入的命令有错,而命令解释程序未能予以识别,或在执行中间出现问题,则应显示出某一出错信息。

2. 命令解释程序的组成

MS-DOS 是 1981 年由 Microsoft 公司开发的、配置在微机上的操作系统。随着微机的发展,MS-DOS 的版本也在不断升级,由开始时的 1.0 版本升级到 1994 年的 6.X 版本。在此期间,它已是事实上的 16 位微机操作系统的标准。我们以 MS-DOS 操作系统中的 COMMAND. COM 处理程序为例,来说明命令解释程序的组成。它包括以下三部分:

(1) 常驻部分。这部分包括一些中断服务子程序。例如:正常退出中断 INT 20,它用于在用户程序执行完毕后,退回操作系统;驻留退出中断 INT 27,用这种方式,退出程序可驻留在内存中;还有用于处理和显示标准错误信息的 INT 24 等。常驻部分还包括这样的程序:在用户程序终止后,它检查暂存部分是否已被用户程序覆盖,若已被覆盖,便重新将暂存部分调入内存。

(2) 初始化部分。它跟随在常驻内存部分之后,在启动时获得控制权。这部分还包括对 AUTOEXEC. BAT 文件的处理程序,并决定应用程序装入的基地址。每当系统接电或重新启动后,由处理程序找到并执行 AUTOEXEC. BAT 文件。由于该文件在用完后不再被需要,因而它将被第一个由 COMMAND. COM 装入的文件所覆盖。

(3) 暂存部分。这部分主要是命令解释程序,并包含了所有的内部命令处理程序、批文件处理程序,以及装入和执行外部命令的程序。它们都驻留在内存中,但用户程序可以使用并覆盖这部分内存,当用户程序结束时,常驻程序又会将它们重新从磁盘调入内存,恢复暂存部分。

3. 命令解释程序的工作流程

系统在接通电源或复位后,初始化部分获得控制权,使整个系统完成初始化工作,并自动执行 AUTOEXEC. BAT 文件,之后便把控制权交给暂存部分。暂存部分首先读入键盘缓冲区中的命令,判别其文件名、扩展名及驱动器名是否正确。若发现有错,则在给出出错信息后返回;若无错,则再识别该命令。一种简单的识别命令的方法是基于一张表格,其中的每个表项都是由命令名及其处理程序的入口地址两项所组成的。如果暂存部分在该表中能找到键入的命令,且是内部命令,便可以直接从对应表项中获得该命令处理程序的入口地址,然后把控制权交给该处理程序去执行该命令。如果发现键入的命令不属于内部命令而是外部命令,则暂存部分还需为之建立命令行;再通过执行系统调用 exec 来装入该命令的处理程序,并得到其基地址;然后把控制权交给该程序去执行相应的命令。图 8.1 给出了 MS-DOS 的 COMMAND.COM 的工作流程。

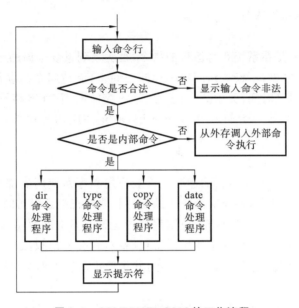

图 8.1 COMMAND.COM 的工作流程

8.3 程序接口

程序接口是操作系统专门为用户程序设置的,也是用户程序取得操作系统服务的唯一途径。程序接口通常是由各种类型的系统调用所组成的,因而,也可以说,系统调用提供了用户程序和操作系统之间的接口,应用程序通过系统调用实现其与操作系统的通信,并可取得它的服务。系统调用不仅可供所有的应用程序使用,而且也可供操作系统自身的其他部分,尤其是命令处理程序使用。在每个系统中,通常都有几十条甚至上百条的系统调用,并可根据其功能而把它们划分成若干类。例如,有用于进程控制(类)的系统调用和用于文件管理(类)、设备管理(类)及进程通信(类)等类的系统调用。

8.3.1 系统调用的基本概念

通常,操作系统的核心中都设置了一组用于实现各种系统功能的子程序(过程),并将它们提供给应用程序调用。由于这些程序或过程是操作系统本身程序模块中的一部分,为了保护操作系统程序不被用户程序破坏,一般都不允许用户程序访问操作系统的程序和数据,所以也不允许应用程序采用一般的过程调用方式来直接调用这些过程,而是向应用程序提供了一系列的系统调用,让应用程序通过系统调用去调用所需的系统过程。

1. 系统态和用户态

在计算机系统中,通常运行着系统程序和应用程序两类程序,为了保证系统程序不被应用程序有意或无意地破坏,为计算机设置了两种状态:系统态(也称管态或核心态)和用户态(也称目态)。操作系统在系统态下运行,而应用程序只能在用户态下运行。在实际运行过程中,处理机会在系统态和用户态间切换。相应地,现代多数操作系统将 CPU 的指令集分为特权指令和非特权指令两类。

1) 特权指令

所谓特权指令,就是在系统态时运行的指令,是关系到系统全局的指令。其对内存空间的访问范围基本不受限制,不仅能访问用户存储空间,也能访问系统存储空间,如启动各种外部设备、设置系统时钟时间、关中断、清主存、修改存储器、管理寄存器、执行停机指令、转换执行状态等。特权指令只允许操作系统使用,不允许应用程序使用,否则会引起系统混乱。

2) 非特权指令

非特权指令是在用户态下运行的指令。一般应用程序所使用的都是非特权指令,它只能完成一般性的操作和任务,不能对系统中的硬件和软件直接进行访问,其对内存的访问范围也局限于用户空间。这样,可以防止应用程序的运行异常对系统造成的破坏。这种限制是由硬件实现的,如果在应用程序中使用了特权指令,就会发出权限出错信号,操作系统捕获到这个信号后,将转入相应的错误处理程序,并将停止该应用程序的运行,重新调度。

2. 系统调用

如上所述,一方面由于系统提供了保护机制,防止应用程序直接调用操作系统的相关过程,从而避免了系统的不安全。但另一方面,应用程序又必须取得操作系统所提供的服务,否则,应用程序几乎无法做任何有价值的事情,甚至无法运行。为此,操作系统提供了系统调用,使应用程序可以通过系统调用的方法,间接调用操作系统的相关过程,取得相应的服务。

当应用程序中需要操作系统提供服务时,如请求 I/O 资源或执行 I/O 操作,应用程序必须使用系统调用命令。操作系统捕获到该命令后,便将 CPU 的状态从用户态转换到系统态,然后执行操作系统中相应的子程序(例程),完成所需的功能。执行完成后,系统又将 CPU 状态从系统态转换到用户态,再继续执行应用程序。可见,系统调用在本质上是应用程序请求操作系统内核完成某功能时的一种过程调用,但它是一种特殊的过程调用,它与一般的过程调用有下述几方面的明显差别:

(1) 运行在不同的系统状态。一般的过程调用,其调用程序和被调用程序都运行在相同的状态——系统态或用户态。而系统调用与一般调用的最大区别就在于:调用程序运行在用户态,而被调用程序运行在系统态。

(2) 状态的转换通过软中断进入。由于一般的过程调用并不涉及系统状态的转换,可直接由调用过程转向被调用过程。但当运行系统调用时,由于调用和被调用过程工作在不同的系统状态,因而不允许由调用过程直接转向被调用过程。通常都是通过软中断机制,先由用户态转换为系统态,经核心分析后,才能转向相应的系统调用处理子程序。

(3) 返回问题。在采用了抢占式(剥夺)调度方式的系统中,在被调用过程执行完后,要对系统中所有要求运行的进程做优先权分析。当调用进程仍具有最高优先级时,才返回到调用进程继续执行;否则,将引起重新调度,以便让优先权最高的进程优先执行。此时,将调用进程放入就绪队列。

(4) 嵌套调用。像一般过程一样,系统调用也可以嵌套进行,即在一个被调用过程的执行期间,还可以利用系统调用命令去调用另一个系统调用。当然,每个系统对嵌套调用的深度都有一定的限制,如最大深度为 6。但一般的过程对嵌套的深度则没有什么限制。图 8.2所示出了有嵌套及没有嵌套的两种系统调用情况。

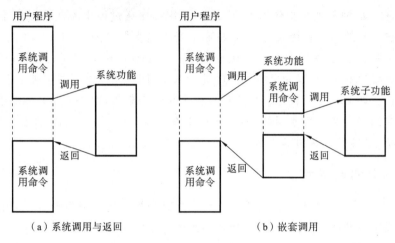

图 8.2 系统调用

我们可以通过一个简单的例子来说明在用户程序中是如何使用系统调用的。例如,要编写一个简单的程序,用于从一个文件中读出数据,再将该数据复制到另一文件中。为此,首先需输入该程序的输入文件名和输出文件名。文件名可用多种方式指定,一种方式是由程序询问用户两个文件的名字。在交互式系统中,该方式要使用一系列的系统调用命令,先在屏幕上打印出一系列提示信息,然后从键盘终端读入定义两个文件名的字符串。

一旦获得两个文件名后,程序又必须利用系统调用命令 open 去打开输入文件,并用系统调用命令 creat 去创建指定的输出文件;在执行系统调用命令 open 时,又可能发生错误。例如,程序试图去打开一个不存在的文件;或者,该文件虽然存在,但并不允许被访问。此时,程序又需利用一系列系统调用命令去显示出错信息,继而再利用一个系统调用命令去实现程序的异常终止。类似地,在执行系统调用命令 creat 时,同样可能出现错误。例如,系统中早已有了与输出文件同名的另一文件,这时又需利用一个系统调用命令来结束程序;或者利用一个系统调用命令来删除已存在的那个同名文件,然后,再利用 creat 来创建输出文件。

在打开输入文件和创建输出文件都获得成功后,还需利用申请内存的系统调用命令 alloc 根据文件的大小申请一个缓冲区。成功后,再利用系统调用命令 read 从输入文件中把数据读到缓冲区内,读完后,又用系统调用命令 close 去关闭输入文件。然后再利用系统调用命令 write,把缓冲区内的数据写到输出文件中。在读或写操作中,也都可能需要回送各种出错信息。比如,在输入时可能发现已到达文件末尾(指定的字符数尚未读够);在读过程中可能发现硬件故障(如奇、偶错);在写操作中可能遇见各种与输出设备类型有关的错误,比如,已无磁盘空间、打印机缺纸等。在将整个文件复制完成后,程序又需调用 close 去关闭输出文件,并向控制台写一个消息以指示复制完毕。最后,再利用一个系统调用命令 exit 使程序正常结束。由上述可见,一个用户程序将频繁地利用各种系统调用命令以取得系统调用所提供的多种服务。

3. 中断机制

系统调用是通过中断机制实现的,并且一个操作系统的所有系统调用都通过同一个中断入口来实现。如 MS-DOS 提供了 INT 21H,应用程序通过该中断获取操作系统的服务。对于拥有保护机制的操作系统来说,中断机制本身也是受保护的,在 IBM PC 上,Intel 提供了多达 255 个中断号,但只有授权给应用程序保护等级的中断号,才是可以被应用程序调用的。对于未被授权的中断号,如果应用程序进行调用,同样会引起保护异常,而导致自己被操作系统停止。如 Linux 仅仅给应用程序授权了 4 个中断号,即 3、4、5 及 80h,前三个中断号是提供给应用程序调试所使用的,而 80h 正是系统调用(system call)的中断号。有关中断的详细介绍,请参见本书的第 2 章。

8.3.2 系统调用的类型

通常,一个操作系统所具有的许多功能可以从其所提供的系统调用中表现出来。显然,由于各操作系统的性质不同,在不同的操作系统中提供的系统调用之间也会有一定的差异。对于一般通用的操作系统而言,可将其所提供的系统调用分为进程控制、文件操纵、进程通信、设备管理和信息维护等几大类。

1. 进程控制类系统调用

这类系统调用主要用于对进程的控制,如创建一个新的进程和终止一个进程的运行,获得和设置进程属性等。

1) 创建和终止进程的系统调用

在多道程序环境下,为使多道程序能并发执行,必须先利用创建进程的系统调用来为欲参加并发执行的各程序分别创建一个进程。当进程已经执行结束,或因发生异常情况而不能继续执行时,可利用终止进程的系统调用来结束该进程的运行。

2) 获得和设置进程属性的系统调用

在创建了一个新进程后,为了能控制它的运行,应当能了解、确定和重新设置它的属性。这些属性包括进程标识符、进程优先级、最大允许执行时间等。此时,我们可利用获得进程属性的系统调用,来了解某进程的属性,利用设置进程属性的系统调用,来确定和重新设置进程的属性。

3) 等待某事件出现的系统调用

进程在运行过程中,有时需要等待某事件(条件)出现后方可继续执行。例如,一个进程在创建了一个(些)新进程后,需要等待它(们)运行结束,才能继续执行,此时可利用等待子进程结束的系统调用进行等待;又如,在客户端-服务器模式中,若无任何客户端向服务器发出消息,则服务器接收进程后便无事可做,此时该进程就可利用等待(事件)的系统调用,使自己处于等待状态,一旦有客户端发来消息,接收进程便被唤醒,进行消息接收的处理。

2. 文件操纵类系统调用

对文件进行操纵的系统调用数量较多,有创建文件、删除文件、打开文件、关闭文件、读文件、写文件、建立目录、移动文件的读/写指针、改变文件的属性等。

1) 创建和删除文件

当用户需要在系统中存放程序或数据时,可利用创建文件的系统调用命令 creat,由系统根据用户提供的文件名和存取方式来创建一个新文件;当用户已不再需要某文件时,可利用删除文件的系统调用命令 unlink 将指名文件删除。

2) 打开和关闭文件

用户在第一次访问某个文件之前,应先利用打开文件的系统调用命令 open,将指名文件打开,即系统将在用户(程序)与该文件之间建立一条快捷通路。在文件被打开后,系统将给用户返回一个该文件的句柄或描述符;当用户不再访问某文件时,又可利用关闭文件的系统调用命令 close,将此文件关闭,即断开该用户程序与该文件之间的快捷通路。

3) 读和写文件

用户可利用读系统调用命令 read,从已打开的文件中读出给定数目的字符,并送至指定的缓冲区中;同样,用户也可利用写系统调用命令 write,从指定的缓冲区中将给定数目的字符写入指定文件中。read 和 write 两个系统调用命令是文件操纵类系统调用中使用最频繁的。

3. 进程通信类系统调用

在操作系统中经常采用两种进程通信方式,即消息传递方式和共享存储区方式。当系统中采用消息传递方式时,在通信前,必须先打开一个连接。为此,应由源进程发出一条打开连接的系统调用命令 open connection,而目标进程则应利用接受连接的系统调用命令 accept connection 来表示同意进行通信;然后,在源进程和目标进程之间便可开始通信。可以利用发送消息的系统调用命令 send message 或者用接收消息的系统调用命令 receive message 来交换信息。通信结束后,还需再利用关闭连接的系统调用命令 close connection 来结束通信。

用户在利用共享存储区进行通信之前,需先利用建立共享存储区的系统调用来建立一个共享存储区,再利用建立连接的系统调用将该共享存储区连接到进程自身的虚地址空间上,然后便可利用读和写共享存储区的系统调用实现相互通信。

除上述的三类外,常用的系统调用还包括设备管理类系统调用和信息维护类系统调用,前者主要用于实现申请设备、释放设备、设备 I/O 和重定向、获得和设置设备属性、逻辑上连接和释放设备等功能,后者主要用于获得包括有关系统和文件的时间、日期信息、操作系统版本、当前用户及有关空闲内存和磁盘空间大小等多方面的信息。

8.3.3　系统调用的实现

系统调用的实现与一般过程调用的实现相比,两者间有很大差异。对于系统调用,控制是由原来的用户态转换为系统态,这是借助于中断和陷入机制来完成的。该机制包括中断和陷入硬件机构及中断与陷入处理程序两部分。当应用程序使用操作系统的系统调用时,产生一条相应的指令,CPU 在执行这条指令时发生中断,并将有关信号送给中断和陷入硬件机构,该机构收到信号后,启动相关的中断与陷入处理程序进行处理,实现该系统调用所需要的功能。

1. 中断和陷入硬件机构

1) 中断和陷入的概念

中断是指 CPU 对系统发生某事件时的这样一种响应:CPU 暂停正在执行的程序,在保留现场后自动地转去执行该事件的中断处理程序;执行完后,再返回到原程序的断点处继续执行。还可进一步把中断分为外中断和内中断。所谓外中断,是指由于外设事件所引起的中断,如通常的磁盘中断、打印机中断等;而内中断(trap)则是指由于 CPU 内部事件所引起的中断,如程序出错(非法指令、地址越界)、电源故障等。内中断也被译为捕获或陷入。通常,陷入是由于执行了现行指令所引起的;而中断则是由于系统中某事件引起的,该事件与现行指令无关。由于系统调用引起的中断属于内中断,因此把由于系统调用引起中断的指令称为陷入指令。

2) 中断和陷入的向量

为了处理上的方便,通常都是针对不同的设备编写不同的中断处理程序,并把该程序的入口地址放在某特定的内存单元中。此外,不同的设备也对应着不同的处理机状态字(PSW),且把它放在与中断处理程序入口指针相邻接的特定单元中。在进行中断处理时,只要有了这样两个字(入口地址和处理机状态字),便可转入相应设备的中断处理程序,重新装配处理机的状态字和优先级,进行对该设备的处理。因此,我们把这两个字称为中断向量。相应地,把存放这两个字的单元称为中断向量单元。类似地,对于陷入,也有陷入向量,不同的系统调用对应不同的陷入向量。在进行陷入处理时,根据陷入指令中的陷入向量,转入实现相应的系统调用功能的子程序,即陷入处理程序。所有的中断向量和陷入向量构成中断和陷入向量表,如表 8.1 所示。

表 8.1　中断和陷入向量表

中断向量单元	外 设 种 类	优　先　级	中断处理程序入口地址
060	电传输入	4	klrint
064	电传输出	4	klxint
070	纸带机输入	4	perint
074	纸带机输出	4	pcpint
⋮	⋮	⋮	⋮

陷入向量单元	陷入种类	优　先　级	陷入处理程序入口地址
004	总线超时	4	trap
064	非法指令	4	trap
070	电源故障	4	trap
074	trap 指令	4	trap
⋮	⋮	⋮	⋮

2. 系统调用号和参数的设置

往往在一个系统中设置了许多条系统调用命令,并赋予每条系统调用命令一个唯一的系统调用号。在系统调用命令(陷入指令)中把相应的系统调用号传递给中断和陷入机制的方法有很多种:有的系统直接把系统调用号放在系统调用命令(陷入指令)中,如 IBM 370 和早期的 UNIX 系统是把系统调用命令的低 8 位用于存放系统调用号;另一些系统则将系统调用号装入某指定寄存器或内存单元中,如 MS-DOS 是将系统调用号放在 AH 寄存器中,Linux 则利用 EAX 寄存器来存放应用程序传递的系统调用号。

1)实现方式

每一条系统调用命令都含有若干个参数,在执行系统调用命令时,要考虑如何设置系统调用命令所需的参数,即如何将这些参数传递给陷入处理机构和系统内部的子程序(过程)。常用的实现方式有以下几种:

(1)陷入指令自带方式。陷入指令除了携带一个系统调用号外,还要自带几个参数进入系统内部,由于一条陷入指令的长度是有限的,因此自带的只能是少量的、有限的参数。

(2)直接将参数送入相应的寄存器中。MS-DOS 便是采用这种方式,即用 MOV 指令将各个参数送入相应的寄存器中。系统程序和应用程序显然应是都可以访问这种寄存器的。这种方式的主要问题是,这种寄存器数量有限,因而限制了所设置参数的数目。

(3)参数表方式。将系统调用命令所需的参数放入一张参数表中,再将指向该参数表的指针放在某个指定的寄存器中。当前大多数的操作系统,如 UNIX 系统和 Linux 系统就采用了这种方式。该方式又可进一步分成直接和间接两种方式。在直接参数方式中,所有的参数值和参数的个数 N 都放入一张参数表中;而在间接参数方式中,参数表中仅存放参数个数和指向真正参数表的指针。

2)处理过程的步骤

系统调用的处理过程可分成以下三步。

首先,将处理机状态由用户态转为系统态;之后,由硬件和内核程序进行系统调用的一般性处理,即首先保护被中断进程的 CPU 环境,将处理机状态字 PSW、程序计数器 PC、系统调用号、用户栈指针及通用寄存器内容等压入堆栈;然后,将用户定义的参数传送到指定的地址保存起来。

其次,分析系统调用类型,转入相应的系统调用处理子程序。为使不同的系统调用能方便地转向相应的系统调用处理子程序,在系统中配置了一张系统调用入口表。表中的每个表项都对应一条系统调用命令,其中包含该系统调用命令自带参数的数目、系统调用处理子程序的入口地址等。因此,核心可利用系统调用号去查找该表,即可找到相应系统调用处理子程序的入口地址而转去执行它。

最后,在系统调用处理子程序执行完后,应恢复被中断的或设置新进程的 CPU 现场,然后返回被中断进程或新进程,继续往下执行。

3. 系统调用处理子程序的处理过程

系统调用的功能主要是由系统调用子程序来完成的。对于不同的系统调用,其处理程序将执行不同的功能。下面以一条在文件操纵中常用的 creat 命令为例来说明。进入creat 的系统调用处理子程序后,核心将根据用户给定的文件路径名 Path,利用目录检索过程去查找指定文件的目录项。查找目录可以用线性检索法,也可用 Hash 方法。如果在文件目录中找到了指定文件的目录项,则表示用户要利用一个已有文件来建立一个新文件。但如果在该已有(存)文件的属性中有不允许写属性,或者创建者不具有对该文件进行修改的权限,便认为是出错而做出错处理;若不存在访问权限问题,则将已存文件的数据盘块释放掉,准备写入新的数据文件。若未找到指名文件,则表示要创建一个新文件,核心便从其目录文件中找出一个空目录项,并初始化该目录项,包括填写文件名、文件属性、文件建立日期等,然后将新建文件打开。

8.4　图形接口

用户虽然可以通过命令行方式和批命令方式来获得操作系统的服务,并控制自己的作业运行,但却要牢记各种命令的动词和参数,必须严格按规定的格式输入命令,而且不同操作系统所提供的命令语言的词法、语法、语义及表达形式是不一样的,这样既不方便又花费时间。于是,图形化用户接口(graphics user interface,GUI)便应运而生。GUI 又称图形化用户界面。

GUI 是近年来最为流行的联机用户接口形式,并已制定了国际 GUI 标准。20 世纪九十年代推出的主流操作系统都提供了 GUI。1981 年,Xerox 公司在 Star 8010 工作站操作系统中,首次推出了 GUI。1983 年,Apple 公司又在 Apple Lisa 机和 Macintosh 机上的操作系统中成功使用了 GUI。之后,还有 Microsoft 公司的 Windows、IBM 公司的 OS/2、UNIX 和 Linux 使用的 X-Window 都使用了 GUI。

GUI 采用了图形化的操作界面,使用 WIMP 技术,将窗口(window)、图标(icon)、菜单(menu)、鼠标(pointing device)和面向对象技术等集成在一起,引入形象的各种图符将系统的各项功能、各种应用程序和文件,直观、逼真地表示出来,形成一个图文并茂的视窗操作环境。用户可以轻松地通过选择窗口、菜单、对话框和滚动条完成对作业和文件的各种控制与操作。

以 Microsoft 公司的 Windows 系列操作系统为例,在系统初始化后,操作系统为终端用户生成了一个运行 explorer.exe 的进程,它运行一个具有窗口界面的命令解释程序,该窗口为一个特殊的窗口,即桌面。"开始"菜单中罗列了系统的各种应用程序,单击某个程序,则命令解释程序会产生一个新进程,由新进程弹出一个新窗口,并运行该应用程序,该新窗口的菜单栏或图符栏会显示应用程序的子命令。用户可进一步选择并单击子命令,如果该子命令需要用户输入参数,则会弹出一个对话窗口,指导用户进行命令参数的输入,输入完成后,用户单击"确定"按钮,即进入执行处理过程。

Windows 系统采用的是事件驱动控制方式,用户通过动作来产生事件以驱动程序工作。事件实质就是发送给应用程序的一个消息,用户按键或单击鼠标等动作都会产生一个事件,通过中断系统引出事件驱动控制程序工作,对事件进行接收、分析、处理和清除。各种命令和系统中所有的资源,如文件、目录、打印机、磁盘、各种系统应用程序等都可以定义为一个菜单、一个按钮或一个图标,所有的程序都拥有窗口界面,窗口中所使用的滚动条、按钮、编辑框、对话框等各种操作对象都采用统一的图形显示方式和操作方法。用户可以通过鼠标(或键盘)操作选择所需的菜单、图标或按钮,从而达到控制系统、运行某个程序、执行某个操作(命令)的目的。

下面将以 Windows 7 为背景来介绍 GUI。

8.4.1 桌面、图标和超级任务栏

1. 桌面与图标的初步概念

在运行 Windows 7 时,其操作都是在桌面进行的。所谓桌面,是指整个屏幕空间,即在运行 Windows 7 时用户所看到的屏幕如图 8.3 所示。该桌面是由多个任务共享的。为了避免混淆,每个任务都通过各自的窗口显示其操作和运行情况,因此,Windows 7 允许在桌面上同时出现多个窗口。所谓窗口,是指屏幕上的一块矩形区域。应用程序(包括文档)可通过窗口向用户展示出系统所能提供的各种服务及其需要用户输入的信息;用户可通过窗口中的图标去查看和操纵应用程序或文档。

图 8.3　Windows 7 桌面

面向字符的窗口并不提供图标。在面向图形的窗口中,图标则是 GUI 中的一个重要元

素。所谓图标,是代表一个对象的小图像,如代表一个文件夹或程序的图标,它是最小化的窗口。当用户暂时不用某窗口时,单击最小化按钮,即可将该窗口缩小为图标;而通过对该图标双击的操作,又可将之恢复为窗口。

2. 桌面上常见的图标

随着计算机设置的不同,在启动 Windows 7 时,在桌面左边也会出现一些不同的图标。在 Windows 7 中文版的桌面上比较常见的图标有以下几个:

(1)计算机。双击此图标后,桌面上将出现"计算机"窗口,或者可以称为"资源管理器"窗口,并在窗口中显现出用户计算机的所有资源。

(2)回收站。该图标用于暂存用户所删除的文件及文件夹,以便在需要时将之恢复。

(3)administrator。该图标用于供管理者用户存放自己建立的文件夹和文件。

(4)网络。如果用户的计算机已连接到局域网,那么用户便可通过该图标方便地使用局域网中其他计算机上可共享的资源,还可查看本机上的共享资源,以及对本机的网络进行管理和配置。

3."开始"按钮和超级任务栏

在 Windows 7 桌面的下方,一般都设置了"开始"按钮和超级任务栏,并作为系统的默认设置。只要 Windows 7 在运行,在屏幕下方即可见到它。

图 8.4 Windows 7 开始菜单

(1)"开始"按钮。"开始"按钮位于任务栏的左边。单击"开始"按钮,便可打开开始菜单,如图 8.4 所示,其中包括用户常用的工具软件和应用程序,如程序选项、文档选项、控制面板选项等。因此,用户会经常使用"开始"按钮来运行一个程序。如果右击"开始"按钮,则打开一个快捷菜单,其中包括"打开 Windows 资源管理器"选项。此外,在关闭计算机之前,应先关闭 Windows 7 系统,此时同样是先单击"开始"按钮,然后再单击菜单中的"关闭"选项。

(2)超级任务栏。设置超级任务栏的目的是帮助用户快速启动常用的程序,方便地切换当前的程序。因此,在超级任务栏中包含若干个常用的应用程序小图标,如用于实现英文输入或汉字拼音输入等的小图标、控制音量大小的小图标、查看和改变系统时钟的小图标等。

为了便于任务之间的切换,凡曾经运行过且尚未关闭的任务,在超级任务栏中都有其相应的小图标。因此,如果用户希望运行其中的某个程序,只需单击代表该程序的小图标,该程序的窗口便可显现在屏幕上。应用程序之间的切换就像看电视时的频道切换一样简单。

(3)超级任务栏的隐藏方式。超级任务栏在桌面中所占的大小可根据用户的需要进行调整。超级任务栏可以始终完整地显现在屏幕上,不论窗口是如何切换或移动的,都不能把超级任务栏覆盖掉。当然,这样一来,任务栏将占用一定的可用屏幕空间。如果用户希望尽可能拓宽屏幕的可用空间,也可选用超级任务栏的隐藏方式,这时,任务栏并未真正消除,只是暂时在屏幕上看不见。相应地,在屏幕底部会留下一条白线,当用户又想操作超级任务栏时,只需将鼠标移到此白线上,超级任务栏又会立即显现出来。当鼠标离开该线后,超级任务栏又会隐藏起来。

(4) 任务子栏。在 Windows 7 的超级任务栏中,可以增加若干个任务子栏。例如,增加"地址"子栏后,可在其中存放许多地址,如文件夹名、局域网上某计算机的地址、WWW 地址等;又如,"桌面"子栏,用于显示当前桌面上的组件(计算机、回收站等)。任务子栏可以不同的形式放在桌面上,如可利用鼠标将某子栏从桌面上拖出,形成一个独立的窗口,也可将某子栏拖至桌面的边缘,系统会自动地将它变为一个独立的工具栏。

8.4.2 窗口

1. 窗口的组成

在熟练使用 Windows 7 之前,必须先了解其窗口的组成,即了解组成窗口的各元素。图 8.5 示出了 Windows 7 的一个典型窗口,在该窗口中包括如下诸元素:

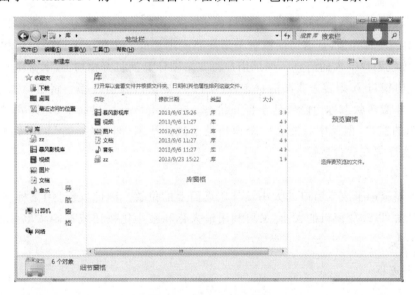

图 8.5 Windows 7 窗口

(1) 地址栏。地址栏是位于窗口上部的横条,其中显示的是当前窗口所显示的内容所在的详细地址,若地址栏显示"库",则表明当前窗口显示的内容是 Windows 7"库"中的内容。

(2) 搜索栏。搜索栏用于在当前地址所对应的路径下对资源进行搜索。

(3) 菜单栏。菜单栏都在地址栏的下面,以菜单条的形式出现。在菜单条中列出了可选的各菜单项,用于提供各类不同的操作功能,如常见的有文件(F)、编辑(E)、查看(V)、工具(T)、帮助(H)等菜单项。

(4) 控制菜单按钮。它位于窗口左上角。可用它打开窗口的控制菜单,在菜单中有用于实现窗口最大化、最小化、移动、还原、大小、关闭等操作的选项命令。

(5) 最大化、最小化和关闭按钮。窗口右上角有三个按钮,单击其中间的最大化按钮,可把窗口放大到最大(占据整个桌面);当窗口已经最大化时,最大化按钮就变成还原按钮,单击之,又可将窗口还原为原来的大小;单击左边的最小化按钮,可将窗口缩小成图标;若需关闭该窗口,则可单击右边的关闭按钮。

(6) 滚动条。当窗口的大小不足以显示出整个文件(档)的内容时,可使用位于窗口底部或右边的滚动块(向右或向下移动),以观察该文件(档)中的其余部分。

(7) 窗口边框。界定窗口边界的网条边称为窗口边框。用鼠标移动一条边框的位置,可改变窗口的大小;也可利用鼠标去移动窗口的一个角,来同时改变窗口两条边框的位置,以改变窗口的位置和大小。

(8) 显示窗格。显示窗格用于显示当前地址所对应的路径下的资源的区域。

(9) 预览窗格。预览窗格是对在显示窗格中选中的文件(档)进行预览的区域。

(10) 导航窗格。通过导航窗格可以直接跳转到其他地址,并对其下的资源进行显示。

2. 窗口的性质

1) 窗口的状态

当用户双击图标 A 而打开相应的窗口 A 时,该窗口便处于激活状态。此时用户可以看见窗口 A 中的所有元素,且窗口的标题条呈高亮度浅蓝色。被激活窗口的应用程序在前台运行,它能接收用户键入的信息。如果用户再双击图标 B 而打开窗口 B,则窗口 B 又处于激活状态。此时窗口 A 则转为非激活状态,且窗口 A 被窗口 B 所覆盖。将窗口虽已被打开,但却是处于非激活状态称为窗口处于打开状态。在 Windows 7 桌面上,允许同时有多个处于打开状态的窗口,但其中只能有一个窗口处于激活状态,即仅有一个应用程序在前台运行,其余的程序都在后台运行。

2) 窗口的改变

用户可用鼠标来改变窗口的大小及其在桌面上的位置。因此,既可用鼠标来拖曳窗口边框或窗口角,以改变窗口的大小,又可利用最大化和最小化按钮或控制菜单,来将窗口最大化或最小化。

8.4.3 对话框

1. 对话框的用途

对话框是在桌面上带有标题条、输入框和按钮的一个临时窗口,也称对话窗口。虽然对话框与窗口有些相似,但也有明显差别,主要表现为:在所有对话框上都没有工具栏,而且对话框的大小是固定不变的,因而也没有其相应的最大化和最小化按钮;对话框也不能像窗口那样用鼠标拖曳其边框或窗口角来改变其大小和位置;此外,对话框是临时窗口,用完后便自动消失,或用取消命令将它消除。

对话框的主要用途是实现人-机对话,即系统可通过对话框提示用户输入与任务有关的信息,如提示用户输入要打开文件的名字、其所在目录、所在驱动器及文件类型等信息;或者供用户对对象的属性、窗口等的环境进行重新设置,如设置文件的属性、设置显示器的颜色和分辨率、设置桌面的显示效果,还可以提供用户可能需要的信息等。

2．对话框的组成

Windows 7 的对话框可由以下几个元素组成，其中有的简单，有的复杂。图 8.6(a)、图 8.6(b)分别示出了 Windows 7 的"另存为"和"文本服务和输入语言"两个常用的对话框。

（a）"另存为"对话框　　　　　　　（b）"文本服务和输入语言"对话框

图 8.6　Windows 7 对话框

1）标题栏

对话框的标题栏位于其顶部，其中，左边部分为对话框名称（如名称为"另存为"），右边部分是帮助按钮和关闭按钮。

2）输入框

输入框可分为两类。一类是文本框，是一个供用户输入文本信息的矩形框，用户可通过键盘向文本框内输入任何符合要求的字符串，如图 8.6(a)中的"文件名"文本框。另一类是列表框。在列表框中为用户提供参考信息以供用户选择，但用户不能对列表框中的内容进行修改。列表框有三种形式：第一种是简单列表框，需要显示的内容全部列于该框中；第二种是滚动式列表框，在框的右边框处有一个滚动条（滑块），可用于查看该框中未显示部分的内容；第三种是下拉式列表框，在框中仅有一行文字（一个选项），其右边有一个朝下的三角形符号，对它进行单击后，可弹出一个下拉式列表框供用户选择。

3）按钮

Windows 7 提供了多种形式的按钮，如命令按钮、选择按钮、滑块式按钮、数字式增减按钮等。

（1）命令按钮。可用该按钮来启动一个立即响应的动作，如"确定"按钮、"取消"按钮、"关闭"按钮、"开始"按钮等。命令按钮通常是含有文字的矩形按钮，在对话框的底部或右部。

（2）选择按钮。它又可分为单选按钮和复选按钮两种。在同一组的多个单选按钮中，每次必须且只能选择其一。单选按钮为圆形。当某一选项被选中时，该圆形按钮中会增加一个同心圆点，如图 8.6(b)中"语言栏"下面的三个单选按钮。用户可根据需要在多个复选按钮中选择其中一个或多个按钮。复选按钮呈方框形，如被选中，相应方框中会出现"√"标记，如图 8.6(b)中"语言栏"下面的几个复选按钮。

（3）滑块式按钮。某些对象的属性是可在一定范围内进行连续调节的，如双击的速度、键盘的重复速率、音响音量的调节等,此时可以使用滑块式按钮。

(4) 数字式增减按钮。有些属性已被数字化,且可在一定范围内调节。如在"日期/时间"属性中,便有一对用于改变时间的数字式增减按钮。该按钮上有三角形箭头标记。单击箭头向上的标记时,可使数字增加;单击箭头朝下的标记时,可使数字减小。

小　　结

用户接口可以为用户使用计算机提供方便。通过用户接口,用户可以快速、有效和安全、可靠地操纵计算机系统中的各类资源,以处理自己的程序。常见的用户接口包括命令接口和程序接口两种形式,前者供用户在终端键盘上使用,后者供用户在编写程序时使用。而随着计算机技术的发展,除了上述两种接口外,还出现了图形接口。

习　题　8

1. 操作系统用户接口中包括哪几种接口? 它们分别适用于哪种情况?
2. 命令接口由哪几部分组成?
3. 命令通常有哪几种类型? 每种类型包括哪些主要命令?
4. 命令解释程序的主要功能是什么?
5. 试说明 MS-DOS 的命令处理程序 COMMAND.COM 的工作流程。
6. 试比较一般的过程调用与系统调用。
7. 系统调用有哪几种类型?
8. 如何设置系统调用所需的参数?
9. 试说明系统调用的处理步骤。
10. GUI 由哪几部分组成? 这些部分分别具有什么功能?

第9章 Android 操作系统

学习目标

❈ 了解 Android 操作系统的发展历史。

❈ 熟悉 Android 操作系统的架构。

❈ 掌握 Android 操作系统应用程序开发的有关知识。

❈ 理解 Android 操作系统的进程和内存管理机制。

Android 操作系统是一种广泛应用于智能手机、平板电脑、电视、数码相机、游戏机等设备的操作系统,其中 Android 平台手机的全球市场份额越来越大,也是首个为移动终端打造的真正开放和完整的移动软件。

9.1 Android 操作系统概述

随着互联网技术的进一步迅速发展,智能手机和移动终端访问互联网成为主流,而支撑智能手机的核心软件是智能手机操作系统。目前,对智能手机操作的研究和开发成为移动计算技术中最为活跃的领域,越来越多的 IT 人员进入这个领域。这种开放式的智能手机操作系统主要有 Android、iOS、Windows Phone、Blackberry、Symbian 等,其中 Android 操作系统备受用户青睐。

9.1.1 什么是 Android 操作系统

Android 操作系统是 Google 公司于 2007 年 11 月 5 日发布的一种基于 Linux 的自由及开放源代码的智能手机操作系统,是一种移动操作系统平台。该平台由操作系统、中间件、用户界面和应用软件组成。它采用软件堆层架构,分为上、中、下三层。下层以 Linux 2.6 的内核为基础,用 C 语言开发,只提供基本功能。中间层包括函数库(library)和虚拟机(virtual machine),用 C++开发。最上层是各种应用软件,包括通话程序、短信程序、视频等。应用软件由用户根据需要自行开发,使用 Java 编写,支持 SQLite 数据库、2D/3D 图形加速、多媒体播放、摄像头等。

Android 开发者指南将 Android 操作系统定义为针对移动设备的软件栈,一种用于实现完整功能解决方案的软件子系统集合。这是第一个完全定制、免费、开放的手机平台,不需要任何授权,并提供开放的应用程序开发工具,使开发人员能在统一、开放的平台上进行开发。

Android 本义为"机器人",最早出现在法国作家利尔·亚当(Auguste Villiers de l'Isle-Adam)于 1886 年发表的科幻小说《未来的夏娃》(《L'ève Future》)中,他将外表像人的机器起名为 Android。而 Android 创始人之一安迪·鲁宾(Andy Rubin)对这本小说中的人物非常喜爱,因此将这个软件命名为 Android 操作系统。

Android 操作系统的徽标是一位名不见经传的设计师伊琳娜·布洛克(Irina Blok)于 2010 年设计的。按照 Google 公司要求,徽标中必须含有一个机器人,布洛克一天从男女厕所门上的图形符号产生了灵感,从而绘制了一个躯干像锡罐、头顶有两根天线的简单机器人,这就是 Android 小机器人。其中文字使用了公司专门制作的"Droid"字体,颜色是 Android 操作系统的标志色——绿色。

9.1.2 Android 操作系统的发展历程

Android 操作系统作为以 Linux 为基础的开放源代码操作系统,是互联网手机迅速发展的主要技术之一,从诞生到发展始终离不开手机和 Internet。

2003 年 10 月,基于能够让移动设备能更好地意识到用户的爱好和需求这个原因,Android 操作系统之父安迪·鲁宾、利奇·米纳尔(Rich Miner)、尼克·席尔斯(Nick Sears)、克里斯·怀特(Chris White)等在美国加利福尼亚州帕洛阿尔托共同创建了 Android 科技公司(Android Inc.),组建了 Android 操作系统研发团队。

2005 年 8 月 17 日,Google 公司低调收购了 Android 科技公司及其团队。安迪·鲁宾成为 Google 公司工程部副总裁,带领团队,继续领导 Android 操作系统项目研发。这次收购标志 Google 公司正式进入移动领域。

2007 年 9 月,Google 公司发出多项移动领域专利申请。2007 年 11 月 5 日,Google 公司正式向外界展示 Android 操作系统,并且宣布成立一个全球性的联盟组织——开放手持设备联盟(Open Handset Alliance,OHA),成员包括 BROADCOM、HTC、Intel、LG、Marvell、中国移动等硬件制造商、软件开发商及电信营运商。联盟支持 Google 发布的手机操作系统 Android 及其应用软件,并以 Apache 免费开源许可证的授权方式发布 Android 源代码。

2008 年 5 月 28 日,在 Google I/O 大会上,Google 公司提出了 Android HAL 架构图。2008 年 9 月 23 日,Google 公司正式发布 Android 1.0,这个系统只是一个测试版。

2009 年 4 月 27 日,Google 公司正式推出基于 Android 1.5 的智能手机,并开始将 Android 版本以甜品的名字命名。Android 1.5 被命名为 Cupcake(纸杯蛋糕)。与 Android 1.0 相比,Android 1.5 增加了屏幕虚拟键盘、视频录制、语音识别、蓝牙耳机、重力加速感应器自动探测方向,在提高 GPS 定位和拍照启动速度等方面有很大的改进。2009 年 9 月 15 日,Google 公司发布了 Android 1.6 正式版,并且推出搭载 Android 1.6 正式版的手机 HTC Hero(G3)。Android 1.6 有趣的甜品名称是 Donut(甜甜圈)。2009 年 10 月 26 日,Google 公司发布了 Android 2.0,在用户界面、背景比率、虚拟键盘等方面有很大的改进,能支持内置相机闪光灯、数码变焦、Microsoft Exchange、联系人名单、更多屏幕分辨率、动态桌面设计、HTML 5 等。Android 2.0 有趣的甜品名称是 Eclair(松饼)。

2010 年 5 月 20 日,Google 公司正式发布了 Android 2.2,系统的整体性能得到大幅度提高,能够支持 3G 网络共享、Flash、APP2,拥有全新的软件商店和更多的 Web 应用 API 接口。Android 2.2 有趣的甜品名称是 Froyo(冻酸奶)。2010 年 10 月份统计,电子市场上获得官方数字认证的 Android 应用数达到 10 万,应用增长非常迅速。2010 年 12 月 7 日,

Google 公司正式发布 Android 2.3,进一步简化了界面、提升了速度、改进了电源管理系统和文字输入,能支持前置摄像头、近场通信、WebM 视频,增加了新的垃圾回收和优化处理事件等。Android 2.3 有趣的甜品名称是 Gingerbread(姜饼)。

2011 年 2 月 2 日,Google 公司发布 Android 3.0,优化了平板,全新设计了用户界面增强网页浏览功能等。2011 年 5 月 11 日,Google 公司发布了 Android 3.0 改进版,即 Android 3.1,全面支持 Google Maps、Google TV 及 USB 输入设备(键盘、鼠标等),拥有优化的 Gmail 邮箱和能更加容易定制屏幕的 widget 插件等。2011 年 7 月 13 日,Google 公司发布了 Android 3.2,能支持 7 英寸(1 英寸=2.54 厘米,下同)的设备,引入了应用显示缩放功能。Android 3.0/3.1/3.2 有趣的甜品名称都是 Honeycomb(蜂巢)。截至 2011 年 9 月份,Android 操作系统的应用数达到 48 万,在智能手机市场的占有率达到 43%,位居第一。

2011 年 10 月 19 日,Google 公司发布 Android 4.0,增加了人脸识别、流量管理、截图、Gmail 手势、离线搜索、音频和视频资源下载等功能,集成了 Google TV 和 Chrome OS 的智能停放功能,运行速度进一步提升,拥有全新的用户人性化体验界面、Google 电子市场等,支持智能手机、平台电脑、电视等设备,是手机与平板电脑系统融合的一款产品,无最低硬件要求。Android 4.0 有趣的甜品名称是 Ice Cream Sandwich(冰激凌三明治)。

2012 年 6 月 28 日,Google 公司发布了 Android 4.1,增加了基于时间与位置的语音搜索、离线语音输入、通知中心、购买订购、彩蛋、三倍缓冲等功能,下拖曳和滑动达到每秒 60 帧,插件可以自由设定大小,无障碍操作更好。2012 年 10 月 30 日,Google 公司发布 Android 4.2,在 Android 4.1 的基础上做了很多细节改进和升级,如 Photo Shpere 全景拍照、键盘手势输入、Miracast 无线显示共享、锁屏、扩展通知、Daydream 屏幕保护程序、Gmail 邮件缩放显示、航班追踪、酒店和餐厅预订等功能。Android 4.1/4.2 有趣的甜品名称都是 Jelly Bean(果冻豆)。

2013 年 7 月 25 日,Google 公司在 Android 4.2 的基础上升级,正式对外发布升级版 Android 4.3 操作系统,其系统安全性、易用性和拓展性方面的功能得到加强,如引入垂直同步定时、减少触摸延时、CPU 输入提振、硬件加速 2D 渲染等技术使系统运行更快,改进窗口缓冲区的分配,增加 Wifi 后台自动搜索功能,隐藏的权限控制器 AppOps 能让用户自定义应用所获取的权限等。Android 4.3 有趣的甜品名称仍然沿用 Jelly Bean(果冻豆)。

2013 年 11 月 1 日,Google 公司正式发布了 Android 4.4,优化了 RAM 和 RenderScript 计算机图像显示,图标风格进一步扁平化,用户界面简约,人性化的拨号程序和智能来电显示更加符合用户习惯,支持蓝牙 MAP、Emoji 键盘、红外线遥控、在线存储、无线打印等功能,增加了接触式支付系统、计步器、内置字幕管理等功能。Android 4.4 有趣的甜品名称是 KitKat(奇巧巧克力)。

2014 年 10 月 25 日,Google 公司发布了 Android 5.0 系统。该系统支持 64 位处理器和协处理器芯片,使用全新 Material Design 设计风格,使用 ART 抛弃 Dalvik Java 虚拟机,升级更快更安全,优化了可穿戴设备和车机设备,提供 5000 个全新软件接口,用户界面更加简约,图标更加圆润,拥有全新的字体和调色板,Cloud Dataflow 方便用户创建数据管道以提取和分析大数据,Google Cloud 也支持 SQL、NoSQLogic、BigQuery 及自家的计算引擎,增加了被盗自毁功能,阐述了对下一代手机、平板、手表、模块化手机、车机系统、机顶盒等的硬件设备规范。Android 5.0 有趣的甜品名称是 Lollipop(棒棒糖)。

2015 年 9 月 30 日,Google 公司在美国旧金山正式发布了 Android 6.0 系统 Marsh-mallow(棉花糖),新系统的整体设计风格依然保持扁平化的 Meterial Design 风格。在对软件体验与运行性能上进行了大幅度的优化,新增了运行时权限、低电耗模式和应用待机模式、硬件标识符访问权、App Permissions(应用软件权限管理)、Chrome Custom Tabs(网页体验提升)、App Links(APP 关联)、Android Pay(安卓支付)、Fingerprint Support(指纹支持)等功能。据测试,Android 6.0 系统可使设备续航时间提升 30%。

2016 年 8 月 22 日,谷歌正式推送 Android 7.0 系统 Nougat(牛轧糖)正式版,主要增加了分屏多任务、全新的下拉快捷开关页、通知消息快捷回复、通知消息归拢、夜间模式、流量节省模式、全新的设置样式、改进的 Doze 休眠机制、低电耗模式、号码屏蔽、来电过滤、菜单键快速应用切换、后台优化、多语言区域支持、TV 录制、直接启动、密钥认证、打印服务增强等功能。Android N 建立了先进的图形处理 Vulkan 系统,减少对 CPU 的占用,加入了 JIT 编译器,安装程序速度提升了 75%,所占空间减少了 50%。在安全上,加入了全新安全性能,其中包括基于文件的数据加密。系统可以进行无缝更新,与 Chromebook 一样,用户将不再需要下载安装,也不再需要进行重启。在效率提升上,可以自动关闭用户较长时间未使用的应用程序。在通知上新增了直接回复功能,并支持一键全部清除功能。

2017 年 8 月 22 日,谷歌正式发布了 Android 8.0 系统的正式版,其正式名称为:Android Oreo(奥利奥)。Android O 系统主要在电池续航能力、运行速度和安全性上有很大的改进,让用户更好地控制各种应用程序。通过对 Android 6.0 系统(棉花糖)、Android 7.0 系统(牛轧糖)的改进,谷歌正慢慢让 Android 系统向竞争对手苹果的 iOS 靠拢,加大了对 App 在后台操作的限制。这种限制在一定程度上延长了 Android 机在"睡眠"(Doze)模式下的电池续航能力,让不在使用的 App 进入睡眠状态,使用时再唤醒。它要达到的目标是在不卸载程序、不改变用户使用习惯的情况下,减少后台应用的用电。在用户体验方面,重新设计了通知以便为管理通知行为和设置提供更轻松和更统一的方式,引入自动填充框架以简化登录和信用卡之类表单的填写工作、一种新的对象 PictureInPictureParams 将该对象传递给 PIP 函数来指定某个 Activity 在其处于 PIP 模式时的行为、自适应启动器图标、快捷方式和微件的应用内固定功能,允许用户使用程序应用请求字体,而无需将字体绑定到 APK 中或让 APK 下载字体,提供多种 API 帮助用户管理在应用中显示网页内容的 Web-View 对象,添加了一种以内容为中心的全新 Android TV 主屏幕体验等功能。在系统功能方面,添加了三个新的 StrictMode 检测程序帮助识别应用可能出现的错误,优化了缓存数据的导航和行为,更新了内容提供程序以支持加载大型数据集,对 JobScheduler 的多项改进,为首选项提供自定义数据存储等功能。媒体增强功能方面,新增 VolumeShaper 类来执行简短的自动音量转换,音频自动闪避和延迟聚焦,为 MediaPlayer 类添加了多种新函数等。连接方面,新增了对 WLAN 感知的支持,增强了平台对蓝牙的支持等功能。在其他方面,也有很多改进和新增功能。

2018 年 8 月 7 日上午,Google 公司正式发布 Android 9.0 系统正式版,并宣布系统版本 Android P 被正式命名为代号"Pie"(派)。Android 9.0 系统利用人工智能技术,让手机可以为用户提供更多帮助。新增功能主要包括统一推送升级、深度集成 Project Treble 模式、更加封闭、原生支持通话录音等。优化了屏幕内容显示,能够让系统或者应用充分利用整块屏幕。将谷歌助手集成到应用中,进一步优化电池续航、支持多屏和可折叠屏等。为具备 Always-on display(屏幕常显)功能手机加入原生的天气支持。在功能开发方面,支持最新的全面屏,其中包含为摄像头和扬声器预留空间的屏幕缺口,利用 Wi-Fi RTT 进行室内定位,提升短信体验、渠道设置、广播和请勿打扰,多摄像头支持和摄像头更新等功能。

2019 年 9 月 3 日,Google 公司正式发布了 Android 10 系统正式版,并首先面向 Pixel 系列设备进行推送。通过利用自动语音识别技术为设备上几乎所有的音频添加实时字幕,让所有通讯应用软件和系统通知具有智能答复功能。新增黑暗模式、手势导航、音频放大、焦点模式、多任务的可折叠、家庭人员使用管理、隐私更新等功能。Android 系统的命名方式和 Logo 都有所调整。Google 抛弃了他们运用了这么多年的以字母(甜点名称)为主的命名方式,转而和市面上的一些其他操作系统类似采用数字进行命名,名称中的数字对应 Android 的版本,即 Android 10 系统。

9.1.3　Android 操作系统的特点

Android 操作系统与 iOS、Windows Phone 等系统相比,具有非常明显的特点,主要体现在以下五个方面:

1. 开放性

Android 操作系统的开放平台支持不同的移动终端厂商,包括运营商、芯片制造商、手机制造商和软件供应商,使其能够正确、有效地协同工作,实现了应用的可移植性和互操作性。这种开放平台融合了多种技术,基于平台所开发出来的硬件和软件彼此兼容,能够大幅削减移动设备和服务的开发以及推广成本。Google 公司每次发布一个新版本的 Android 操作系统,都会在网上公布源代码(包括目标机代码、主机编译工具和仿真环境)和开发应用所需的知识,供联盟成员和其他用户使用。

2. 方便性

配置 Android 操作系统的移动设备不受运营商的制约,用户可以自由选择接入网络,挣脱运营商的束缚。Android 平台提供的宽泛、自由的开发环境可以使厂商及开发商能够开发出功能各异的个性化产品,以满足用户需求。这些产品不会因厂商或开发商不同而相互影响,而是相互兼容的,大大地方便了用户和开发者。系统界面简约,功能齐全,用户也易学易用。

3. 基于组件的应用程序框架

Android 应用程序框架允许重用和替换应用组件,主要组件有 Activity、Service、Broadcast Receiver 等。它们共享相关的资源,可以提高内存的利用率,加快开发速度。例如,Android 操作系统利用轻量级的进程通信机制 Intent,通过设置组件的 Intent 过滤器、组件的匹配和筛选机制,能准确地获取和处理 Intent,实现跨进程组件通信和发送广播消息。

4. 高效、快速的数据存储方式

Android 操作系统提供了多种数据存储方式,包括轻量级的数据保存方式 SharedPreferences、经典的文件存储方式和轻量级的嵌入式关系数据库 SQLite。每个应用程序选择合适的方法对数据进行访问和保存。SharedPreferences 仅为开发者提供简单的函数接口,完全屏蔽了对底层文件的操作,简化了数据存储和访问过程。Android 操作系统支持标准的

Java I/O 类和方法,提供了能够简化流式文件读/写的函数,实现了对内部文件、外部文件、原始文件及 XML 文件的访问和保存。SQLite 数据库能够通过编译即可嵌入使用它的应用程序中,占用资源少,运行效率高,屏蔽了数据库使用和管理的复杂性,易于部署和使用。

5. 支持广泛的业务应用

Android 操作系统广泛支持各种不同开发商或厂商提供的应用软件和硬件设备,包括 GSM、3G/4G 语音和数据业务、语音呼叫和 SMS 短信、地理位置和 Google 地图服务、各种音视频和图形图像处理等。应用程序可以通过标准 API 访问系统的核心设备,实现对硬件设备的统一接口访问,使应用程序容易嵌入各种硬件设备和其他应用程序中。

9.2 Android 操作系统的架构

Android 操作系统与众多常见的操作系统一样,采用分层式架构,即在标准 Linux 之上增加 Java 虚拟机 Dalvik,并在 Dalvik 虚拟机上搭建一个 Java 的应用程序框架,使所有的应用程序都基于此框架之上。Android 操作系统可划分为四个基本层次,从低层到高层分别包括 Linux 内核层、系统运行库层、应用程序框架层和应用程序层,如图 9.1 所示。

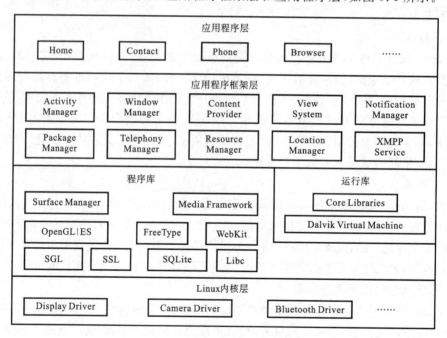

图 9.1 Android 操作系统的架构

9.2.1 Linux 内核层

Android 操作系统核心服务的实现是基于 Linux 内核的,包括内存管理、进程管理、网络协议栈、安全性和驱动模块等,这些都依赖于该内核。Linux 内核作为硬件和软件栈之间的抽象层,Android 操作系统对其实现了增强,主要涉及硬件时钟(alarm)、内存分配与共享(ashmem)、低内存管理(low memory killer)、Kernel 调试(Kernel debugger)、日志设备

(logger)、Android IPC 机制(binder)和电源管理(power management)等内容。与此同时,Android 操作系统对 Linux 内核还进行了部分修改,主要涉及两部分内容:

(1) Binder:提供有效的进程间通信。虽然 Linux 内核本身已经提供了这些功能,但 Android 操作系统的很多服务都需要用到该功能。

(2) 电源管理:为手持设备节省能耗。

9.2.2　系统运行库层

Android 操作系统中一般包含一些 C/C++库。这些库能够被 Android 操作系统中不同的组件所使用。它们通过 Android 应用程序框架为开发者提供服务,构成了 Android 操作系统的系统运行库层,具体又分为程序库和运行库。其中,程序库的内容主要有以下一些核心内容:

(1) Surface Manager(接口管理器)。它能实现对显示子系统的基本管理,同时为多个应用程序提供 2D 和 3D 图层的无缝融合。

(2) Media Framework(媒体框架)。它基于 PacketVideo OpenCORE,能够支持多种常用的音频、视频格式回放与录制功能,同时还支持普通的静态图像文件。编码格式包括 MPEG4、H.264、MP3、AAC、AMR、JPG 和 PNG 等。

(3) OpenGL|ES(3D 引擎)。这是基于 OpenGL|ES 1.0 APIs 实现的一个库,它可以使用硬件 3D 加速或者使用高度优化的 3D 软加速。

(4) FreeType(位图及矢量)。它用于支持位图(bitmap)和矢量(vector)字体的显示。

(5) WebKit(浏览器引擎)。这是一个最新的 Web 浏览器引擎,它用于支持 Android 浏览器和一个可嵌入的 Web 视图。

(6) SGL(2D 图形引擎)。这是底层的 2D 图形引擎。

(7) SSL(安全套接层)。这是为网络通信提供安全及数据完整性的一种安全协议。

(8) SQLite(数据库引擎)。这是一个对所有应用程序可用且功能强大的轻型关系型数据库引擎。

(9) Libc(标准 C 系统库函数)。这是一个从 BSD 继承而来的标准 C 系统函数库,它专门为基于 Embedded Linux 的设备而定制。

运行库又分为 Core Libraries(核心库)和 Dalvik Virtual Machine(Dalvik 虚拟机)两个部分,它的主要内容是一个核心库,能提供 Java 编程语言核心库的大多数功能,还可以通过 JNI 的方式向应用程序框架层提供调用底层程序库的接口。每一个 Android 应用程序都在它自己的进程中运行,且拥有一个独立的 Dalvik 虚拟机实例。此时,Dalvik 被设计成一个可以同时高效地运行多个虚拟系统的设备,Dalvik 虚拟机执行的是 Dalvik 可执行文件,该文件针对小内存的使用作出了优化。Dalvik 虚拟机依赖于 Linux 内核的某些功能,如线程机制和底层内存管理机制。虚拟机是基于寄存器的,所有的类也都经由 Java 编译器编译,然后才能通过 SDK 中的"dx"工具转化成.dex 格式的文件并交由虚拟机执行。

9.2.3　应用程序框架层

Android 操作系统允许开发人员完全访问核心应用程序所使用的 API 框架,于是应用程序框架层的存在简化了组件的重用,能帮助程序员快速地开发程序。可以认为,借助应用程序框架层任何一个应用程序都能发布它的功能块,且任何其他的应用程序也都可以使用其所发布的功能块(前提是遵循框架的安全性限制);同时,该应用程序重用机制还使用户得以方便地替换程序组件。隐藏在单一应用之后的通常是如下一系列的服务和系统,包括:

(1) Activity Manager(活动管理器):用来管理应用程序生命周期,并提供常用的导航回退等功能。

(2) Window Manager(窗口管理器):用于管理所有的窗口程序。

(3) Content Provider(内容提供者):使得应用程序可以访问另一个应用程序的数据(如联系人数据库等),或者共享它们自己的数据。

(4) View System(视图系统):可以用来构建应用程序,具体内容包括列表(Lists)、网格(Grids)、文本框(Text boxes)、按钮(Buttons),甚至是可嵌入的 Web 浏览器。

(5) Notification Manager(通知管理器):用于支持应用程序在状态栏中显示自定义的提示信息。

(6) Package Manager(包管理器):用于 Android 操作系统内的程序管理。

(7) Telephony Manager(电话管理器):用于管理所有的移动设备功能。

(8) Resource Manager(资源管理器):它可以提供应用程序使用的各种非代码资源,如本地字符串、图片、布局文件、颜色文件等。

(9) Location Manager(位置管理器):用于提供位置服务。

(10) XMPP Service(XMPP 服务):用于提供 Google Talk 服务。

9.2.4 应用程序层

应用程序层是 Android 操作系统最高的一层,它最接近 Android 用户并能为之提供应用程序的良好用户界面。在这一层,Android 操作系统将一系列核心应用程序一起打包发布,其中包括客户端、SMS 短消息程序、日历、地图、浏览器、联系人管理程序等内容。

这一层所有的应用程序都是用 Java 语言编写的,其中可以包含各种资源文件,它们被放置在 res 目录中。Java 程序及相关资源经过编译后,将生成一个 APK 包。Android 用户的应用请求可通过调用应用程序框架层所提供的 API 来实现。每一个应用程序由一个或者多个活动组成,活动必须以 Activity 类为超类。活动类似于操作系统中的进程。相比之下,活动比操作系统的进程更加灵活,两者的类似之处在于活动在多种状态之间可以进行切换。

9.3 Android 应用程序的开发

Android 应用程序采用 Java 编写,因此学习者必须熟悉 Java 的基本语法、数据类型等内容,才能掌握开发 Android 应用程序的方法。

9.3.1 Android 应用程序的开发环境

Android 应用程序开发环境的搭建是开发 Android 应用程序的第一步,也是深入学习和理解 Android 操作系统的第一步,下面将介绍 Windows 操作系统下的开发环境搭建。搭建 Android 应用程序的开发环境,需要安装支持 Java 程序运行的 JDK(Java Development Kit,Java 开发工具包)、应用程序集成开发环境(一般选择 Eclipse)、Android SDK(Android Software Development Kit,Android 软件开发工具包)和 Eclipse 的 ADT(Android Development Toolkit)插件。

1. 安装 JDK

JDK 是 Java 的核心,在 Windows 平台上开发 Android 应用程序需要 Java 运行环境(Java runtime environment,JRE)和完整的 JDK,且其版本不低于 1.5。若系统没有安装 JDK,可以从 Oracle 官网 http://www.oracle.com/technetwork/java/javase/downloads/index.html 下载,下载页面如图 9.2 所示。每次安装可以选择最新版本下载,目前 Windows 平台有 32 位和 64 位,用户根据需要自行选择。下载完后,只要按提示进行默认安装即可。

图 9.2　JDK 下载页面

安装完 JDK 后,根据需要配置好环境变量,以保证 JDK 能正常工作。

2. 安装 Eclipse、Android SDK 和 ADT

Eclipse 是一个开放源代码、基于 Java 的可扩展开发平台,也是一个跨平台的自由集成开发环境。实际上,它只是一个框架和一组服务,附带了一个包含 JDK 的标准插件集,用于通过插件和组件构建开发环境。

Android SDK 提供了 Windows/Linux/Mac 平台上开发 Android 应用程序的开发组件,是 Google 公司为提高 Android 应用程序开发效率和缩短开发周期而提供的辅助工具、开发文档和范例程序。SDK 包含了 Android 模拟器、用于 Eclipse 的 Android 开发工具插件 ADT、各种用于调试和打包及在模拟器上安装应用的工具等。

ADT 是 Eclipse 开发环境下用于开发 Android 应用程序的定制插件,也是连接 SDK 和开发环境 Eclipse 的纽带,为 Android 操作系统开发提供开发工具的升级或变更。ADT 能够帮助开发者快速建立 Android 项目、创建用户界面、用 SDK 工具集调试应用程序及对.apk文件进行签名等。

2013 年,为了简化 Android 开发环境的构建,Google Android 研发团队将 Eclipse、Android SDK 和 ADT 合并成一个压缩文件包供用户下载,不再需要分别下载这三个文件来构建开发环境,下载地址是 http：//developer. android. com/sdk/index. html♯download。用户根据需要自行选择下载 Windows 32 bit 还是 Windows 64 bit 平台,如图 9.3 所示。

图 9.3　Eclipse、Android SDK 和 ADT 压缩文件包下载页面

将下载成功的压缩文件解压到一个指定的目录下(一般是 C:\Program Files\Android),即可完成 Eclipse、Android SDK 和 ADT 安装。若添加 SDK 的其他插件,可以运行 SDK 目录下的 SDK Manager 文件,出现如图 9.4 所示的安装界面,必选 Tools 和 Extras 选项。

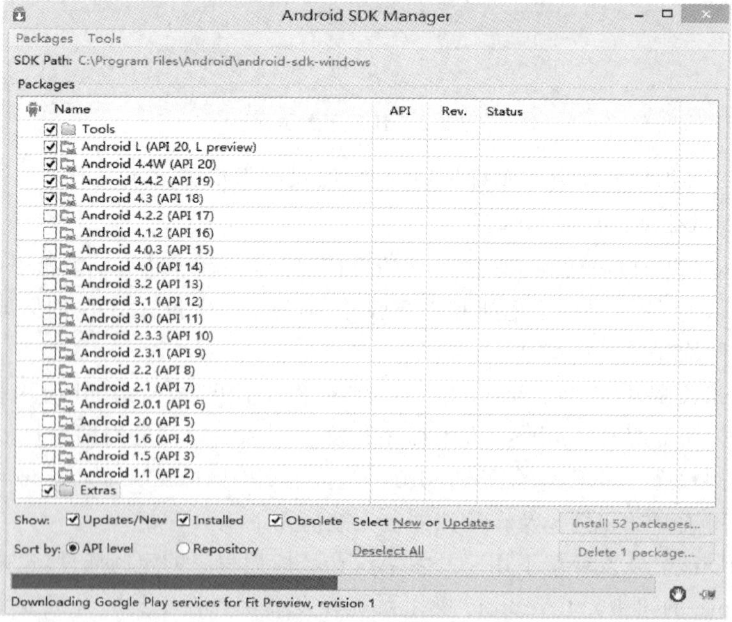

图 9.4　SDK 插件安装

设置 SDK 路径:双击上述 Android ADT 解压缩后的目录 eclipse 下的 eclipse.exe 文件以启动 Eclipse,单击菜单项 Window→Preferences,如图 9.5 所示,进入如图 9.6 所示的界面后,输入或选择 Android SDK 路径,然后单击"Apply"或"OK"按钮,即可完成配置 SDK 路径的操作。

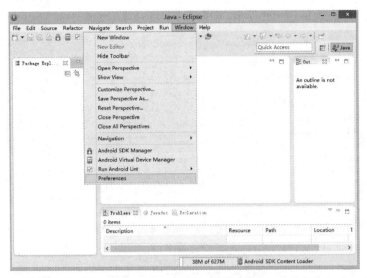

图 9.5　打开 SDK 路径设置界面

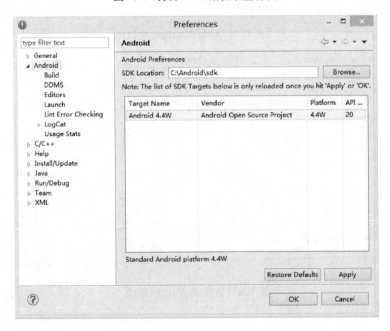

图 9.6　设置 SDK 路径界面

3. 配置模拟器 AVD

AVD(Android virtual device)是 Android 操作系统运行的虚拟设备,为 Android 应用程序提供一个模拟的运行环境。配置 AVD 方法是:启动 Eclipse,选择 Window→Android

Virtual Device Manager,打开 Android Virtual Device(AVD) Manager 窗口,如图 9.7 所示。单击 Create 按钮,弹出创建新 AVD 的窗口,在窗口填入 AVD 的名称,在 Device、Target 等下拉式列表框中选择相应的值,在 Memory Options、Internal Storage、SD Card 中填入各自对应的值,如图 9.8 所示。若 Target、CPU/ABI 下拉式列表框中没有可选项或无法选择,则重新运行 SDK Manager 安装 SDK。

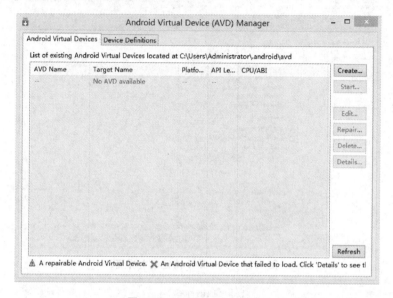

图 9.7   AVD Manager 窗口

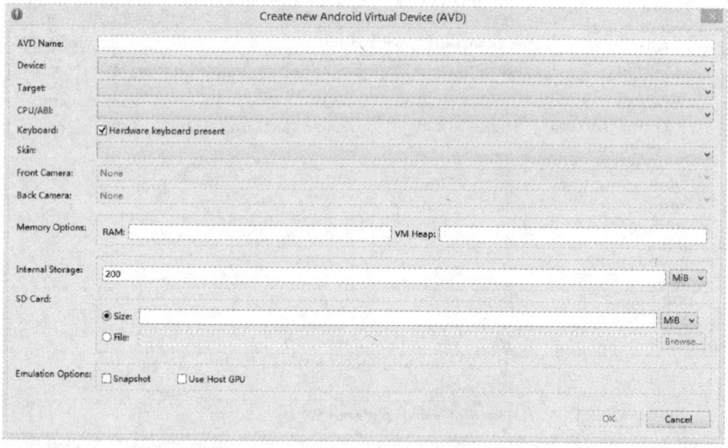

图 9.8   创建新 AVD 的窗口

9.3.2   Android 操作系统开发组件

Android 操作系统应用程序框架基于组件,主要包括活动(Activity)、服务(Service)、广播接收者(Broadcast Receiver)、内容提供者(Content Provider)等四个组件。这些组件放在应用包中,共享数据库、偏好设置、文件系统和 Linux 进程等资源,组件之间相互独立但可以相互调用,实现通信。

1. Activity 组件

Activity(活动)组件用于实现应用程序的交互界面,类似面向对象程序中的窗体,可以放置各种控件并接收与用户进行交互时所产生的界面事件。

一个 Android 应用程序往往包含多个活动,且可以相互切换,一个活动表示一个可视化的、能实现某种功能事件的用户界面且具有自身的生命周期。活动的生命周期是指活动从启动到撤销的过程,在其生命周期期间可能会出现活动、暂停、停止和非活动等四种状态,其状态转换图如图 9.9 所示。

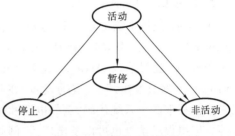

图 9.9　活动状态转换图

活动是由 android. content. Context 抽象类(它可以访问系统环境的全局信息并使应用能执行环境相关的操作,如活动启动)的一个非直接子类 android. app. Activity 的一个子类所定义。活动子类重载了各种 Activity 生命周期回调方法,可以让 Android 操作系统在其生命周期内调用。这些方法主要是 onCreate (Bundle)、onStar()、onResume()、onStop()、onPause()、onRestart() 和 onDestroy(),所有的活动第一次创建时都会调用 onCreate(Bundle),并在第一次实例化时完成初始化。

2. Service 组件

Service(服务)组件用于不需要直接与用户进行交互且长时间在后台运行、能处理事件或数据更新的应用程序开发。作为一种后台服务机制,Service 组件没有用户界面,也不需要用户干预,是一种在 Android 操作系统中永久运行的组件,使应用程序停止后仍可在后台运行。此外,Service 组件也可以实现 Android 应用程序进程之间的通信。

服务既不是一个单独的进程,也不是一个线程,但是它运行在进程的主线程上,仅让系统知道其对应的应用程序在后台运行并能和其他应用程序进行通信。例如,用户通过活动窗口选择"英语听力"后,就会播放"英语听力",当用户切换到另外一个应用程序界面时,服务会对这个选择作出响应,创建新的线程来播放"英语听力",以避免出现应用程序没有响应的情况。

服务分为本地服务(LocalService)和远程服务(RemoteService)。本地服务用于 Android 应用程序内部的调用,调用者和服务均在同一个进程中,依附于主进程,不需要跨进程实现服务的调用,方便实现应用程序的后台任务。远程服务用于 Android 操作系统内部的应用程序之间的调用,调用者和服务不在同一个进程中,而是运行在一个独立的进程中,需要跨进程才能实现服务的调用,即实现进程之间的通信。

服务由 android. content. Context 抽象类的一个非直接子类 android. app. Service 的一个子类所定义。本地服务一般由 android. content. Context 类中的 ComponentName start-Service(Intent intent)方法启动并返回一个 android. content. ComponentName 实例来标示所启动的 Service 组件,否则返回 Null。远程服务通常由 android. content. Context 类中的 boolean binService(Intent service, ServiceConnection conn, Int flags)方法启动,以实现一个正在运行服务的连接,成功连接返回 true,否则返回 false。Service 子类重载了系统在服

务生命周期中各种服务生命周期回调方法：onCreate()、onStar()和 onDestroy()。初始创建的服务会调用 onCreate()进行初始化，但是不能反复调用。所有需要停止的服务都会调用 onDestroy()来释放资源。服务的生命周期就是从调用 onCreate()开始到调用 onDestroy()返回之间所经历的时间。

3. Broadcast Receiver 组件

Android 操作系统提供一种通知机制——Broadcast（广播），广播接收者由 Broadcast Receiver 组件实现。Broadcast Receiver 组件没有用户界面，用于接收和响应广播。Broadcast Receiver 通过启动 Acticity 或 Notification 来通知用户和应用程序接收到广播，例如 Notification 通过发出声音、震动设备、在状态栏上放置一个持久图标等方法来提示用户。很多广播都来源于系统代码，例如电话和短信接收、时区改变、电池电量低、语言选项设置改变等。应用程序本身也可以发出广播，例如数据下载完成、向其他应用程序发出使用资源的通知等。

在 Android 操作系统中，广播接收者是由 android.content.BroadcastReceiver 抽象类的一个子类且重载 Broadcast Receiver 基类的抽象方法 onReceive(Context context，Intent intent)所定义的。Broadcast Receiver 类是一种能够接收 SendBroadcast 发送意图的基类，利用 Context.registerReceiver()注册其实例或通过 AndroidManifest.xml 中的〈receiver〉标签静态发布（利用 Java 反射机制构造一个广播接收者实例），广播接收者都能继承 BroadcastReceiver 基类。

4. Content Provider 组件

Android 操作系统提供了一种标准的数据共享机制——Content Provider（内容提供者）组件，使应用程序之间实现了数据的共享和访问，如通信录、音频、视频、图片等。这些数据存储在 Android 文件系统、SQLite 数据库或其他位置。Content Provider 组件封装了文件或数据库的访问操作，方便程序员解决多个应用程序访问同一个文件或数据库的问题。

Android 操作系统的内容提供者是由 android.content.ContentProvider 抽象类的一个子类且重载 Content Provider 基类的抽象方法所定义的。这些方法主要有返回数据类型 getType(Uri uri)、插入数据 insert(Uri，ContentValues)、删除数据 delete(Uri，String，String[])、查询数据 query(Uri，String[]，String，String[]，String)、更新数据 update (Uri，ContentValues，String，String[])等。在这些方法中，内容提供者为它们所管理的数据指定了一个唯一的 Uri 标识符，当内容提供者发出一个请求时，Android 操作系统会检查给定的 Uri 权限并将请求传递给内容提供者进行注册，内容提供者则利用 UriMatcher 类来解析 Uri。

9.3.3　Android 应用程序开发过程

一个完整 Android 应用程序的开发过程如图 9.10 所示。

图 9.10　Android 应用程序的开发过程

1. 规划

一般来说,规划是指为了完成未来某个基于 Android 平台的应用程序目标,明确应用程序的前景和市场定位、对应用程序应用所处行业及其竞争力进行分析,确定应用程序的功能及应用程序的实施方案、进度计划与管理方式,并对应用程序是否会达到预期效果进行预测评估。应用程序规划和初步设计的结果要形成《应用程序规划报告》,报告内容包括应用程序的背景、行业需求、设计原则和目标、系统模型、总体结构、应用功能、基础设施、性能、实施方案等。

2. 需求分析

需求分析就是在规划确定的原则和目标指导下,结合应用程序的特点,对应用程序应用所处行业进行深入调查,全面了解应用程序在该行业应用所要达到的目标、数据流程和业务处理过程,结合具体行业活动的基本需求,进一步确定应用程序的功能需求,为系统设计奠定基础。

需求分析过程:首先,通过对行业的深入调查,可以获取原始资料,了解行业情况。然后对资料进行整理、分类和加工,分析业务流程、数据和数据流程、业务功能和数据之间的关系。在分析的基础上,利用建模方法(如 UML),详尽地描述出应用程序的数据、处理功能和行为特征,进一步理解数据和控制流、处理功能和操作行为及信息内容。最后,形成《应用程序功能需求说明书》。

3. 设计

设计是指根据规划的内容,界定应用程序的外部边界,说明应用程序的组成及其功能和相互关系,描述应用程序的处理流程,给出未来应用程序的结构。设计主要完成的工作是应用程序的总体结构设计、应用程序支持平台设计、数据库设计、应用程序应用功能实现等。

4. 发布

Android 操作系统规定任何应用程序必须经过正确的数字签名后才能进行安装。数字签名有两种模式:Debug 模式和 Release 模式。Debug 模式用于应用程序开发和测试,使用编译工具 JDK 中的 keytool 工具创建一个 keystore 和一个包含公认名字和密码的 key。Release 模式用于应用程序发布,通过带有 ADT 的开发工具 Eclipse 导出向导或命令行 keytool 和 jarsigner 来进行。经过数字签名的 APK 可以上传到 Android 交易市场,如 Google play、安智市场、AppChina 应用汇等,也可以发布在自己的服务器上。

5. 维护

维护是指应用程序投入运行后,对应用程序存在的局部问题、业务流程细微变更等可能引起应用程序的部分修改或调整以及应用程序所处理的数据、性能优化、安全等进行维护与管理,包括应用程序版本更新。

9.4　Android 操作系统进程管理

虽然 Android 操作系统采用了 Linux 的内核,并且充分利用了 Linux 内核提供的进程管理机制 OOM(out of memory,内存溢出),但是其进程管理策略不同于 Linux 系统。最明显的区别就是 Linux 系统的进程在进程活动停止后会立刻撤销该进程,而 Android 操作系统的进程在其活动停止后依然保留在内存中,直到系统发现可用内存很小时才会真正撤销。通常情况下,这些进程不会影响 Android 操作系统的运行速度,而且当用户需要再次激活这些进程时,可以比第一次更快地启动这些进程。

9.4.1 Android 操作系统进程概述

当一个 APP(application,应用程序)第一次启动时,Android 操作系统会为它创建一个 Linux 进程,并且为这个 Linux 进程分配一个赋予一定权限的用户 ID(identity,进程标识符)。通常情况下,Android 操作系统中一个用户 ID 与 ROM 中的一个 APP 对应,每个 APP 运行在自己的进程中,每个进程对应一个虚拟机。通过 AndroidManifest. xml 文件,Android 操作系统允许为两个或两个以上的 APP 分配相同的用户 ID,即一个进程可以有多个 APP。这些 APP 拥有相同的用户 ID,使用同一个虚拟机,共享进程的内存。

Android 操作系统的 APP 进程分为五类,即前台进程(Foreground 类)、可视进程(Visible 类)、服务进程(Service 类)、背景进程(Background 类)和空进程(Empty 类),由系统的 ActivityManagerService. Java 进行管理。该文件除了对用户提供了查询进程信息的 API 外,还可以对进程调度的优先级、调度策略及进程的 oom_adj 值进行管理等,oom_adj 值决定了进程被撤销的先后顺序。

1. 前台进程

前台进程是指用户正在使用的应用程序显示在屏幕上的进程和一些系统进程。一般如下情况的进程都属于前台进程:

(1) 含有一个前端 Activity,即当前正与用户进行交互的 Activity 或 Activity 组件的 onResume()方法被调用的进程。例如,显示在屏幕上的浏览器、Google Search 等。

(2) 含有与一个前端 Activity 绑定的一个 Service,即正与用户进行交互的 Activity 绑定的一个 Service 正在执行任务的进程,例如,当用户一边听歌一边操作 Music 界面时,一个 Service 和一个前端 Activity 绑定。

(3) 含有一个正与用户进行交互并调用了 startForeground()的 Service。

(4) 含有正在执行其生命周期回调函数时的 Service。这些函数主要有 onCreate()、onStart()、onDestroy()等。

(5) 含有正在执行 onReceive()函数的 BroadcastReceiver 实例。

前台进程是所有进程中级别最高的进程,通常情况下仅当内存无法维持它们同时运行时才会被撤销,此时设备已经处于使用虚拟内存的状态。

2. 可视进程

可视进程是指一些没有前端 Activity 而仍可被用户在屏幕上看见的进程,如输入法、时钟、天气、新闻等。可视进程有两种情况,一种是含有一个仅 onPause()被调用的 Activity,另外一种是含有一个能绑定一个可视或前端 Activity 的 Service。仅当前台进程需要它的资源时,系统才会撤销该进程。

3. 服务进程

服务进程是指运行 startService()方法启动一个 Service 的进程且该 Service 不属于前

台进程或可视进程。服务进程在后台运行而不被用户直接看到,如后台播放音乐、下载数据、Gmail 内部存储、联系人内部存储等。仅当前台进程和可视进程的内存不足时,系统才会撤销它们。

4. 背景进程

背景进程是指含有一个用户当前不可见的 Activity 且其 onStop()方法已经被调用的进程。一般背景进程很多,且被保留在一个 LRU(least recently used,最近最少使用)列表中,用于确定用户最近最少使用的那个带有 Activity 的进程被撤销。若一个 Activity 正确实现了它的生命周期方法,并且保存了当前的状态,那么撤销它的进程将不会对用户有所影响。

5. 空进程

空进程是指不含任何活动应用程序的进程。将这类进程作为缓存保留,以提高一个组件下一次要运行它时的启动速度。例如,用户在别的进程中通过 startActivity()启动空进程,可以省去 fork 进程、启动 Android 运行环境等工作。系统经常在进程缓存和内核缓存之间为了平衡整体系统资源而撤销它们。

在 Android 操作系统中,进程的级别高低与前端显示有关系,级别越高的进程一般在前端显示,说明其组件越重要。此外,进程的级别高低可能会随着其他进程的依赖程度而变化,依赖程度越高,其进程级别越高。

9.4.2　Android 操作系统线程概述

线程作为进程中的一个实体,是系统进行调度的独立单位。Android 操作系统第一次启动一个 APP 时,在创建一个 Linux 进程的同时会创建一个与其对应的 ActivityThread 主线程,用于负责处理与用户界面相关的事件,以及将相关事件分发给对应的组件处理,包括应用程序与界面工具包的交互,如用户触屏、按键等事件。因此,主线程又称 UI 线程。

Android 操作系统所有运行在同一个进程中的组件都由主线程来实例化,而且从主线程中发出调用每个组件的信息。例如,当用户触摸屏幕上的一个按钮时,APP 的主线程先将触摸事件发送给按钮控件,然后按钮控件设置它的按下状态,并向事件队列发出一个刷新界面的请求,主线程再从队列中取出这个请求,并通知它重绘。

Android 操作系统的线程模型是单线程模型且线程是不安全的。这种单线程模型只允许一个进程拥有一个线程在运行,其他线程只能等当前线程运行完成后才能执行,这种通过一个线程来操作和管理所有运行的模型性能比较低。Android 操作系统中所有的 APP 受主线程控制,其他线程只有等主线程的操作处理完才能进行操作。为了保证线程安全,Android 操作系统的单线程模型提供了两个规则:一是不要阻塞主线程,即运行时间较长的任务不要由主线程处理;二是不要在非主线程中调用和刷新 Android UI 工具包。

一个 Android 操作系统的 APP 通常只有一个进程,但可以拥有多个线程。对进程属性的修改仅仅局限于一些简单操作,而对线程属性是开放的,便于开发者使用,以提高 APP 的质量和改善系统资源的利用率。

9.4.3　Android 操作系统进程同步

Android 操作系统中为了保证多个进程协同工作,防止并发进程竞争资源,提供了 Mutex(互斥锁)、Condition(条件变量)和 Barrier(屏障)同步机制。

1. Mutex

在 Android 操作系统中,Mutex 只对 pthread 提供的 API 进行简单封装,以便调用者操作,是一个互斥类,用于协调同一进程内部多线程或进程间访问临界资源。同时,Mutex 包含一个 AutoLock 的嵌套类,是一个利用变量生命周期的特点而设计的一个辅助类,用于简化 unlock()函数出现频率。

Mutex 中的一个 enum 定义如下:

```
class Mutex {
    public:
        enum {
            PRIVATE = 0;   //同一进程内部的同步
            SHARED = 1;   //进程间的同步
        }
};
```

Mutex 提供了三个重要的接口成员函数,即 lock()、unlock()和 tryLock(),分别用于获取资源锁、释放资源锁和判断当前资源是否可用。

2. Condition

Condition 是一个用于多线程同步的条件类。一般是当一个线程 Thread1 正在进行初始化工作时,其他线程(如 Thread2、Thread3 等)只能等到该线程初始化工作完成之后才能开始工作,即线程 Thread2、Thread3 在等待一个条件,线程 Thread2、Thread3 称为等待者。当线程 Thread1 完成初始化工作后,才会触发这个条件,唤醒线程 Thread2、Thread3,线程 Thread1 称为触发者。

Condition 的定义如下:

```
class Condition {
    public:
    enum {
        PRIVATE = 0,
        SHARED = 1
    };
    ⋮
    status_t wait(Mutex& mutex);//等待某个条件出现
    status_t waitRelative(Mutex& mutex, nsecs_t reltime);
    //等待某个条件出现,超过规定时间将自动退出
    void signal();//当条件满足时,唤醒相应的阻塞线程
    void broadcast();//当条件满足时,唤醒所有的阻塞线程
    private:
            # if defined(HAVE_PTHREADS)
            pthread_cond_t mCond;
            # else
            void* mState;
            # endif
```

　　};

　　通常情况下,每一个 Condition 都与一个 Mutex 一起使用,从而保证了等待线程能够获取可用资源。

3. Barrier

　　Condition 表示条件变量,Barrier 表示屏障。Barrier 是对 Condition 的一个应用,即 Barrier 是填充了具体条件的 Condition。Barrier 是专门为 SurfaceFlinger 设计的,Mutex 和 Condition 作为常用 Utility 可以提供给整个 Android 操作系统使用。

　　Barrier 的定义如下:

```
class Barrier{
    public:
        inline Barrier() :state(CLOSED) { }
        inline ~ Barrier() { }
        void open() {
                    Mutex::Autolock_l(lock);
                    state =  OPENED;
                    cv.broadcast();
                }
        void close() {
                     Mutex::Autolock_l(lock);
                     state =  CLOSED;
                }
        void wait() const {
                        Mutex::Autolock_l(lock);
                        while (state = = CLOSED)
                        {cv.wait(lock);}
                    }
    private:
        enum { OPENED, CLOSED };
        mutable Mutex lock;
        mutable Condition cv;
        volatile int state;
    };
```

　　Barrier 为开发者提供了三个接口函数,即 wait()、open()和 close(),用于对条件变量 state 进行互斥访问操作。wait()函数返回时,已经自动释放了 Mutex 锁,执行 wait()的线程不再拥有对共享资源的锁。程序已经不再拥有对共享资源的锁。Barrier 一般用于判断线程是否完成初始化。

9.4.4　Android 操作系统进程通信

　　Android 操作系统的进程通信机制没有 Linux 系统复杂,考虑到移动终端的硬件设备性能较低及其内存较小的实际情况,主要采用了基于 Binder 机制的进程通信机制,除此还有基于 Linux 内核的管道、socket 等通信机制。Binder 是一种基于客户端-服务器的通信模式,传输过程只需进行一次复制,具有可扩展、健壮、灵活、低延迟、低开销及编程模型简单等优点。

Binder 通信模式的客户端-服务器架构体系定义了四个组件:Binder Driver、Service Manager、Binder Client 和 Binder Server。Service Manager、Binder Client 和 Binder Server 运行于用户空间,Binder Driver 运行于内核空间,这四个组件的关系如图 9.11 所示。

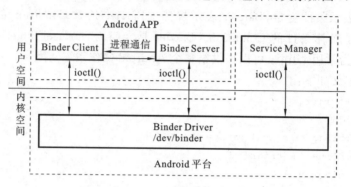

图 9.11 Binder 通信模式

其中,Binder Driver 是内核中位于/dev/binder 的一个字符驱动设备,这个设备是 Android 操作系统实现进程通信的核心组件。Binder Client 的服务代理通过它向 Binder Server 发送请求,Binder Server 也通过它将处理结果返回给 Binder Client 的服务代理对象。Binder Driver 通过 open()、mmap()、poll()、ioctl()等函数为进程间 Binder 通信的建立、数据传递和交互、Binder 引用计数管理等操作提供底层支持。在 Binder Driver 和 APP 之间定义了一套接口协议,由 ioctl()实现。

Service Manager 提供了辅助管理的功能,将字符形式的 Binder 名字转化成 Binder Client 中对该 Binder 的引用,使得 Binder Client 能够通过 Binder 名字获得对 Binder Server 中 Binder 实体的引用。Service Manager 作为一个守护进程,用于管理 Binder Server 并向 Binder Client 提供查询 Binder Server 接口。

Binder Client 是指 Android 操作系统中的 APP,可以向 Service Manager 查询并获得所需服务。

Binder Server 是指 System Server,向 Service Manager 注册自己提供的服务,以便 Binder Client 访问。

Binder Client 和 Binder Server 之间的通信建立在 Binder Driver 和 Service Manager 提供的基础设施上。Service Manager 和 Binder Driver 已经在 Android 系统平台中实现好,开发者只需按照规范实现自己的 Binder Client 和 Binder Server 组件即可。

9.5 Android 操作系统内存管理

Linux 内核的内存管理机制具有非常好的性能,Android 操作系统在此基础上构建了自己独有的内存管理机制——低内存处理机制和匿名共享内存机制。内存管理机制既保证了内存分配的合理性,又能够做到在应用程序关闭后,后台对应的进程并不真正撤销,以便下次再启动时能够快速加载,并且当内存容量不够时,可以主动根据 LRU 规则选择优先级低的进程撤销。

9.5.1　低内存处理机制

Android 操作系统为了保证每个 APP 能够快速进入执行状态,尽量让每个已经启动过的 APP 进程一直运行,但是随着 APP 增多,系统资源将会减少。Linux 利用 OOM Killer(out of memory killer)机制关闭一些运行的进程,将回收这些进程所占用的内存并分配给新的 APP 进程。在 OOM Killer 机制中,当 OOM 进程启动时,首先会向 Linux 内核将自己注册为一个 OOM Killer。一旦 Linux 内核的内存管理程序检测到系统内存很低,系统就会通知 OOM Killer 根据进程的 oom_adj 值的大小来决定撤销哪些进程,从而达到回收内存的目的。

基于 OOM Killer 机制,Android 操作系统扩展出了自己的内存监控机制,专门开发了一个驱动——LMK(low memory killer,低内存管理),实现了内存不足时依序梯次撤销进程。LMK 会向内核线程 kswapd 注册一个 shrinker 的监听回调,并在用户空间中指定了一组内存临界值,当其中的某个值与进程描述中的 oom_adj 值在同一范围,即系统的空闲页面低于 oom_adj 值时,就会执行监听回调,将该进程撤销。

9.5.2　匿名共享内存机制

匿名共享内存(anonymous shared memory,Ashmem)机制是 Android 操作系统独有的内存共享机制,它可以将指定的物理内存分别映射到各个进程自己的虚拟地址空间中,从而实现进程间的内存共享。匿名共享内存机制的主体是以驱动程序的形式在内核空间实现的,并在系统运行时库层和应用程序框架层提供了访问接口。其中,在系统运行时库层提供了 C/C++ 调用接口,而在应用程序框架层提供了 Java 调用接口。

匿名共享内存机制依赖于/dev/ashmem 设备,通过 open()、mmap()、ioctl()、read()/write()、pin()/unpin()等函数实现了匿名共享内存的创建、文件到虚拟空间的映射、共享内存大小设置和获取、读写、锁与解锁等操作。

小　　结

本章对 Android 操作系统的发展历史和特征、系统架构、应用程序开发环境搭建、基本组件及 Android 操作系统的进程管理和内存管理作了初步介绍。

习　题　9

1. 什么是 Android 操作系统?
2. 简述 Android 操作系统体系结构的划分及各层的作用。
3. 简述 Android 操作系统的四种基本组件的作用。
4. Android 操作系统中的进程可分为哪几类?
5. Android 操作系统提供了哪几种同步机制?
6. 简述 Binder 机制的原理。

第10章　系统安全

学习目标

❖ 了解计算机系统安全的内容和重要性。

❖ 了解威胁计算机系统安全的主要手段。

❖ 了解常用的计算机系统安全技术。

从人类历史上的第一台计算机诞生至今,计算机硬件与软件技术都在经历持续不断的飞速发展。计算机的普及带领人们步入信息时代,而计算机技术在生产、生活各个领域的广泛应用则推动人类文明快步向前。随着人们对计算机系统及相关技术依赖性的日趋上升,计算机在使用过程中的安全问题也愈来愈受到重视,高效且可靠的运行和使用计算机系统成为计算机学科领域普遍关注的重要问题。

不言而喻,计算机系统由人控制、为人所用,各种计算机危害中除不可抗拒的因素外主要也是因人而起的。人,作为推进信息时代发展的主导因素应该发挥其能动性,主动采取技术上的、管理上的及法律上的有力措施,尽可能把对计算机系统安全的威胁伤害程度降到最低。这个过程中关注的核心问题理应既包含计算机领域的相关技术,又包含相关从业人员及计算机用户的道德品质教育。本章着重关注前者的内容。

10.1　计算机系统安全概述

计算机系统安全是计算机与网络领域信息安全的一个分支,其研究目的是改善计算机系统及其应用中的不可靠因素,以保证计算机正常安全地运行。计算机系统安全从其所包含的主要内容来看,应包括实体安全、软件安全、运行安全、网络安全和信息安全等方面;从计算机本身的结构层次划分,包括物理安全、逻辑安全和安全服务三方面。

10.1.1　计算机系统安全的定义

关于计算机系统安全,国际标准化组织(ISO)的定义是:为数据处理系统建立和采取的技术与管理的安全保护,以使计算机硬件、软件和数据不因偶然或恶意的原因而遭到破坏、更改和泄露。

事实上,计算机系统本身除包含硬件、软件、数据与各种接口,还包含一系列外设,以及构造计算机网络时相应的通信设备、线路和信道等。计算机系统能为用户所用、发挥其价值,通常是在形成了以计算机系统为基础的计算机信息系统之后,于是计算机信息系统的安全性问题显得至关重要。由此,中国公安部计算机管理监察司提出:计算机系统安全是指计算机资产安全,即计算机信息系统资源和信息资源不受自然或人为有害因素的威胁和危害。

　　计算机系统安全,主要是为了保障一系列包含敏感或有价值的信息与服务的进程和机制,使它们不被未得到授权或不被信任的个人、团体或事件进行公开、修改或损坏。计算机系统安全主要包括三个方面的内容:物理安全、安全管理和逻辑安全。物理安全主要是指系统设备及相关设施受到物理保护,使其免遭破坏或丢失;安全管理包括各种安全管理的政策和机制;逻辑安全是指系统中的信息资源的安全,包括数据机密性、数据完整性和系统可用性。

　　(1)数据机密性:将机密的数据置于保密状态,仅允许被授权的用户访问计算机系统中的信息。

　　(2)数据完整性:未经授权的用户不能擅自修改系统中所保存的信息,且要保持系统中数据的一致性。

　　(3)系统可用性:授权用户的正常请求能及时、正确、安全地得到服务和响应,即计算机中的资源可供授权用户随时进行访问,系统不会拒绝服务。

10.1.2　计算机系统安全的分类

　　计算机面临的安全威胁与攻击一般可分为外部与内部两大类。狭义来看,主要考虑外部安全,就是去防范来自计算机外部的攻击,即针对计算机实体的威胁和攻击。从广义上看,计算机系统安全主要保障系统中数据的保密性、完整性和可用性,这更侧重关注计算机的内部安全,又可以理解为防范对信息的威胁和攻击。

　　计算机的外部安全,包括计算机设备的物理安全、与信息安全有关的规章制度的建立和法律法规的制定等。这是保证计算机设备正常运行、确保系统信息安全的前提。

　　计算机的内部安全指的是计算机信息在存储介质上的安全,包括计算机软件保护、软件安全、数据安全等多方面。

10.1.3　计算机威胁的类型

　　随着科学技术的发展,对计算机的攻击方式层出不穷。为了防范攻击者的攻击,必须了解攻击者威胁系统的方式。目前常见的几种主要威胁类型如下:

　　(1)假冒用户身份:攻击者伪装成一个合法用户,利用安全体制所允许的操作去破坏系统安全。为了防止假冒,用户在进行通信或交易之前,必须对发送方和接收方的身份进行认证。

　　(2)截取数据:未经核准的人通过非正当的途径截取网络中的文件和数据,从而造成网络信息泄露。

　　(3)拒绝服务:未经主管部门许可,而拒绝接受一些用户对网络中的资源进行访问。

　　(4)修改信息:未经核准的用户在截取数据后,修改数据包中的信息。

　　(5)伪造信息:未经核准的用户将一些经过精心编造的虚假信息送入计算机,或者在某些文件中增加一些虚假的记录来威胁系统中数据的完整性。

　　(6)中断传输:系统中因某事件被破坏而造成的信息传输中断。这将威胁到系统的可用性。

　　(7)否认操作:某用户不承认自己曾经做过的事情。

10.1.4 信息系统安全评价标准

对一个安全产品(系统)的评估,是十分复杂的事情,它对公正性和一致性有很严格的要求。因此,需要有一个能被广泛接受的评估标准。

1.《可信任计算机系统评价标准》

美国国防部在 20 世纪 80 年代中期制定了一组计算机系统安全需求标准,共包括 20 多个文件,每个文件都使用了不同颜色的封面,统称"彩虹系列"。其中最核心的是橙色封面的《可信任计算机系统评价标准》(《Trusted Computer System Evaluation Criteria》(TCSEC)),简称"橙皮书"。

该标准将计算机系统的安全性分为 A、B、C、D 四个等级,共八个级别。

1) D 级

D 级是最低的安全保护级别。拥有这个级别的操作系统就像一个门户大开的房子,任何人都可以自由进出,是完全不可信的。对于硬件来说,D 级没有任何保护措施,操作系统容易受到损害,没有系统访问限制和数据访问限制,任何人不需任何账户就可以进入系统,不受任何限制就可以访问他人的数据文件。这一级别只包含一个类别,它是那些已被评价,但不能满足较高级别要求的系统。属于这个级别的操作系统有 DOS、Windows、Apple 的 Macintosh System 7.1。

2) C 级

C 级有 C1 级和 C2 级两个安全子级别。

(1) C1 级:又称选择性安全保护系统,它描述了一种典型的用于 UNIX 系统的安全级别。这种级别的系统对硬件有某种程度的保护,但硬件受到损害的可能性仍然存在。用户拥有注册账号和口令,系统通过账号和口令来识别用户是否合法,并决定用户对程序和信息拥有什么样的访问权。文件的拥有者和超级用户(root)可以改动文件中的访问属性,从而对不同的用户给予不同的访问权,例如,让文件拥有者有读、写和执行的权力,给同组用户读和执行的权力,而给其他用户读的权力。C1 级保护的不足之处在于,用户直接访问操纵系统的根用户。C1 级不能控制进入系统的用户的访问级别,所以用户可以将系统中的数据任意移走,他们可以控制系统配置,获取比系统管理员权限的更高权限,如改变和控制用户名。

(2) C2 级:除了 C1 级包含的特征外,C2 级还包含访问控制环境。该环境具有进一步限制用户执行某些命令或访问某些文件的权限,而且还加入了身份验证级别。另外,系统对发生的事件加以审计,并写入日志当中,如什么时候开机,哪个用户在什么时候从哪儿登录等等,通过查看日志,就可以发现入侵的痕迹,如多次登录失败,也可以大致推测出可能有人想强行闯入系统。审计可以记录下系统管理员执行的活动,审计还加有身份验证,这样就可以知道谁在执行这些命令。审计的缺点在于它需要额外的处理器时间和磁盘资源。能够达到 C2 级的常见操作系统有 UNIX 系统、XENIX、Novell 3.x 或更高版本、Windows NT。

3) B 级

B 级中有 B1 级、B2 级和 B3 级三个子级别。

(1) B1 级:又称标志安全保护。它是支持多级安全(如秘密和绝密)的第一个级别,这个级别说明一个处于强制性访问控制之下的对象,系统不允许文件的拥有者改变其许可权限。拥有 B1 级安全措施的计算机系统,文件的许可权限随操作系统而定。政府机构和防御系统承包商是 B1 级计算机系统的主要拥有者。

(2) B2 级:又称结构保护,要求计算机系统中所有的对象都加标签,而且给设备(磁盘、磁带和终端)分配单个或多个安全级别。这是提出较高安全级别的对象与另一个较低安全级别的对象相互通信的第一个级别。

(3) B3 级:又称安全区域保护。它使用安装硬件的方式来加强安全区域保护。例如,内存管理硬件用于保护安全区域免遭无授权访问或其他安全区域对象的修改。该级别要求用户通过一条可信任途径连接到系统上。

4) A 级

A 级(或称验证设计)是当前的最高级别,包括了一个严格的设计、控制和验证过程。与前面提到的各级别一样,这一级别包含了较低级别的所有特性。设计必须是从数学角度上经过验证的,而且必须进行秘密通道和可信任分布的分析。这里,可信任分布的含义是,硬件和软件在物理传输过程中已经受到保护,以防止破坏安全系统。

在上述八个级别中,B1 级和 B2 级的级差最大,因为只有 B2 级、B3 级和 A 级,才是真正的安全等级,它们至少经得起不同程度的严格测试和攻击。目前,我国普遍应用的计算机,其操作系统大多是引进国外的属于 C1 级和 C2 级的产品。因此,开发我国自己的高级别的安全操作系统和数据库的任务迫在眉睫,当然其开发工作也是十分艰巨的。

计算机操作系统的评价准则的建立不仅对评价、监察已经运行的计算机系统的安全具有指导意义,而且对研究、设计、制造和使用计算机系统,确保其安全性具有十分重要的意义。

2.《信息技术安全评估通用标准》

信息技术安全评估通用标准(Common Criteria of Information Technical Security Evaluation,CCITSE,简称 CC)是在美国、加拿大、欧洲等国家和地区自行推出测评准则并在具体实践的基础上,通过相互间的总结与互补发展起来的。1996 年,六国七方(英国、加拿大、法国、德国、荷兰、美国国家安全局和美国标准技术研究所)首次公布 CC 1.0 版。1998 年,六国七方公布 CC 2.0 版。1999 年 12 月,ISO 接受 CC 2.0 版为国际标准 ISO/IEC 15408 标准,并正式颁布发行。

CC 是一个技术标准,定义了评估信息技术产品和系统安全性的基础准则,提出了目前国际上公认的表述信息技术安全性的结构,即:把安全要求分为规范产品和系统安全行为的功能要求以及解决如何正确有效地实施这些功能的保证要求。CC 适用于信息技术产品的安全性评估,针对评估中 IT(Information Technology,信息技术)产品的安全功能及其保障措施提供了一整套通用要求,并为 IT 产品的安全功能及其保障措施满足要求的情况定义了七个评估保障级别,评估结果可以帮助消费者确定该 IT 产品是否满足其安全要求。CC 可为具有安全功能的 IT 产品开发、评估以及采购过程提供指导。

3.《计算机信息系统安全保护等级划分准则》

我国也于 1999 年制定了《计算机信息系统安全保护等级划分准则》(GB 17859—1999)这一国家标准。该准则将计算机系统的安全保护能力分为用户自主保护级、系统审计保护级、安全标记保护级、结构化保护级和访问验证保护级这五个等级。

1）第一级：用户自主保护级

本级的计算机信息系统可信计算基通过隔离用户与数据，使用户具备自主安全保护的能力。它具有多种形式的控制能力，对用户实施访问控制，即为用户提供可行的手段，保护用户和用户组信息，避免其他用户对数据的非法读/写与破坏。

2）第二级：系统审计保护级

与用户自主保护级相比，本级的计算机信息系统可信计算基实施了粒度更细的自主访问控制，它通过登录规程、审计安全性相关事件和隔离资源，使用户对自己的行为负责。

3）第三级：安全标记保护级

本级的计算机信息系统可信计算基具有系统审计保护级的所有功能，此外，还提供有关安全策略模型、数据标记及主体对客体强制访问控制的非形式化描述，具有准确地标记输出信息的能力，能消除通过测试发现的任何错误。

4）第四级：结构化保护级

本级的计算机信息系统可信计算基建立于一个明确定义的形式化安全策略模型之上，它要求将第三级系统中的自主和强制访问控制扩展到所有主体与客体。此外，还要考虑隐蔽通道。本级的计算机信息系统可信计算基必须结构化为关键保护元素和非关键保护元素。计算机信息系统可信计算基的接口也必须明确定义，使其设计与实现能经受更充分的测试和更完整的复审；加强了鉴别机制；支持系统管理员和操作员的职能；提供可信设施管理；增强了配置管理控制。系统具有相当的抗渗透能力。

5）第五级：访问验证保护级

本级的计算机信息系统可信计算基满足访问监控器需求。访问监控器仲裁主体对客体的全部访问。访问监控器本身是抗篡改的；必须足够小，能够分析和测试。为了满足访问监控器的需求，计算机信息系统可信计算基在其构造时，排除那些对实施安全策略来说并非必要的代码；在设计和实现时，从系统工程角度将其复杂性降低到最低。系统支持安全管理员职能；扩充审计机制，当发生与安全相关的事件时发出信号；提供系统恢复机制。系统具有很强的抗渗透能力。

为了指导设计者设计和实现该标准中每一个安全保护等级的操作系统的要求，我国于2006年又制定了《信息安全技术操作系统安全技术要求》（GB/T 20272—2006）。该要求根据 GB 17859—1999 所列安全要素，从身份鉴别、自主访问控制、标记和强制访问控制、数据流控制、审计、数据完整性、数据保密性、可信路径等方面对操作系统的安全功能要求进行更加具体的描述，同时还从操作系统安全子系统（SSOOS）自身安全保护、操作系统安全子系统的设计和实现及操作系统安全子系统的安全管理等方面，对操作系统的安全保证要求进行更加具体的描述，为实现不同等级的安全操作系统和检测系统所属安全等级提供了依据。

10.2　程序安全

程序安全是计算机系统安全层次中的重要一环，其内容主要体现在计算机程序的耗时性、兼容性、稳定性，以及死锁问题、程序漏洞等方面。程序由于种种原因不可避免地存在缺陷,这些缺陷有些是设计过程中编程逻辑不正确导致的,有些则是程序员无意中造成的,也有一些甚至是被编程者有意留下的。要保障计算机系统安全,从程序本身入手尽可能完善程序或者系统缺陷、消除被安全威胁攻击得逞的隐患非常重要。

10.2.1　逻辑炸弹

逻辑炸弹是指在特定逻辑条件得到满足时实施破坏的计算机程序。这样的程序在触发后可能造成计算机数据丢失、计算机无法从硬盘或软盘引导,甚至导致整个系统瘫痪,并出现物理损坏的虚假现象。逻辑炸弹触发时的特定条件称为逻辑诱因。

可以看出,逻辑炸弹具有显而易见的破坏性,在它触发时计算机系统出现的症状与某些计算机病毒的作用结果非常相似,同样也能引发一系列连带性的灾难。

1. 逻辑炸弹的危害

逻辑炸弹带来的危害主要表现在以下两个方面。

(1) 直接破坏计算机软件产品使用者的计算机数据。

(2) 引发连带的社会灾难,包括直接或间接的损失,如企业亏损、资料丢失、科学研究的永久性失败、当事人承受精神打击、刑事犯罪等。

从逻辑炸弹的特征来看,它不会自我复制,这意味着一个逻辑炸弹的存在不会蔓延并影响到意想不到的其他受害者。与计算机病毒相比较,逻辑炸弹强调其本身的破坏作用,而实施破坏的程序却不具传染性。从某个角度而言,逻辑炸弹可以说是最文明的程序威胁方式,因为一个逻辑炸弹必须针对特定的攻击目标,并未植入逻辑炸弹的系统不会受到影响。而对植入了逻辑炸弹的某系统,它也不一定就会遭遇攻击影响,如果引爆逻辑炸弹的逻辑诱因始终不成立,那么逻辑炸弹就有可能像进入休眠期的火山一样并不具备实质的威胁性,甚至其存在都可能并不为系统所知。

2. 逻辑炸弹出现频率低的原因

逻辑炸弹在软件中出现的频率相对比较低,究其原因主要有以下两个:其一,逻辑炸弹不便于隐藏,可以追根溯源。逻辑炸弹一旦被触发即可确认源自哪个程序,这不但会牺牲这个程序产品的信誉,还可能为程序员自己引来法律纠纷;其二,在一般情况下,逻辑炸弹在民用产品中的应用是没有必要的,正如前一点所述这种行为损人不利己;而在军事或特殊领域如国际武器交易、先进的超级计算设备出口等情况下,逻辑炸弹可以限制超级计算设备的计算性能或使得武器的电子控制系统通过特殊通信手段传送情报或删除信息,这可能具有非同凡响的特殊意义。

由于逻辑炸弹的诱因具有不可控制的意外性,而逻辑炸弹本身并非病毒体,因此对它无法正常还原和清除,如果要对有逻辑炸弹的程序实施破解,则这个工作将相当困难。但是逻辑炸弹在对计算机的破坏手段的选择上与病毒在本质上区别不大,所以逻辑炸弹的防范具有和病毒防范非常相似的一些共性。养成良好的计算机使用习惯,定期备份重要数据、尽可能选择使用正版且具有良好信誉的软件产品,都可能有效避免引入逻辑炸弹。

10.2.2　缓冲区溢出

缓冲区溢出,是指当计算机向缓冲区内填充数据位数时超过了缓冲区本身的容量,使得溢出的数据覆盖在合法数据上。理想的情况是,程序检查数据长度,同时不允许输入超过缓冲区长度的字符。然而绝大多数程序都会假设数据长度总是与所分配的储存空间相匹配,这就为缓冲区溢出现象的发生埋下了隐患。

缓冲区溢出是一种比较常见且相当危险的漏洞,在各种各样的操作系统或应用软件中普遍存在。利用缓冲区溢出攻击,可以导致程序运行失败、系统宕机、重新启动等后果。更严重的是,可以利用它执行非授权指令,甚至可以取得系统特权,进而执行某些非法操作。

操作系统所使用的缓冲区又称堆栈。在各个操作进程之间,指令会被临时储存在堆栈中,堆栈也有可能出现缓冲区溢出。通过向程序的缓冲区内写入超出其长度的内容,造成缓冲区溢出,从而破坏程序的堆栈,造成程序崩溃或使程序转而执行其他指令,以达到攻击的目的。造成缓冲区溢出的根本原因是程序没有仔细检查用户输入的参数。当然,随意往缓冲区中填入内容,造成它的溢出,一般只会出现"分段错误",而不能真正达到攻击的目的。最常见的手段是,通过制造缓冲区溢出,使程序运行一个用户 shell,再通过 shell 执行其他命令。如果该程序有 root 或者 suid 执行权限的话,攻击者就获得了一个有 root 权限的shell,于是可以对系统进行任意其他操作了。缓冲区溢出攻击之所以成为一种常见安全攻击手段,其原因在于缓冲区溢出漏洞普遍存在,而这些漏洞几乎给予了攻击者所想要的一切:植入并执行攻击代码。

缓冲区溢出攻击的目的在于,扰乱具有某些特权运行的程序的功能。这样可以使得攻击者取得程序的控制权。如果该程序拥有足够的权限,那么整个主机就可能被攻击者控制。为了达到这个目的,攻击者必须做到以下两点:第一,在程序的地址空间里安排适当的代码;第二,通过适当的初始化寄存器和内存,让程序跳转到入侵者安排的地址空间展开执行。

缓冲区溢出攻击在远程网络攻击中占绝大多数。这使一个匿名的 Internet 用户有机会获得一台主机的部分甚至全部控制权。如果能有效地消除缓冲区溢出的漏洞,则可以使很大一部分安全威胁得到缓解。要想计算机系统保护缓冲区免受缓冲区溢出的攻击与影响,最重要的当属尽可能保证计算机系统代码编写的正确性,如采用 grep 来搜索源代码中容易产生漏洞的库的调用,或借助其他侦错技术完善系统。除此之外,还需着力加强对缓冲区的保护措施,如及时展开完整性检查、引入非执行的缓冲区技术、实现适时的信号传递、引入GCC 的在线重用等。然而缓冲区溢出是代码中难以消除的漏洞,除了在开发阶段要尽力编写正确、严谨的程序代码外,对计算机用户而言,常见的防范措施还包括关闭端口或服务、及时安装软件厂商提供的程序漏洞补丁、以所需的最小权限运行软件等。

10.2.3 SQL 注入

SQL 注入是对数据库进行攻击的常用手段之一。它利用现有应用程序可以将 SQL 命令注入后台数据库引擎执行的能力,通过在 Web 表单、域名输入或页面请求的查询字符串等内容中输入恶意的 SQL 语句以便得到一个存在安全漏洞的网站的数据库,最终达到欺骗服务器,执行恶意 SQL 命令的目的。

SQL 注入通过构建特殊的输入作为参数传入 Web 应用程序,而这些输入多为 SQL 语法里的一些组合,通过执行 SQL 语句进而执行攻击者所需的操作,其发生的原因主要是程序没有过滤用户输入的数据,致使非法数据侵入系统。根据相关技术原理,SQL 注入可分为平台层注入和代码层注入。前者由不安全的数据库配置或数据库平台的漏洞所致;后者主要是由于程序员对输入未进行细致过滤,从而执行了非法的数据查询。基于此,SQL 注入的产生原因通常表现在不当的类型处理、不安全的数据库配置、不合理的查询集处理、不当的错误处理、转义字符处理不合适及多个提交处理不当等方面。

伴随浏览器-服务器模式应用开发的发展,使用这种模式编写应用程序的程序员也越来越多;由于程序员的水平及经验参差不齐,他们中的一些人在编写代码时没有对用户输入数据的合法性进行判断,从而导致应用程序存在安全隐患。当应用程序使用输入内容来构造动态 SQL 语句以访问数据库时,就有可能发生 SQL 注入。如果代码使用存储过程,而这些存储过程作为包含未筛选的用户输入的字符串来传递,也会发生 SQL 注入。相关的 SQL 注入可以通过测试工具 Pangolin 进行。如果应用程序使用特权过高的账户连接到数据库,这种问题会变得很严重。许多网站程序在编写时,没有对用户输入的合法性进行判断或者程序中本身的变量处理不当,使应用程序存在安全隐患。当用户提交一段数据库查询代码时,根据程序返回的结果就有可能获取一些敏感信息或者控制整个服务器,SQL 注入就此发生。

从安全技术手段方面来看,由于 SQL 注入往往通过应用程序来执行攻击,系统可以使用虚拟补丁技术实现对 SQL 注入的 SQL 特征识别,从而实现实时攻击阻断。常见的做法是,通过数据库防火墙实现对 SQL 注入的防范。在应对攻击之前,采用有效的防护机制作为预防措施也很有意义,常用的做法有:第一,对用户的输入进行校验;第二,不使用动态拼装 SQL,而是利用参数化的 SQL 或者直接使用存储过程进行数据查询存取;第三,不使用管理员权限的数据库连接;第四,机密信息或敏感信息采用加密存储;第五,尽可能使用自定义的错误信息对原始错误信息进行提示。此外,还可以借助专门的辅助软件或网站平台来检测 SQL 注入。

10.3　系统和网络安全

人们对信息资源进行处理和共享的一系列迫切需求,推动着计算机技术的蓬勃发展,也造就了"信息时代"。伴随着 Internet 的普及,计算机系统尤其是计算机信息系统通常不再作为一个独立的存在而工作,计算机网络将全球各地的计算机互联起来,并以此为基础提供更复杂、高效且多元的信息服务。在感受这种服务带来便利的同时,人们也不可避免地遭遇了一系列与计算机网络相关的安全威胁。一般情况下,这些安全威胁有两大主要攻击目标,分别是网络中的信息和网络中的设备,而这些威胁大多是通过挖掘计算机操作系统和应用程序本身的弱点或缺陷来实现的。下面简单介绍与此有关的主要攻击手段。

10.3.1　特洛伊木马

特洛伊木马一般简称木马,名称来源于希腊神话《木马屠城》,后被黑客程序借用其名,有"一经潜入,后患无穷"之意。计算机中所说的特洛伊木马与人们熟知的其他计算机病毒一样,都是一种有害程序。特洛伊木马没有复制能力,其特点是伪装成一个实用工具或者一个可爱的游戏,诱使用户将其安装在 PC 或者服务器上。在不经意间,特洛伊木马可能对使用者的计算机系统造成破坏,或窃取数据特别是使用者的各种账户及口令等重要且需要保密的信息,甚至直接控制使用者的计算机系统。

特洛伊木马能够不经准许就获得计算机的使用权,其程序容量十分小,运行时不占用过多资源,因此在不使用杀毒软件的情况下很难被发觉。特洛伊木马一旦开始运行就很难被阻止,它可以立刻自动登录到系统启动区,之后每次在操作系统加载时自动运行。它也可以立刻自动变更文件名甚至隐形,或者马上自动复制到其他文件夹中,执行连用户本身都无法执行的操作,还可能使浏览器自动链接到特定的网页。遭遇特洛伊木马攻击的计算机,由于资源被大量占用,通常会运行速度减慢或莫名死机,且使用者信息可能被窃取,导致数据外泄等情况发生。

特洛伊木马从最初简单的密码窃取,到现在能完成对动态口令和硬证书的攻击,已经经历了六个阶段的发展。通常,一个完整的特洛伊木马套装程序包含两个部分:服务端(服务器部分)和客户端(控制器部分)。植入对方计算机的是服务端,而攻击者正是利用客户端进入运行了服务端的计算机。运行特洛伊木马的服务端,会产生一个拥有易迷惑用户的名字的进程,暗中打开端口并向指定目标发送数据(如实时通信软件密码、用户上网密码等),攻击者甚至可以利用这些打开的端口进入计算机系统。这时被攻击的计算机上各种文件、程序以及使用过的账号和密码均无安全性可言了。特洛伊木马的植入通常利用的都是操作系统漏洞,它直接绕过了对方系统的防御措施(如防火墙等)。

一个特洛伊木马是包含或者安装在另一个程序里的,它可能看起来有用或者有趣。它隐藏于某些用户可能感兴趣的文档中,随用户下载附件而进入系统。虽然特洛伊木马不能自动运行,但当用户运行下载的文档程序时,它就随之运行,结果导致信息或文档被破坏、丢失。值得注意的是,特洛伊木马和计算机中的"后门"概念不一样,后者是指隐藏在程序中的秘密功能,通常是程序设计者为了能在日后随意进入系统而专门设置的。

特洛伊木马可具体划分为破坏型、密码发送型、远程访问型、键盘记录木马、DoS攻击木马、代理木马、FTP木马、程序杀手木马和反弹端口型木马等类别,它们的攻击目标与手段也各有特点。为保证自己的计算机不被特洛伊木马侵害,用户应特别注意养成良好的上网习惯,给计算机安装杀毒软件,慎重运行电子邮件的附件,从网络下载的程序或文档应事先查毒再使用,在上网时尽可能打开网络防火墙和病毒实时监控软件。

10.3.2 计算机病毒

在所有计算机系统安全威胁中最为广大用户熟悉的就是计算机病毒。计算机病毒是指,编写者在计算机程序中插入的、破坏计算机功能或者破坏数据、影响计算机使用并且能够自我复制的一组计算机指令或恶意的程序代码。与生物病毒不相同的是,计算机病毒不是自然存在的生命体,而是某些人利用计算机软件或硬件固有的脆弱性编写出来的,其本质是一组指令集或程序代码。病毒能通过某种途径长期潜伏在计算机的存储介质(或程序)中,当达到某种条件时即被激活;同时,它还可以通过修改其他程序,将自己的精确复制或者可能演化的形式植入其他程序中,从而感染更多程序。可以说,计算机病毒是人为制造的,它能对计算机功能及资源进行破坏,进而影响计算机的正常使用,还可能产生对用户隐私的巨大侵害。

一般情况下,计算机病毒并非来源于突发的原因。有时候一次突发的停电、一个偶然的错误,可能在计算机的磁盘或内存中产生一些乱码或随机指令,但这些内容是无序且混乱的。相比之下,计算机病毒则是一种比较严谨的、巧妙的代码,它事先就按照严格的秩序组织起来,与所在的系统网络环境相适应。计算机病毒不会在偶然的编码过程中生成,因为每个计算机病毒都需要一定的长度,而这个基本长度从概率角度来说几乎不可能通过随机代码自动产生。目前,流行的计算机病毒都是人为故意生成的,多数计算机病毒可以追溯到其编写者以及产地信息。通过对大量的统计数据进行分析可以发现:计算机病毒的编写者可能是各类人群,他们的攻击行为基于各自不同的需求和目的。其中有一部分是天才的程序员,他们制造病毒可能仅仅只为了表现个性或证明自己的能力。另一部分人则可能出于某些个人原因,如对上司的不满、出于好奇、为了表达祝福,或是为了得到控制口令等。也有一些人,则可能是缘于更复杂的因素,如政治、军事、经济、宗教、专利等方面的特殊需求而专门编写计算机病毒,其中甚至可能包括一些专门的计算机病毒研究机构,还可能包括为了测试计算机病毒的黑客。

1. 计算机病毒的特点

多种多样的计算机病毒出处各不相同,但通常都具有以下特点:

1)传染性

传染性是计算机病毒的基本特征,是指计算机病毒在一定条件下可以自我复制,能对其他文件或系统进行一系列非法操作,并使之成为新的传染源。

计算机病毒不但本身具有破坏性,更有害的是其传染性,一旦病毒被复制或产生变种,其传播速度之快令人猝不及防。计算机病毒还可以通过各种渠道从已被感染的计算机扩散到尚未被感染的计算机,在某些情况下造成被感染的计算机工作失常甚至系统瘫痪。病毒一旦进入计算机并得以执行,就会自动搜寻其他符合其传染条件的程序或存储介质,确定目标后再将自身代码植入其中,达到自我繁殖的目的。只要一台计算机感染病毒,如不及时加以处理,那么病毒就可能在这台计算机上迅速扩散。计算机病毒可通过多种可能渠道进行传播,如软盘、硬盘、移动存储介质及计算机网络等。如果一台计算机中发现了计算机病毒,则往往曾在这台计算机上使用过的 U 盘也可能感染了计算机病毒,而通过计算机网络与这台计算机互联的其他计算机也极有可能被相同的计算机病毒所感染。通常,是否具有传染性是判断一个程序是否为计算机病毒的最重要条件。

2)繁殖性

计算机病毒可以将与自身完全相同的副本植入其他程序或者存储介质的特定区域,使每一个受感染程序都同时包含计算机病毒的一个克隆体,这是计算机病毒的又一共性。它使计算机病毒得以像生物病毒一样进行繁殖。当计算机中正常程序运行时,计算机病毒也同时进行自我复制。具备繁殖性、传染性的特征,是判断某一段程序为计算机病毒的首要条件。

3)潜伏性

计算机病毒的潜伏性是指计算机病毒依附于其他载体寄生的一种能力,这使侵入的计算机病毒可以潜伏在系统中,直到条件成熟才会发作。

通常,一个编写精巧的计算机病毒在进入计算机系统之后不会立刻发作,可能默默地隐藏在计算机存储介质中几天甚至几年,而一旦时机成熟得到运行机会,它就繁殖并四处扩散,继续攻击和危害计算机系统。潜伏性的又一种表现是指,计算机病毒的内部往往存在某种触发机制。当触发条件并未得到满足时,计算机病毒除了传染之外,不进行其他实质性的攻击破坏,待到触发条件满足才发挥作用。有些计算机病毒就像计算机系统中的"定时炸弹",可以通过计算机病毒的精密设计,预先指定病毒被激活并发动攻击的具体时间。例如,著名的"黑色星期五病毒",它不到设定的特殊时间就不会被计算机系统或计算机用户感知;一旦条件具备得以发作,其计算机病毒的影响力立即就显露出来,对系统进行的破坏随之发生。

4)破坏性

所有的计算机病毒都是可执行程序,所以它们对计算机系统而言必然存在一个共同的危害,就是一旦执行便会占用系统资源,严重时会降低计算机系统的工作效率,具体情况取决于入侵系统的计算机病毒。在计算机系统感染计算机病毒后,可能会导致正常的程序无法运行,最常见的后果是计算机内的数据被恶意删除或受到不同程度的损坏,具体表现包括对文件的增加、删除、篡改或移动。此外,有的计算机屏幕上可能显示非正常信息、图形或特殊标志。更严重的情况是,有的计算机系统会执行破坏系统的操作,如格式化磁盘、删除磁盘文件、对数据文件做加密、封锁键盘及使系统死锁等。

5)隐蔽性

计算机病毒通常具有很强的隐蔽性,这是计算机病毒难以被查杀的一个重要原因。计算机病毒可以将自己伪装成系统文件隐藏于不常查看的系统文件夹中,也可能利用不常使用的端口藏身,还可以隐藏于注册表里,它也能利用远程线程的方式或是拦截系统功能调用的方式实现隐藏,甚至先发制人通过攻击杀毒软件保护自己。正是计算机病毒这种时隐时现、变化无常的特性,使得某些计算机病毒的处理变得相当困难。

6)可触发性

计算机病毒因某个事件或数值的出现,诱使计算机病毒实施感染或进行攻击的特性称为可触发性。为了隐蔽自己,计算机病毒必须潜伏于系统且尽可能少发生动作。但是,如果完全停止行为操作而一直潜伏,计算机病毒既不能感染其他程序,也无法进行破坏,从而失去威胁性。因此,计算机病毒既要隐蔽,又要维持其杀伤力,它必须具备可触发性。事实上,计算机病毒的触发机制就是专门用于控制感染和破坏动作的频率的。计算机病毒具有预先设定的触发条件,这些条件可能是时间、日期、文件类型或某些特定数据等。每当病毒运行时,触发机制就会检查预定条件是否满足:如果条件满足,就立即启动感染或破坏动作,进行感染或攻击;如果条件尚不满足,则让计算机病毒继续潜伏。

2. 计算机病毒的划分

长久以来,针对计算机病毒的专门研究一直在持续并逐步深入,在大量的研究数据基础上可以得到结论,根据计算机病毒不同属性的特征可以将其分别划分为多种类别,比较常见的划分方式包含以下几类:

1)存在的媒体

根据计算机病毒存在的媒体,计算机病毒可以划分为文件病毒、网络病毒和引导型病毒。文件病毒感染计算机中的文件(如后缀为.com 的文件、.exe 的文件、.doc 的文件等)。网络病毒则通过计算机网络传播并感染网络中的可执行文件。引导型病毒感染的是启动扇区(boot)和硬盘的系统引导扇区(MBR)。此外,还有以上三种情况的混合型病毒,如多型病毒(文件病毒和引导型病毒)感染文件和引导扇区两种目标。这样的计算机病毒通常都具有复杂的算法,它们会使用非常规的办法侵入系统,同时采用了加密和变形算法。

2) 传染渠道

根据计算机病毒传染渠道不同,计算机病毒可分为驻留型病毒和非驻留型病毒。驻留型病毒在感染计算机后,把自身的内存驻留部分放在主存中,这一部分程序挂接系统调用,同时合并到操作系统中去,它将一直处于激活状态,直到关机或重新启动为止。非驻留型病毒在得到机会激活时,并不立即感染计算机内存。还有一些计算机病毒在内存中保留一小部分,但却并不通过这一部分进行传染,它们也被划分为非驻留型病毒。

3) 破坏能力

计算机病毒虽然具有破坏性,但不同种类之间破坏能力存在千差万别。根据破坏能力,计算机病毒一般可以划分为以下四种:

(1) 无害型:这一类计算机病毒除了传染时减少磁盘的可用空间,对系统并无其他影响。

(2) 无危险型:这一类计算机病毒仅仅是消耗内存、显示图像或发出声音等,危险性不大。

(3) 危险型:这一类计算机病毒在计算机系统操作中造成严重的错误。

(4) 非常危险型:这一类计算机病毒删除程序、破坏数据、清除系统内存区和操作系统中重要的数据信息。它们对系统造成的危害并不因为本身的算法中存在危险的调用,而是当它们传染时可能引起无法预料的、灾难性的破坏结果。

4) 算法

根据算法,计算机病毒分为如下几类:

(1) 伴随型病毒:这一类计算机病毒并不改变文件本身,但是它们能根据算法产生.exe文件的伴随体,使之具有与原始文件相同的名字、不同的扩展名,如 XCOPY.exe 文件的伴随体是 XCOPY.com 文件。计算机病毒把自身写入.com 文件但并不改变.exe 文件,直到 DOS 加载文件时,伴随体优先被执行,再由伴随体加载执行原来的.exe 文件。

(2) 蠕虫型病毒:这是一种主要基于网络传播的计算机病毒。它不改变文件或资料信息,但可以利用网络从一台计算机的内存传播到其他计算机的内存、计算网络地址,借助网络实现自身计算机病毒的发送。蠕虫型病毒在系统存在时一般除内存之外不再占用其他资源。

(3) 寄生型病毒:这是除了伴随型病毒和蠕虫型病毒之外,其他所有类型病毒的一个统称。它们依附于系统的引导扇区或文件,通过系统的功能进行传播。

(4) 诡秘型病毒:它们一般不直接修改 DOS 中断和扇区数据,而是通过设备技术和文件缓冲区等对 DOS 内部进行修改,利用 DOS 空闲的数据区进行工作。

(5) 变型病毒:又称幽灵病毒,这一类计算机病毒使用较复杂的算法,每传播一次,都使计算机病毒发生新的变化,原始计算机病毒与繁殖的计算机病毒具有不同的内容和长度。

变型病毒一般由一段混有无关指令的解码算法与被变化过的病毒体共同构成。

3. 计算机病毒的预防

计算机病毒的危害性日趋严重,迫使人们投入更多的精力研究其防范措施。显然,提高计算机系统自身的安全性是防范计算机病毒的一个重要方面。然而完美的安全系统是不存在的,过分强调提高系统的安全性将使系统花费过多时间用于病毒检查,从而导致系统失去应有的可用性、实用性和易用性。还有一个棘手的问题是,信息安全方面的某些特殊要求使计算机用户在泄密与清查计算机病毒之间难以选择。因此,加强内部网络管理人员及相关用户的安全意识,是防范计算机病毒的策略中最易实现,也是最经济的方法之一。另外,为计算机系统安装正版杀毒软件,并定期更新病毒库也是预防计算机病毒的重要手段。概括而言,充分注意以下问题将有可能降低系统被计算机病毒感染的可能性:

(1) 分类管理数据。

(2) 使用口令来控制对系统资源的访问。

(3) 对重要数据、系统文件,特别是重要的可执行文件进行写保护。

(4) 不使用来历不明的程序或数据。

(5) 不轻易打开来历不明的电子邮件。

(6) 安装杀毒软件。

(7) 使用新的计算机系统或软件时,要先杀毒后使用。

(8) 备份系统及参数,建立系统的应急方案。

4. 计算机病毒、特洛伊木马与逻辑炸弹的比较

在计算机程序中,计算机病毒、特洛伊木马与逻辑炸弹是常见的三种破坏手段。它们相互联系又各有区别。三者的共性在于它们都对计算机系统产生危害,而它们各自的特性又决定了其进行传播与破坏的手段各不相同。

计算机病毒是通过自我复制进行传播的计算机程序,繁殖性是其基本特性,但它的破坏机制却不是必备的,所以现实中也存在一些只传染复制而不实施恶性破坏的、所谓的"良性"计算机病毒。而特洛伊木马虽然也是一种程序,但它只具备破坏性却不能完成自我复制。典型的特洛伊木马是以"冒充"来作为传播手段的,这与计算机病毒在新目标中植入自己的副本这种"繁殖"方式显而易见存在差别。例如,有一种特洛伊木马,就是通过假冒为某个软件的新版本,在用户无意间尝试使用时实施对系统的破坏的。而与典型的特洛伊木马相比,逻辑炸弹一般隐含在具有正常功能的软件内部,并不像典型的特洛伊木马那样仅仅只是模仿程序的外表而没有真正的程序功能。根据概念来判断,可以将能够复制传染的破坏程序归属于计算机病毒的范畴,但这些概念本身都具备一定灵活性,在实际情况中区分时需细致甄别。

10.3.3 蠕虫

所谓蠕虫,又称蠕虫病毒,其实是一种结合了蠕虫特性与计算机病毒机理(技术特点)的产物。最初将其称为蠕虫是因为在 DOS 环境下,它发作时会在屏幕上出现一条类似虫子的东西,它会胡乱吞吃屏幕上的字母并将其变形。目前主流的定义认为,蠕虫是一种能够利用系统漏洞通过网络进行自我传播的恶意程序。蠕虫同时集成了蠕虫和计算机病毒两者的特征,从而使其自身更加强大、传播能力也更强。它还有一个显著特点是不一定需要附着在其他程序上而可以独立存在。当形成规模与传播速度相当快时,蠕虫攻击会极大地消耗网络资源,从而导致大面积网络拥塞甚至瘫痪。

蠕虫与计算机病毒相似,都是能自我复制的计算机程序。与一般计算机病毒不同的是,蠕虫并不需要附在其他程序(宿主程序)的内部,可以不需要使用者介入操作也能够自我复制或执行。蠕虫未必会直接破坏被感染的系统,却几乎都能对网络形成威胁。有时它可能只是浪费网络带宽,或执行垃圾代码以发动分散式拒绝服务(DoS)攻击,导致计算机的执行效率大大降低,从而影响计算机的正常使用,还有可能会修改或损毁目标计算机的档案。

蠕虫分为主机蠕虫与网络蠕虫。其中,主机蠕虫完全包含在它们运行的计算机中,并且使用网络的连接将自身复制到其他的计算机中。特别的是,主机蠕虫在完成自身的复制并加入另外的主机之后,就会终止自身的行为。如果根据攻击目的进行划分,蠕虫又可以分成两类:一类是面对大规模计算机网络发动拒绝服务(DoS)的计算机蠕虫,另一类则是针对个人用户的执行大量垃圾代码的计算机蠕虫。

蠕虫由两部分组成:一个主程序和一个引导程序。主程序一旦在计算机中建立,就会去收集与当前计算机联网的其他主机信息。它能通过读取公共配置文件并运行显示当前网上联机状态信息的系统实用程序而做到这一点。随后,主程序会尝试利用系统缺陷去在这些远程计算机上建立其引导程序。蠕虫攻击的基本流程概括为:首先侵入一台计算机系统,通过网络获取其他计算机的 IP 地址,然后将自身副本发送给那些计算机。蠕虫常驻于一台或多台计算机中,并有自动重新定位的能力。如果它检测到网络中的某台计算机未被占用,它就把自身的一个复制件(一个程序段)发送给过去。蠕虫病毒常常使用存储在染毒计算机上的邮件客户端地址簿里的地址来传播程序,偶尔也在被感染计算机中直接生成文件、蚕食并破坏系统。

由于蠕虫本源就是计算机病毒,因此,应对蠕虫攻击的防御手段也与对抗计算机病毒的相似。除了努力完善系统漏洞、经常安装升级补丁之外,还应使用具备实时监控功能的杀毒软件并定时升级,用户应注意不轻易打开或运行来源不明的文件。网络管理员应当主动完成系统的定期备份,以防在意外情况下丢失数据;局域网用户,则可以在 Internet 入口处安装防火墙,以便对邮件服务器等进行监控。针对计算机系统本身,还可以将其安全设置等级调高;在必要的时候,禁用或删除对脚本程序提供支持的系统文件也可以达到防治蠕虫的目的。

10.3.4 rootkit

rootkit 一词最早出现在 UNIX 系统中。系统入侵者为了取得系统管理员级的 root 权限或为了清除被系统记录的入侵痕迹,会重新汇编一些软件工具,这些工具称为 kit。由此,rootkit 可以视作一项技术。一种公认的定义认为:rootkit 是指其主要功能为隐藏其他程序进程的软件,它可能是一个或多个软件的组合。从其定义不难看出,rootkit 是一种特殊的恶意软件,其功能是在安装目标上隐藏自身及指定的文件、进程或网络链接等信息。目前,rootkit 更多的是指那些被作为驱动程序加载到操作系统内核中的恶意软件。

通常情况下,rootkit 总是与特洛伊木马、后门等其他恶意程序结合使用。rootkit 通过加载特殊的驱动、修改系统内核,进而达到隐藏信息的目的。其代码运行在特权模式之下,从而可能引发意料之外的危险。有一种误解认为,rootkit 是用于获得系统 root 权限的特殊工具。而事实上,rootkit 是攻击者用于隐藏自己的踪迹和保留 root 权限的工具。攻击者通过远程攻击获得系统的 root 权限,或者利用密码猜测、密码强制破译等方式获得系统的访问权限。在进入系统之后,如果攻击者还未获得 root 权限,再通过某些安全漏洞获得系统的 root 权限。接下来,攻击者会在侵入的主机中安装 rootkit,然后他会通过 rootkit 的后门检查系统是否有其他用户的登录信息。如果记录中只有自己,攻击者就开始着手清理日志中的有关条目。而通过 rootkit 的嗅探器,攻击者还可以获得其他系统中的用户和口令,成功之后便会利用这些信息侵入这些系统。现代操作系统的内核可视作一种数据结构,rootkit 技术其实就是通过修改这些数据结构的内容,来隐藏其他程序的进程、文件、网络通信和相关信息(如注册表、可能因修改而产生的系统日志等)的。

最早的 rootkit 的用途其实是善意的,但随着它被黑客使用在入侵和攻击他人计算机系统的过程中,加上计算机病毒、间谍软件等也时常利用 rootkit 来隐藏踪迹,最终导致 rootkit 被大多数的杀毒软件归类为具有危害性的恶意软件。从 20 世纪九十年代初 rootkit 技术诞生至今,其发展十分迅速,出现了 1 km 注射、模块摘除、拦截中断、劫持系统调用、端口反弹等具体形式;随着它们的应用越来越广,其检测难度也日趋增大。常见的操作系统如 Linux、Windows、Mac OS 等都有可能成为 rootkit 的侵害目标。客观来看,rootkit 是一种奇特的程序,它具有隐身功能,即无论是作为文件存在的静止时刻,还是作为进程存在的活动时刻,都不会被察觉。换句话说,这种程序可能一直存在于计算机中,但用户却浑然不觉。这一特性恰是一些人梦寐以求的——不论是计算机黑客,还是计算机取证人员。前者可以在入侵后置入 rootkit,秘密窥探敏感信息,或者等待时机,伺机而动;后者则可以利用 rootkit 实时监控嫌疑人的不法行为,这不仅有利于搜集证据,还有利于采取及时行动。所以任何计算机技术都可能是把双刃剑,研究它的目的在于利用研究成果保护计算机系统以确保其安全性。充分发挥某一项技术的正面价值与利用它实施恶意侵害可能只在一念之间。

10.3.5　拒绝服务

拒绝服务(denial of service,DoS)是黑客常用的攻击手段之一,是指攻击者设法让目标主机停止提供服务或资源访问。造成 DoS 的攻击行为称为 DoS 攻击。概括来说,攻击者进行 DoS 攻击主要想达到两种效果:一是迫使服务器的缓冲区满,使之不接收新的请求;二是使用 IP 欺骗迫使服务器把合法用户的连接复位,影响合法用户的连接。

最常见的 DoS 攻击有计算机网络带宽攻击和连通性攻击。带宽攻击是指以极大的通信量冲击网络,使得所有可用网络资源被消耗殆尽,最终导致合法的用户请求无法通过。连通性攻击则是指使用大量的连接请求冲击计算机系统,使得所有可用的操作系统资源都被消耗殆尽,以致计算机无法再处理合法的用户请求。事实上,对网络带宽进行的消耗性攻击只是 DoS 攻击的一部分体现,只要能够对目标造成困扰、使某些服务暂停甚至主机死机,都属于 DoS 攻击的范畴。

J. Mirkovic 和 P. Reiher 提出了 DoS 攻击的属性分类法,他们主张将 DoS 攻击属性分为攻击静态属性、攻击动态属性和攻击交互属性三类。根据 DoS 攻击的这些属性不同就可以对攻击进行详细分类。凡是在攻击开始前就已经确定，在一次连续的攻击中通常不会再发生改变的属性，称为攻击静态属性。攻击静态属性是由攻击者和攻击本身所确定的，是攻击基本的属性，它的主要内容包括攻击控制模式、攻击通信模式、攻击技术原理、攻击协议和攻击协议层等。那些在攻击过程中允许动态改变的属性，如攻击选取的目标类型、时间选择、使用源地址的方式、攻击包数据生成模式等，称为攻击动态属性。而那些不仅与攻击者相关而且与具体受害者的配置、检测与服务能力也有关系的属性，称为攻击交互属性。

与其他类型的安全攻击相似，攻击者发起 DoS 攻击的动机也是多种多样的。不同的时间和场合发生的、由不同的攻击者发起的、针对不同的受害者的攻击可能有着各不相同的目的：或是作为练习攻击的手段，或是为了炫耀，也可能出于报复心理，甚至只是单纯为了执行破坏而搞的一个恶作剧，此外，基于政治、经济甚至军事方面的特殊原因进行攻击也是有可能的。当然，这些目的都不是排他性的，即一次攻击事件可能源于多重目的。

DoS 攻击问题一直得不到有效解决，究其原因是网络协议本身存在未能完善的安全缺陷，因此要展开攻击防范可能需要另辟蹊径。例如，许多现代的 UNIX 允许管理员设置一些限制，控制可以使用的最大内存、CPU 时间、允许生成的最大文件等，这都被证明是有用的。

10.3.6　端口扫描

端口，是主机与外界通信交流的数据出入口。端口分为硬件端口和软件端口，其中硬件端口又称接口，包括常见的 USB 端口、串行端口和并行端口等。软件端口一般是指网络中面向连接服务（TCP）和无连接服务（UDP）的通信协议端口。一个端口就是一个潜在的通信通道，同时也成为一个可选的入侵通道。

端口扫描，是指某些别有用心的人发送一组端口扫描消息，试图以此侵入某台计算机并掌握其提供的计算机网络服务类型信息。这样的行为使攻击者得以发现系统存在的安全漏洞、了解从何处可以探寻到攻击弱点。因此，端口扫描是计算机解密高手钟爱的手段。

端口扫描的基本过程为：使用同一个信息对目标主机中所有需要扫描的端口发送探测数据包（即扫描），然后根据返回端口的状态来分析目标主机端口是否已打开、是否可用。端口扫描通过与主机的 TCP/IP 端口建立连接并请求某些服务，记录目标主机的应答，收集目标主机相关信息，从而发现其内在的某些安全弱点，确定该端口上是何种服务正在进行并获取该服务的相关信息。端口扫描还能够通过捕获本地主机或服务器的流入、流出 IP 数据包来监视本地主机的运行情况。不过，它仅仅只能对接收到的数据进行分析，帮助攻击者探寻目标主机的弱点，并不能提供进入一个系统的详细步骤。

对目标计算机进行端口扫描，能得到许多有用信息。进行扫描的方法很多，可以使用手工进行扫描，也可以使用端口扫描软件即扫描器进行扫描。当使用手工进行扫描时，需要熟悉各种相关命令，还必须对命令执行后的输出结果进行分析。借助扫描软件更加便利，因为许多扫描器本身就具备数据分析的功能。扫描器是一种自动检测远程或本地主机安全性弱点的程序，它一般具备三项能力：① 发现一个主机或网络的能力；② 发现一台主机后，确认何种服务正运行在这台主机上的能力；③ 通过测试这些服务发现主机漏洞的能力。由此，可以通过扫描器不留痕迹地掌握远程服务器的各种 TCP 端口分配信息，以及提供的服务内容及其软件版本。这等于能让攻击者间接地或直观地了解到了远程主机所存在的安全问题。

事实上,以上描述内容仅针对网络通信端口,因为这类端口的扫描占很大比重。其实端口扫描在某些情况下还可以定义为广泛的设备端口扫描。例如,某些管理软件可以动态扫描各种计算机外设端口的开放状态并进行管理与监控,这类系统中常见的代表如 USB 管理系统、各种外设管理系统等。

10.4　计算机系统安全技术

计算机系统安全主要保护的是计算机系统中的硬件、软件和数据,那么计算机系统的安全性问题也就相应概括为三大类,即技术安全类、管理安全类和政策法律类。其中,技术安全是指计算机系统本身采用具备一定安全性的硬件、软件来实现对数据或信息的安全保护,在无意或恶意的软件或硬件攻击下仍能使系统中的数据或信息不断增加,不丢失、不泄露。这属于计算机安全学领域研究的范畴。基于保证计算机系统的保密性、安全性、完整性、可靠性和可用性及信息资源的有效性、合法性等安全需求,常使用以下安全技术手段。

10.4.1　身份验证

保障系统安全的目标要求之一,就是保证存储在计算机及网络系统中的数据只能被有权限的用户访问。身份验证也称身份认证,是实现信息安全的基本技术。身份验证可以视作某个系统审查用户身份的过程,借此确定该用户是否具有对某种资源的访问及使用权限。一种普遍认知是,身份验证是指计算机及网络系统确认操作者身份并实施访问控制所采用的技术手段。它用于证实被验证对象的真实性和有效性,能防止入侵者进行假冒、篡改等。

计算机网络世界中一切信息包括用户的身份信息都是用一组特定的数据来表示的,计算机只能识别用户的数字身份,所有对用户的授权也是针对用户数字身份的授权。可以说,身份验证就是为了保证以数字身份进行操作的操作者就是对应数字身份的合法拥有者,即保证操作者的物理身份与数字身份相对应。作为保护网络资产的第一道防线,身份认证发挥着举足轻重的作用。

在计算机系统中常用的验证参数包括口令、密钥、标识符及随机数等。目前主要采用四种身份认证技术,分别是基于口令的身份认证技术、基于物理标志的身份认证技术、基于生物标志的身份认证技术和基于公开密钥的身份认证技术。

1. 基于口令的身份认证技术

口令是目前用于确认用户身份的最常用的认证技术。用户登录系统时所输入的口令必须与注册表中用户所设置的口令一致,否则将拒绝该用户登录。口令是由字母、数字或特殊符号,或者由其混合组成的,它可以由系统产生,也可以由用户自己选定。

这种基于用户标示符和口令的身份认证技术,其最主要的优点是简单易行,因此,在几乎所有需要对数据加以保密的系统中,都引入了基于口令的机制。但这种机制也很容易受到攻击。攻击者可能通过多种方式来获取用户登录名和密码,或者猜出用户所使用的口令。为了防止攻击者猜出口令,该机制通常应满足以下几点要求:

（1）口令长度适中：建议口令长度不少于 7 个字符，而且在口令中应包含大写字母和小写字母及数字，最好还能引入特殊符号。

（2）自动断开连接：只允许用户输入有限次数的不正确口令，通常规定的次数为 3～5 次。如果用户输入不正确口令的次数超过了规定的次数，系统便自动断开该用户所在终端的连接。

（3）隐蔽回送显示：当用户输入口令时，登录程序不应将该口令回送到屏幕上显示，以防止被就近的人发现。

（4）记录和报告：用于记录所有用户登录进入系统和退出系统的时间；也用于记录和报告攻击者非法猜测口令的企图，以及所发生的与安全性有关的其他不轨行为。

2．基于物理标志的身份认证技术

目前还广泛利用人们所具有的某种物理标志来进行身份认证。物理标志的类型很多，最早的如金属钥匙，目前流行的如身份证、学生证、驾驶证、磁卡、IC 卡等。

1）基于磁卡的认证技术

磁卡是基于磁性原理来记录数据的，目前世界各国使用的信用卡和银行储蓄卡等都是磁卡。在磁卡的磁条上一般有三条磁道，每条磁道都可以用于记录不同标准和不同数量的数据，如用户名、用户密码、账号、金额等。

在磁卡上记录的信息，可以利用磁卡读写器将其读出。为了保证持卡者是该卡的主人，通常在基于磁卡认证技术的基础上，又增设了口令机制。每当进行用户身份认证时，都先要求用户输入口令。

2）基于 IC 卡的认证技术

IC 卡即集成电路卡。在外观上看，IC 卡和磁卡并无明显差别，但在 IC 卡中可以装入CPU 和存储芯片，使该卡具有一定的智能，故又称智能卡。IC 卡中的 CPU 用于对内部数据的访问和与外部数据进行交换，还可利用较复杂的加密算法，对数据进行处理，这使 IC 卡比磁卡具有更强的防伪性和保密性。此外，IC 卡所具有的存储容量比磁卡的大得多，因而可以在 IC 卡中存储更多的信息，做到"一卡多用"。IC 卡正在逐步取代磁卡。

3．基于生物标志的身份认证技术

当前还广泛利用人所具有的难以伪造的生物标志来进行认证，如利用人的指纹、视网膜组成、声音等进行身份识别。

被选用的用于身份识别的生物标志应具备以下三个条件：

（1）足够的可变性，系统可根据它来区别成千上万的不同用户。

（2）被选用的生物标志应保持稳定，不会经常发生变化。

（3）不易被伪装。

1）指纹

尽管目前全球有 60 多亿人口，但绝对不可能找到两个完全相同的指纹，而且指纹的形状不会随时间而改变，因而利用指纹来进行身份认证是万无一失的。

2）视网膜组织

视网膜组织通常简称为眼纹，与指纹一样，世界上绝不可能找到具有完全相同的视网膜组织的两个人,因而利用视网膜组织来进行身份认证同样是非常可靠的。

3) 声音

每个人在说话的时候都会发出不同的声音。通常把所存储的语音特征称为声纹。现在广泛采用与计算机技术相结合的办法来实现身份验证,其基本方法是:对一个人说话的录音进行分析,将其全部特征存储起来,然后再利用这些声纹制作成语音口令。

4) 手指长度

由于每个人的五个手指的长度并不是完全相同,因此可基于它来识别每一个用户。但这种方式比较容易受到欺骗,如可以利用手指石膏模型或其他仿制品来进行欺骗。

4. 基于公开密钥的身份认证技术

随着互联网在全球的发展和普及,一个崭新的电子商务时代已经展现在我们面前。但是,如果要利用网络开展电子购物业务,特别是金额较大的电子购物业务,则要求网络能够确保电子交易的安全性。这不仅须对在网络上传输的信息进行加密,还应能对双方都进行身份认证。这些年已开发出多种用于身份认证的协议,如 Kerberos 身份认证协议、安全套接层(SSL)协议及安全电子交易(SET)协议等协议。目前,安全套接层协议已成为利用公开密钥进行身份认证的工业标准。

身份认证技术是其他安全机制的基础。在实际应用中,认证方案的选择应综合考虑系统需求和认证机制本身的安全性能两个方面的因素,以确保访问控制、安全审计、入侵防范等安全机制的有效实施。

10.4.2 访问控制

访问控制是指根据用户身份及其所归属的某项定义组来限制用户对某些信息项的访问,或限制对某些控制功能的使用。这是目前应用最为广泛的一种计算机系统安全技术。

访问控制通常用于系统管理员控制用户对服务器、目录、文件等网络资源的访问。一般情况下,它可以为用户指定其对系统资源访问的限制范围,即指定存取权限。访问控制还可以通过对文件属性的设置,保护文件只允许被读而不能被修改,或者只能被核准用户进行修改。在网络环境中,访问控制涉及的内容更加丰富,还增加了对网络中传输的数据包进行检查,要求能够防止非法用户进入受保护的网络资源、允许合法用户访问受保护的网络资源、防止合法用户对受保护的网络资源进行非法访问。

1. 访问权

为了对系统中的对象加以保护,应由系统来控制进程对对象的访问。把一个进程能对某对象执行操作的能力称为访问权。每个访问权可以用一个有序对(对象,权集)来表示,例如,某进程对文件 F 具有读和写的操作权力,这时,可以将进程的访问权表示为(F,{R,W})。

2. 保护域

为了对系统中的资源进行保护,引入保护域的概念,简称域。域是进程对一组对象访问权的集合,进程只能在指定域内执行操作,这样,域也就规定了进程所能访问的对象和能执行的操作。

3. 访问控制矩阵

可以利用一个矩阵来描述系统的访问控制,并把该矩阵称为访问矩阵或访问控制矩阵。

在访问控制矩阵中,行代表域,列代表对象,矩阵中的每一项是由一组访问权组成的。因为对象已由列定义,所以可以只写出访问权而不必写出是哪个对象的访问权。每一项访问权 access(i,j)定义了在域 D_i 中执行的进程能对对象 O_j 所施加的操作。

访问控制矩阵中的访问权,通常是由资源的拥有者或管理者所决定的。当用户创建一个新文件时,创建者便是拥有者,系统在访问矩阵中为新文件增加一列,由用户决定在该列的某个域中应具有哪些访问权限。当用户删除此文件时,系统也要相应地在访问控制矩阵中将该文件所对应的列删除。

表 10.1 所示的就是一个访问控制矩阵的例子。它由 3 个域和 6 个对象组成。当进程在域 D_1 中运行时,它能读文件 F_1、读和写文件 F_2;当进程在域 D_2 中运行时,它能读文件 F_3、F_4、F_5,能写文件 F_4、F_5,能执行文件 F_4;当进程在域 D_3 中运行时,它能读、写、执行文件 F_6。

表 10.1　访问控制矩阵

对象 域	F_1	F_2	F_3	F_4	F_5	F_6
D_1	R	R,W				
D_2			R	R,W,E	R,W	
D_3						R,W,E

4. 访问控制矩阵的实现

访问控制矩阵虽然简单易懂,但在具体实现上却存在一定的困难,其原因在于,在稍具规模的系统中,域的数量和对象的数量都可能很大,例如,在系统中有 100 个域、10^6 个对象,此时在访问控制矩阵中就会有 10^8 个表项,即使每个表项只占 1 个字节,那也需要占用掉 100 MB 的存储空间。要对这个矩阵进行访问,是十分耗费时间的。这会使得建立和访问该矩阵所花费的时空开销令人难以接受。

事实上,每个用户所需访问的对象通常都是有限的,如只有几十个,因而在这个访问控制矩阵中的绝大多数项都是空的,即访问控制矩阵是一个稀疏矩阵。目前,常用的实现访问控制矩阵的方法就是将矩阵按列划分或按行划分,以分别形成访问控制表或访问权限表。

1) 访问控制表

对访问控制矩阵按列划分就得到访问控制表。在该表中,把矩阵中属于该列的所有空项删除,此时的访问控制表就是由有序对(域,权集)所组成的。在大多数时候,矩阵中的空项远多于非空项,因此使用访问控制表可以显著地减少所占用的存储空间,并能提高查询速度。在一些系统中,当对象是文件时,通常把访问控制表存放在该文件的文件控制表中,或存放在文件的索引节点中,作为该文件的存取控制信息。

2) 访问权限表

对访问控制矩阵按行划分就得到访问权限表。这是由一个域对每一个对象可执行的一组操作所构成的表。表中的每一项即为该域对某对象的访问权限。当域为用户(进程)、对象为文件时,访问权限表便可用于描述一个用户(进程)对每一个文件所能执行的操作。

5. 访问控制的功能

信息时代的计算机系统普遍提供多用户、多任务的工作环境,加上广泛应用的计算机网络,非法使用系统资源的行为可以说防不胜防。因此,访问控制必须具备三大基本功能:第一,用户认证功能,用于识别与确认访问系统的用户身份;第二,资源访问权限控制功能,用于决定用户对系统资源的各种访问权限;第三,审计功能,用于记录系统资源被访问的时间、访问对象等信息。

6. 访问控制的类别

访问控制可划分为两大基本类别。第一类称为自主访问控制,是指用户有权对自身所创建的访问对象如文件、数据表等进行访问,并允许其把对这些对象的访问权授予其他用户,或者从授予权限的用户手中收回访问权限。这种将访问权或访问权的一个子集授予其他用户的做法,可以使得一个用户有选择地与其他用户共享文件。第二类称为强制访问控制,是指由系统对用户所创建的对象进行统一的强制性控制,按照指定的规则决定哪些用户可以对哪些对象进行何种类型的访问。这种方法以用户和文件的"安全属性"为基础,此属性是固定的,且带有强制性。安全属性一般由安全管理员和操作系统根据限定的规则分配,而用户、用户程序都无权限修改。因此,即使是创建者用户本身,在创建一个对象之后也有可能无权访问该对象。相对自主访问控制,强制访问控制显然约束了用户的灵活性,但同时提供了更强有力的访问控制。

10.4.3 加密技术

事实上,与加密思想相关的理论由来已久,虽然那时的方法朴素而低级且并未应用到计算机领域,但伴随科学技术的研究与发展,特别是计算机网络技术的应用,计算机领域的加密技术越来越成为人们关注的热点。众所周知,保证数据的机密性是确保信息安全的基本要求之一,采用身份验证、访问控制等技术可以在一定程度上达到这个要求,但也存在另外一些难以解决的问题,如系统内部的某些用户越过保护障碍进行计算机犯罪等。因此,在复杂的情况下进一步引入加密技术,利用它的特殊机制保护存储或传输中的数据成为保障信息安全的一种重要手段。对电子信息进行加密保护,可以防止攻击者窃取机密信息、保证系统信息不被无关者识别,还能够检测出非法用户对数据的插入、修改、删除及滥用有效数据等不良行为。

加密技术是指采取一定的技术与措施,对线路上传播的数据或网络系统中存储的数据进行变换处理,使得变换之后的数据不能被无关的用户识别,以保证数据机密性。通过对信息的变换或编码,它将机密的敏感信息变换成对方难以理解的乱码型信息,以此可以达到两个目的:一是使对方无法直接从截获的乱码型信息中得到任何有意义的信息,二是使对方无法伪造任何信息。加密技术既可以有效解决网络信息的保密性问题,还能用于保障信息的完整性、可用性、可控性与真实性,可以说是网络安全技术的基石。

加密技术以密码学为基础,它涉及的内容包括数据加密、数据解密、数字签名等多个方面。一般认为,加密技术包含密钥与算法这两个关键要素。密钥是指在明文转换为密文或密文转换为明文的算法中输入的数据,它可以被看成是一种关键参数。"明文"与"密文"都是密码学中的概念。前者也称明码,是信息的原文,通常指待发的电文、编写的专用软件、源程序等。后者又称密码,是明文经过变换后的信息,一般情况下难以识别。由此可见,密钥给明文与密文相互之间的转换过程提供了一把钥匙。如果缺少这个重要的输入信息,则转换过程将因失去过程参数而无法完成。加密技术中的算法是指加密或解密过程中用到的公式、法则或程序,定义为将普通的信息与密钥相结合,生成不可理解的密文的一系列步骤。简而言之,算法规定了明文和密文之间的变换规则。加密时使用的算法称为加密算法,对应解密时使用的则是解密算法。严谨的算法配合有效的密钥,是一种加密技术成功的基本保障。数据加密模型如图 10.1 所示。

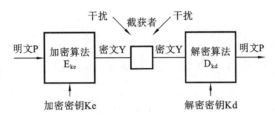

图 10.1　数据加密模型

通常,根据密钥本身类别,可以将采用它的加密技术对应地划分成两种基本类别。第一类是对称密钥加密,又称私钥加密,即信息的发送方和接收方使用同一个密钥去加密和解密数据。其最大优势是加密、解密速度快,适合对大数据量信息进行加密,缺点则是密钥管理困难。当此种加密技术用于网络传输数据加密时,很难避免安全漏洞。原因是在发送加密数据的同时,还需要将密钥通过网络传输通知接收者;如果不怀好意的第三方在截获加密数据的同时也获取了相应的密钥,那么他就可以对数据解密使用或进行非法篡改。为应对这一问题,出现了另一种称为非对称密钥加密的方法,这种方法又称公钥加密。它与私钥加密最大的区别就是,需要使用不同的密钥来分别完成加密、解密操作。其中,一个密钥公开发布(称为公钥),另一个密钥则由用户自己秘密保存(称为私钥)。信息发送者利用公钥完成加密操作,而信息接收者则利用私钥去执行解密操作。相比之下,非对称密钥加密更加灵活,但其加密、解密的速度却比对称密钥加密的要慢得多,因此在实际的应用中人们通常将两者结合在一起使用。

小　　结

本章主要介绍与计算机系统安全相关的一系列基本概念,包括什么是计算机系统安全、计算机系统安全包含的主要内容、威胁计算机系统安全的常用攻击手段及主流的计算机系统安全技术。通过对本章的学习,读者可对计算机安全学产生基本的全局认识,为后续专业领域的研究打下一定基础。

习　题　10

1. 什么是计算机的外部安全? 其主要内容有哪些?
2. 什么是计算机的内部安全? 其主要内容有哪些?

3. 什么是逻辑炸弹？它与计算机病毒最显著的区别在哪里？

4. 计算机病毒有哪些基本特征？

5. 蠕虫的概念是什么？它与计算机病毒存在什么关联？

6. 常用的身份验证技术有哪三个类别？

7. 访问控制的主要形式有哪两种？

8. 什么是密钥？公钥与私钥分别指什么？

9. 试比较对称密钥加密技术与非对称密钥加密技术的异同点。

第 11 章 Linux 系统

学习目标

❖ 了解 Linux 系统的发展历史。

❖ 了解 Linux 系统的内核。

❖ 了解 Linux 系统的基本功能。

Linux 系统是一套免费使用和自由传播的类 UNIX(UNIX-like)系统,是一个基于 POSIX 和 UNIX 的多用户、多任务、支持多线程和多 CPU 的操作系统。它能运行主要的 UNIX 工具软件、应用程序和网络协议,支持 32 位和 64 位硬件。Linux 继承了 UNIX 以网络为核心的设计思想,是一个性能稳定的多用户网络操作系统。Linux 可安装在各种计算机硬件设备中,如手机、平板电脑、路由器、视频游戏控制台、台式计算机、大型机和超级计算机。

11.1 Linux 系统概述

Linux 系统和 UNIX 系统都是当代流行的操作系统。美国著名的 UNIX 系统专家迈克·甘卡兹(Mike Gancarz)曾讲过:要想成为现代计算机的主人,而不是它的奴隶,你就应使用 Linux 系统! 这说明 Linux 系统是 UNIX 系统这个功能无比强大的分时操作系统的完美缩影,而且 Linux 系统还是一种完全免费、自由和开放源代码的类 UNIX 操作系统,也就是说,Linux 系统是 UNIX 系统的开放源代码实现,两者的关系不言而喻。

11.1.1 UNIX 系统与 Linux 系统的历史

1. UNIX 系统的诞生与发展

UNIX 系统是一款具有 50 年历史、内核结构精练、功能强大的多用户、多任务操作系统,由当初简单的文件管理软件所发展到能支持多种处理器架构的分时操作系统,功能齐全和开放的经典主流操作系统。随着计算机体系结构不断地改进,UNIX 系统经过多年的发展,出现了能够支持 32 位和 64 位计算机的各种版本,从微机、工作站到大中小型机及超级计算机、云计算机等不同机型的成功配置案例。

UNIX 系统的发展历史是一部伴随计算机发展的历史,虽然经历了许多次波折和各种风雨,但是依然能够作为流行的操作系统,这与 IBM、HP 等大公司和高校及 AT&T 贝尔实验室(Bell Labs)的计算机技术精英的努力密不可分。因此,UNIX 系统出现了不同版本,而且组成结构也不尽相同,差异明显。目前,它的商标权由国际开放标准组织(The Open Group)所拥有,只有符合单一 UNIX 规范的系统才能使用 UNIX 这个名称,否则只能称为类 UNIX 系统。UNIX 系统的发展大致经历了以下几个具有历史意义的时期:

（1）技术积累期。1965 年，AT&T 贝尔实验室、通用电气（General Electric）和麻省理工学院（MIT）进行合作，计划致力于开发一套多用户、多任务、多层次（multi-user、multi-processor、multi-level）的 Multics 操作系统。Multics 项目在研究过程中，进展缓慢，AT&T 贝尔实验室最后退出该项目，但是项目积累了大量的技术和经验，奠定了 UNIX 技术研发的基础。

（2）UNIX 雏形期。1969 年，AT&T 贝尔实验室最初参与 Multics 项目的计算机技术研发部门（Computing Techniques Research Department）的工程师肯·汤普逊（Kenneth Lane Thompson）、丹尼斯·里奇（Dennis MacAlistair Ritchie）继续在 GE-645 计算机上开发软件。在 GE-645 被搬走后，肯·汤普逊在实验室中找到了几台弃用的 PDP-7 计算机。在丹尼斯·里奇的帮助下，肯·汤普逊用 PDP-7 的汇编语言重写了称为星际旅行（Space Travel）的程序，并使其在 DEC PDP-7 上运行起来。这次经历加上 Multics 项目的经验，促使肯·汤普逊提议在 PDP-7 上开发一个新的层次结构式操作系统。因此，AT&T 贝尔实验室最初参与 Multics 项目的原有成员都投入这个系统的研发中。但是，肯·汤普逊发现要编写驱动程序来驱动文件系统进行测试比较困难，于是开发了一个壳层（shell）与相应的一些驱动程序，这样 UNIX 系统的雏形初步形成。后来，经过团队成员的通力合作，将 Multics 系统中的许多功能引入这个系统并被重新实现，终于研发出了第一版 UNIX 系统——UNICS 系统（Uniplexed Information and Computing System）。该系统实现了分时多任务，包括命令解释器和一些实用程序，而著名的 fork() 系统调用也是在此时被发明。

（3）初创期。由于 PDP-7 的性能不是很好，第一版 UNIX 系统只能支持两个用户。因此，1970 年，肯·汤普逊与丹尼斯·里奇把第一版 UNIX 移植到 PDP-11/20 计算机上，开发出第二版 UNIX 系统。经过改进后的 UNIX 系统性能得到很大的提升，可以真正供多人同时使用，同时将名称改为 UNIX。UNIX 系统第一版和第二版都是用汇编语言编写的，一些应用程序是用解释型语言 B 语言和汇编语言混合编写的，因此给系统移植带来了不便，可读性也差。1971 年，肯·汤普逊和丹尼斯·里奇为了改进 UNIX 系统的性能，共同发明了 C 语言，并且于 1973 年用 C 语言重新编写了 UNIX 系统内核，形成第三版 UNIX 系统。第三版 UNIX 系统代码简洁紧凑、可读性强、易修改和易移植，这为 UNIX 系统后来的发展奠定了坚实基础。

（4）初步发展期。1974 年 7 月，肯·汤普逊和丹尼斯·里奇合作撰写了一篇《The UNIX Time Sharing System》的论文在《The Communications of the ACM》上发表，将 UNIX 系统的研究结果以论文的形式首次在 AT&T 贝尔实验室以外公开，其结果迅速引起了计算机操作系统研究者的兴趣和关注。1975 年，AT&T 贝尔实验室 UNIX 项目组相继发布了 UNIX 系统的第四、第五和第六版，其功能在不断改进和完善。到 1978 年，UNIX 系统运行在将近 600 台计算机上，规模在逐步增加。1979 年，最后一个研究型 UNIX 版本第七版正式发布，该版核心由一万条指令构成，90% 用 C 语言编写。在这段时期，AT&T 贝尔实验室向全世界的各大学进行了 UNIX 系统发布和复制，鼓励大家对 UNIX 系统进行改进，因而 UNIX 系统被各大学、研究机构、企业和政府机关所关注并使用，使 UNIX 系统逐步发展和流行起来。最有影响的当属 BSD 系统，美国加利福尼亚大学伯克利分校于 1974 年 12 月获得 UNIX 源代码许可证后，于 1979 年推出了自己的 UNIX 系统版本——BSD（Berkeley

Software Distribution,伯克利软件套件)系统。

（5）迅速发展期。这段时期是 UNIX 系统的商业化和标准化时期。由于 UNIX 系统优势非常明显,许多商家开始了 UNIX 系统的商业运营,希望能够获得 UNIX 系统的软件和源代码,因此形成了很多研究开发 UNIX 系统的组织和企业。1982 年,AT&T 贝尔实验室在第七版 UNIX 系统的基础上研发了第一个真正商业化版本的 UNIX 系统——UNIX System Ⅲ,后来又开发了 UNIX System Ⅴ Release 1,该版本仅供出售且不含源代码。同年,BSD 系统的一名主要开发者——比尔·乔伊(Bill Joy)创建了 Sun Microsystems 公司(太阳计算机系统公司)并开发出了 SunOS,这就是后来非常有名的 Solaris 系统。1991 年,BSD 系统的开发者 Donn Seeley、Mike Karels、Bill Jolitz 和 Trent Hein 离开了加利福尼亚大学伯克利分校,创办了 Berkeley Software Design Inc.(BSDI),并在 Intel 平台上提供了全功能商业化的 BSD UNIX 系统。AT&T 贝尔实验室为 UNIX System Ⅴ 增加了文件锁定、系统管理、作业控制、流和远程文件系统等功能。UNIX 系统商业化不但导致 UNIX 版本多样化,而且各种版本的开发速度也相当快,系统功能越来越完善,用户规模越来越大,用户拥有不同版本的 UNIX 系统,越来越感觉相互之间存在的差异很大,致使同一台计算机因需要安装不同版本的 UNIX 系统,给用户带来极大的不便。因此,1988 年,AT&T 贝尔实验室与 SUN 公司联合推出了 UNIX System Ⅴ Release 4(SVR4),这个新发布版本将多种特性融为一体,并将其作为一种 UNIX 系统的技术标准,成为 1993 年之后推出来的 SCO UNIX、HP UNIX、AIX 等的基础。

2. Linux 系统的诞生与发展

Linux 系统最初是由当时还是芬兰赫尔辛基大学计算机系的研究生林纳斯·本纳第克特·托瓦兹(Linus Benedict Torvalds)所发明的一款自由、完全免费的全新微机操作系统。后来,经过全球各地黑客、计算机爱好者不断地完善,Linux 系统逐渐部署到微型机、大型机、中型机及多处理机系统上,成为当今主流的多用户、多任务的操作系统之一,并且在不断地进一步深入研究、发展和扩大应用领域。Linux 系统的诞生、发展始终与 UNIX 系统、MINIX 系统、Internet、GNU 计划及 POSIX 标准有着密切的关系,它们对 Linux 系统的成长有着深远的影响和促进作用。Linux 系统从诞生到迅速发展,大致经历了以下几个阶段:

（1）Linux 系统用户基础和开发环境的形成。1981 年 IBM 公司推出微型计算机 IBM PC 和 1991 年 GNU 计划(GNU's Not UNIX,革奴计划)已经开发出来了工具软件——GNU C 编译器,为 Linux 系统诞生形成了比较好的用户基础和开发环境。

（2）Linux 系统诞生。1991 年初,林纳斯·本纳第克特·托瓦兹因个人喜好,开始在一台 80386SX 兼容微机上学习和研究 MINIX 系统——一个微型的 UNIX 系统。1991 年 4 月,林纳斯·本纳第克特·托瓦兹着手编写自己的操作系统。同年 10 月,林纳斯·本纳第克特·托瓦兹将他开发出来的 Linux 内核通过 comp.os.minix 新闻组予以公布,正式向全球宣告 Linux 内核诞生。这个 Linux 0.01 版的出现立即引起了很多爱好者的兴趣并无偿投入研发 Linux 系统的工作中。

（3）Linux 系统发展。从 Linux 诞生始,林纳斯·本纳第克特·托瓦兹在全球许多爱好者的帮助下,于 1994 年 3 月发布了完整的 Linux 1.0 内核,代码量为 17 万行,具有完整的类 UNIX 系统特性,按免费自由软件的 GLP(general public license,通用软件许可证)许可发行。1996 年 6 月，Linux 2.0 内核发布，其代码量约为 40 万行，支持多个处理器，全球用户数达 350 万人。1998 年 2 月创办的 Open Source Initiative（开放源代码促进会）开创了 Linux 系统产业化变革。2001 年 1 月，Linux 2.4 内核发布，其代码量约为 100 万行，提升了 SMP（Symmetric Multi-Processing，对称多处理结构）系统的扩展性，集成了 USB、PC 卡（PCMCIA）、内置即插即用等应用功能。2003 年 1 月，NEC 公司在其生产的手机中使用 Linux 系统。2003 年 12 月，Linux 2.6 内核发布，其代码量超过 1000 万行，灵活性、扩展性、易操作性更强，各种应用程序集成。

（4）Linux 系统现状。目前，在林纳斯·本纳第克特·托瓦兹带领下，仍然有众多爱好者共同参与开发和维护 Linux 内核。理查德·斯托曼领导的自由软件基金会继续提供大量支持 Linux 内核的 GNU 组件。一些个人和企业开发的第三方非 GNU 组件也提供对 Linux 内核的支持，这些第三方组件包括大量的作品，有内核模块、用户应用程序和库等内容。Linux 社区或企业都推出一些重要的 Linux 发行版，包括 Linux 内核、GNU 组件、非 GNU 组件，以及其他形式的软件包管理系统软件。2004 年 3 月，SGI 宣布成功实现了 Linux 系统支持 256 个 Itanium 2 处理器。2004 年 6 月，在世界 500 强超级计算机系统中，Linux 系统已经占到 280 席。现在国内外发行的 Linux 版本包括 redhat、ubuntu、SUSE 等，均提供了桌面和服务器两个不同版本。服务器领域的 Linux 系统发展比较成熟，桌面版的 Linux 系统发展比较缓慢，嵌入式领域发展迅速，Google、三星等企业生产的手机都使用了 Linux 系统。

11.1.2 设计原则

Linux 系统获得了全世界用户的青睐，大规模配置在大、中、小型计算机及微机上，并且 Google 公司以 Linux 系统为核心开发了 Android 系统，这与其开放和协调的设计原则有很大关系。目前，在 Linux 系统的设计中，内核设计主要遵循以下几个原则：

1. 采用开放与协同的开发模式

Linux 系统的设计者以 Internet 为联络纽带，通过邮件、BBS 等通信方式，开展全球范围的大协同开发，集成了参与者的集体智慧，融合了各方面优秀的设计思想。每一次发布新的版本，都遵守 GPL 并免费提供源代码。

2. 具有良好的清晰性

Linux 内核设计的原则之一就是尽量清晰。清晰性的前提是保证系统运行速度和健壮性。一个很清晰的实现方法容易被设计者所理解，也方便查找问题，从而保证系统的健壮性。Linux 系统设计者虽然常以牺牲清晰性保证系统运行速度，但是他们采用了最易懂的方法保持代码的清晰性，以保证系统速度。

3. 兼容性强

Linux 系统本来就是一个免费使用和自由传播的类 UNIX 系统，它是不受任何商品化软件的版权约束的 UNIX 兼容软件产品，为满足用户需要，它必须具有良好的兼容性，符合 POSIX、X/Open 等标准，兼容各种文件系统和网络，硬件平台和应用程序支持面广。

4. 可移植性好

Linux 系统最初是为 IBM 兼容机的 Intel x86 设计的，随着硬件的快速发展，出现了各种各样的硬件平台，因此现代 Linux 系统必须能够在 SUN、Macintosh、IBM 和 SGI 及其他类型的计算机上运行,具有很好的可移植性。这要求 Linux 内核设计分为与体系结构无关部分和相关部分,使其能够比较容易地运行在不同的计算机硬件平台上,即内核要有高度的适应能力。

5. 安全性高

Linux 系统安全性设计原则比任何其他设计原则更重要,以保证系统能够健壮和稳定地运行。Linux 系统提供了安全体系原语,采用读/写权限控制和保护的子系统,以及审计跟踪和核心授权等安全技术措施,提供了可靠的安全保障。

6. 支持多用户、多任务

Linux 系统允许多个用户通过各自终端使用系统提供的各类资源,并且可同时执行多个程序,各个程序相互独立运行,互不影响。Linux 系统通过权限系统实现了多用户账号管理,可以让多个不同账号用户在同一时间进入系统并运行自己的程序,这些程序可以是在线用户程序,也可以包括后台执行的系统程序。Linux 系统利用进程调度实现对每一个进程的平等访问微处理器,保证每个程序同时执行。

11.1.3　内核模块

Linux 系统内核继承了 UNIX 系统内核风格,并加入了微内核的现代操作系统设计理念,形成了其自身的内核模块结构,实现了对模块的动态加卸载。其内核由五个子系统组成,即进程调度、内存管理、虚拟文件系统、进程通信和网络接口,如图 11.1 所示。

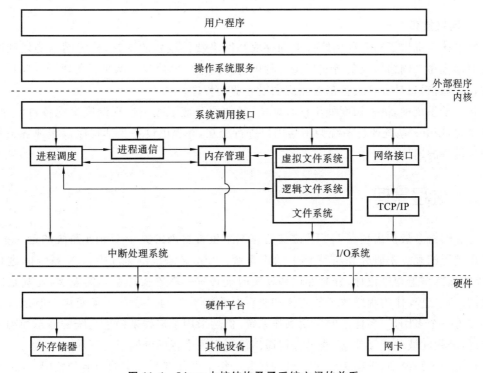

图 11.1　Linux 内核结构及子系统之间的关系

1．进程调度

进程调度用于控制系统中的进程对 CPU 的访问。当需要调度一个进程开始运行时，Linux 系统的进程调度程序采用基于优先级和时间片的调度算法来选择一个符合运行条件的进程进入 CPU 运行。

2．内存管理

Linux 系统内存管理的主要任务是为驻留在内存中的多个进程运行提供良好的环境，方便用户使用内存，提高内存的利用率及能够从逻辑上扩充内存，即支持虚拟内存。虚拟存储管理能够保证当前运行的程序所使用的内存大小可以超过实际内存的大小，操作系统只将当前运行程序急需的模块保留在内存中，其余的模块放在外存上，当需要时，操作系统负责外存与内存之间交换模块。但是，虚拟内存的实现需要硬件支撑。

3．虚拟文件系统

虚拟文件系统隐藏了实现对各种不同硬件访问的具体细节，为所有设备提供统一的标准接口。Linux 系统的虚拟文件系统虽然能够支持多达数十种不同的文件系统，这也是 Linux 系统与其他操作系统不同的地方，但是这些虚拟文件系统主要分为逻辑文件系统和设备驱动程序。逻辑文件系统是指 Linux 系统所支持的文件系统，如 EXT2、EXT3、FAT、VFAT 等。设备驱动程序是指为每种硬件控制器所编写的设备驱动程序模块。

4．进程通信

进程通信是指 Linux 系统能够支持进程间的各种通信机制，包括共享内存、消息队列、管道。

5．网络接口

网络接口提供了对各种网络标准的存取和网络硬件设备的支持，分为网络协议和网络设备驱动程序。网络协议负责实现每一种可能的网络传输协议。网络设备驱动程序负责与硬件设备通信，每种硬件设备都有相应的设备驱动程序。

各个子系统中，进程调度处于核心地位，其他子系统依赖于进程调度实现各自的功能，也就是说，Linux 系统通过系统调用与用户进行交互，并提供设备驱动程序以实现各子系统与硬件设备的通信。

11.2　进程管理

进程的概念最初出现在 UNIX 之父丹尼斯·里奇发表的关于 UNIX 系统的论文中，提出了用进程的观点来研究和看待整个操作系统。Linux 系统继承了 UNIX 系统的进程概念，能够支持多道程序设计、分时处理和软实时处理等。随着操作系统的发展，尤其是线程概念的出现，进程作为程序执行的实体和资源分配的单位的说法发生了变化。但是，Linux 系统作为一个多用户、多任务的现代操作系统，仍然采用了进程来描述系统的静态和动态活动情况，进程间彼此相互独立，通过进程通信机制实现进程间的同步与互斥。

在 Linux 系统中，进程是许多分离的任务。每个进程都有一定的功能和权限，保留了传统意义上的四个要素：内存空间的正文段、系统堆栈空间、tast_struct 结构和内存空间数据段。内存空间的正文段存放了进程要运行的程序,描述了进程要完成的功能。虽然允许多个进程共享内存空间的正文段,但当进程执行时,内存空间的正文段允许被修改。系统堆栈空间和 tast_struct 结构分别存放了进程控制信息和进程控制块信息。当新进程创建时,在内核空间中分配一个 8 KB 大小的空间(用于存放 tast_struct 结构)来记录新进程信息,同时分配相应的系统堆栈空间,方便系统调用转向该进程的系统堆栈空间。内存空间数据段存放了内存空间的正文段执行时所需的数据和工作区(堆栈),是一个进程专用区,进程执行时可修改。

11.2.1　进程控制块

为了描述和控制进程的资源、运行状态等,全面了解每个进程在其生命周期内涉及的所有事件,Linux 系统为每个进程定义了一个数据结构——tast_struct。tast_struct 是一个静态数组,记录了 Linux 系统内核中所需的、用于描述进程的当前情况及控制进程运行所涉及的全部信息,又称进程控制块(process control block,PCB)。Linux 系统中的 PCB 是一个域项多达 80 多项的结构体,按域的功能可分为以下九类:

(1) 状态信息,指明进程的当前状态,描述其的动态变化情况。

(2) 标识符,用简单的数字表示,唯一标识一个进程,每个进程都有进程标识符、用户标识符和用户组标识符。

(3) 进程间通信信息,描述多个进程协同完成一个任务。

(4) 调度信息,描述进程优先级、调度策略等信息。

(5) 时间和定时器信息,描述进程在生存周期内使用 CPU 时间的统计、计费等信息。

(6) 文件系统信息,记录进程使用文件的情况。

(7) 虚拟内存信息,描述每个进程占用的内存地址空间情况。

(8) 处理器环境信息,描述进程的执行环境,如处理器的寄存器、堆栈等。

(9) 链接信息,描述进程的父/子关系。

tast_struct 的主要内容如表 11.1 所示。

表 11.1　tast_struct 结构的主要内容

信 息 类 型	域 名 称	功 能 描 述
状态信息	state	进程状态(六种)
标识符	flags	进程标记(共十多种)
	uid,gid	运行进程的用户标识和用户组标识
	groups[NGROUPS]	允许进程同时拥有一组用户组号
	endid,egid	有效的 uid 和 gid,用于系统安全
	fsuid,fsgid	文件系统的 uid 和 gid,用于合法性检查
	suid,sgid	系统调用改变 uid/gid 时,用于存放真正的 uid/gid
	pid, pgrp, session	进程标识号、组标识号、session 标识号
	leader	布尔值,用于判断是否是 session 的主管

信 息 类 型	域 名 称	功 能 描 述
进程间 通信信息	signal	记录进程收到的信号,共 32 位,每位对应一种信号
	blocked	进程屏蔽信号的屏蔽位,如置位则屏蔽,如复位则不屏蔽
	*sig	信号对应的自定义或默认处理函数
	*semundo	进程每次操作信号量对应的 undo 操作
	*semsleeping	信号量集合对应的等待队列的指针
调度信息	Priority	进程静态优先级
	rt_priority	进程实时优先级
	counter	进程动态优先级,记录获得 CPU 的剩余时间片
	Policy	调度策略(0 为基于优先权的时间片轮转高度,1 为基于先进先出的实时调度,2 为基于优先权轮转的实时调度)
	rlim	系统使用资源的限制、资源当前最大数和可用最大数
	errno	最后一次系统调用的错误号,0 为无错误
	exit_code	引起进程退出的返回代码
	exit_signal	引起出错的信号名
	dumpable	出错时,是否可设置 memory dump 标志
	did_exec	POSIX 要求的布尔量,用于区分新老程序代码
	tty_old_pgrp	进程显示终端所在的用户组标识
时间和定 时器信息	timeout	用于设置软实时调度时进程间隔多久被重新唤醒,tick 为单位
	it_real_value it_real_incr	用于间隔计时器软件定时,当时间到时发送 SIGALRM
	real_time	一种定时器结构
	it_virt_value it_virt_incr	进程用户态执行间隔计时器软件定时,当时间到时发送 SIGVTALRM
	it_prof_value it_prof_incr	进程执行间隔计时器软件定时(包括用户态和核心态),当时间到时发送 SIGPROF
	utime	进程在用户态下的运行时间
	stime	进程在核心态下的运行时间
	cutime	所有层次子进程在用户态下的运行时间之和
	cstime	所有层次子进程在核心态下的运行时间之和
	start_time	进程的创建时间

续表

信 息 类 型	域 名 称	功 能 描 述
文件系统信息	* fs	保存进程与虚拟存储系统的关系信息
	* files	用户打开文件表,包括进程打开的所有文件
	* link_count	文件链的数目
虚拟内存信息	* mm	指向存储管理的 mm_struct 结构
	swappable	标识进程占用页面是否可以换出,1 为可换出,0 为不可换出
	swap_address	进程下次可换出的页面起始地址
	min_flt	一个进程累计的 minor 缺页次数
	maj_flt	一个进程累计的 major 缺页次数
	nswap	一个进程累计换出的页面数
	cmin_flt	一个进程累计的缺页次数
	cmaj_flt	一个进程的所有子进程累计的缺页次数
	cnswap	一个进程及其所有子进程累计换入和换出的页面次数
	swap_cnt	下一次循环最多可以换出的页面数
处理器环境信息	* ldt	关于段式存储管理的局部描述符指针
	tss	保存任务状态信息,如通用寄存器、堆栈寄存器等
	saved_kernel_stack	为 MSDOS 仿真程序保存的堆栈指针
	saved_kernel_page	在核心态下运行时,进程的内核堆栈基地址
	processor	SMP 系统中,进程正在使用的 CPU
	last_processor	SMP 系统中,进程最后一次使用的 CPU
	lock_depth	上下文切换时,系统内核锁的深度
	used_math	是否使用浮点运算器 FPU
	comm[16]	进程正在运行的可执行文件的文件名
	debugreg[8]	保存调试寄存器的值
链接信息	* next_task, * prev_task	PCB 双向链接指针,即前向和后向链接指针
	* next_run, * prev_run	运行或就绪队列 PCB 双向链接指针
	* p_opptr, * p_pptr, * p_cptr, * p_ysptr, * p_osptr	指向原始父进程、父进程、子进程、新老兄弟进程的队列指针
	* exec_domain personality	与运行 iBCS2 标准程序有关
	* tty	指向进程所在的显示终端的信息
	* wait_chldexit	进程结束时为了等待子进程结束而处于等待的队列

Linux 系统根据进程的 PCB 来感知进程的存在,也总是通过 PCB 来管理和控制进程。当创建一个新进程时,就会为它建一个 PCB;当结束一个进程时,回收其 PCB,进程也会被撤销。PCB 是内核中读/写频率非常高的数据结构之一,因此常驻内存。

11.2.2 进程状态

一般来说,操作系统中的进程具有三种基本状态,但是在具体实现时,设计者往往根据具体情况设置了不同的状态。因此,Linux 系统的进程也利用其状态来描述生命周期过程中的变化情况。设计 Linux 系统时,设计者考虑到系统中任意时刻在 CPU 上运行的进程最多只有一个,而等待准备运行的进程可能有多个,故将就绪态和运行态合二为一个状态,即可运行态。阻塞态根据唤醒原因不同分为可中断的阻塞态和不可中断的阻塞态,中断和不可中断是指是否被信号中断。同时设置的僵死态、暂停态和换出态分别用于描述进程变化所处的状态情况。实际上,Linux 系统的进程主要有六种状态。

1. TASK_RUNNING

可运行态,即获得 CPU 正在运行或只等待 CPU 准备运行的状态。处于这个状态的所有进程组成一个可运行链队列 run_queue,并由全局变量 current 指针指向当前运行进程。

2. TASK_INTERRUPTIBLE

可中断阻塞态,即进程被阻塞(睡眠)而处于等待可用资源或者某事件发生(其他进程通过信号或时钟中断唤醒)时的状态。

3. TASK_UNINTERRUPTIBLE

不可中断阻塞态,即进程被阻塞(睡眠)而处于等待可用资源唤醒时的状态,不能由其他进程通过信号或时钟中断唤醒。

4. TASK_ZOMBIE

僵死态,即进程执行结束但尚未消亡的状态,也即进程使用系统调用 exit() 自我消亡的过程中所处状态,释放了大部分资源而尚未释放其 PCB。

5. TASK_STOPPED

暂停态,即进程被某种特定信号暂停运行或受其他进程的跟踪调用而暂时将 CPU 让给跟踪它的进程时所处的状态。

6. TASK_SWAPPING

换出态,用于描述进程的页面被换出内存的情况。

Linux 系统还提供 TASK_TRACE 和 EXIT_DEAD 两个辅助状态,用于支持对用户进程的调试。对一个进程来说,每一时刻仅处于一种状态,当条件满足时,可以从一种状态转换为另外一种状态,图 11.2 示出了 Linux 进程各状态及各状态之间的转化关系。

11.2.3 进程控制

Linux 系统进程控制是其进程管理中最基本的功能,主要工作是使用特定功能的程序段完成进程创建与终止、进程阻塞与唤醒等任务,实现进程状态转换、进程并发、进程同步与互斥等操作。Linux 系统进程控制由 Linux 系统内核中的相关原语来实现。

图 11. 2　Linux 系统进程各状态及其转化

1. 进程创建

Linux 系统创建新进程的方法是通过两个系统调用 fork( )和 execve( )来完成的。fork( )负责创建或复制父进程的 task_struct,生成子进程的 task_struct,为其分配新进程标识符 pid,将其系统堆栈的返回值设置为 0,即内核在内存中为新进程分配了新 PCB,并为新进程分配相应的物理块存储其要使用的堆栈。当新创建的子进程需要执行与父进程不同的代码(其他程序)时,通过指定一个文件名作为参数来使用系统调用 execve( ),从而生成自己的执行代码。

实现 fork( )就是执行系统内核中的 do_fork( )函数,该函数最简单的执行过程过程如下:

(1) 执行函数 alloc_pid( ),为新进程分配一个进程标识符 pid,创建了一个进程号。

(2) 执行函数 copy_process( ),完成新 PCB 的分配、初始化新进程相关信息(如运行时间等)、复制父进程有关信息(如 semaphore undo_list、文件系统环境、信号处理环境、内存管理环境、CPU 环境等)、设置新进程调度的相关参数、将新进程插入全局进程队列等工作。这个函数实际上完成了新进程资源的分配和进程控制块 PCB 初始化。

(3) 执行函数 wake_up_new_task( ),设置新进程的优先级和其他相关调度信息,将其状态设置为就绪并插入就绪队列。

在子进程创建完成之后,系统会从内核态返回用户态,并根据 fork( )的返回值分别设置父、子进程所要执行的代码。

2. 进程终止

Linux 系统中的进程终止是通过系统调用 exit( )来实现的。当进程运行到 exit( )时,系统就会陷入内核,父进程会通过系统调用 wait( )获取 exit( )的退出原因代码,然后执行内核函数 do_exit( )和 wait( )完成进程撤销,过程如下所述:

(1) 执行 exit( )函数,获取进程号,系统陷入内核。

(2) 执行 do_exit( )函数,系统回收进程相关的各种内核数据结构,终止其子孙进程并回收它们所占用的各种外部资源,如文件、内存等。同时,将状态设置为 TASK_ZOMBIE,并将所有的子进程全部交付给 init 进程,进程进入僵死态。

（3）执行 exit_notify() 函数，将进程状态改为终止，由父进程或内核初始进程释放其 PCB。

3. 进程阻塞与唤醒

在 Linux 系统中，当运行的进程发现需要的资源不能满足其需求时，进程会根据资源类型选择执行 sleep_on() 函数或 interruptible_sleep_on() 函数将自己阻塞。进入阻塞态后，由于此时进程仍处于可运行态，系统会先立即停止执行，根据阻塞原因将 PCB 中的现行状态由可运行态改为可中断阻塞态或不可中断阻塞态，并将 PCB 插入相应的阻塞队列。

当一个或多个等待可用资源或某事件发生时，都会产生一个中断，调用 wake_up() 函数或者 wake_up_interruptible() 函数，将处于阻塞态的进程唤醒，把进程从阻塞队列中移出，将其 PCB 中的阻塞态改为可运行态，然后将该进程的 PCB 插入就绪队列中。

11.3　进程调度

Linux 系统的进程调度是其内核的进程调度程序按照一定的调度策略从就绪队列中选择一个最应该在 CPU 上运行的进程，使其占用 CPU 运行，直到结束或阻塞的过程。由于系统就绪队列中的进程数远远多于 CPU 数量，为了保证调度性能，Linux 系统的进程调度策略基于两个原则：一是核心不可抢占，二是调度算法简单有效。

11.3.1　调度方式和调度策略

Linux 系统中的进程调度主要发生在进程状态发生转换、进程时间片用完、进程从内核态返回到用户态和设备驱动程序运行时。调度由内核函数 schedule() 完成，该函数决定了进程是否需要切换，即进程的调度方式和调度策略。每个进程的 PCB 中都有与进程调度相关的参数来供此函数使用，这些主要参数包括进程调度策略、调度标志、时钟节拍数、静态优先级、动态优先级、实时优先级等。

1. 调度方式

Linux 系统中的进程调度方式主要有以下两种。

1）非抢占式

在 Linux 系统中，一旦将 CPU 分配给某一个进程，这个进程就会一直占用 CPU，直到运行完成或引起其阻塞。一般情况下，在此期间不会发生进程切换，但是一旦系统基于某种需要，就会发生抢占。

2）抢占式

Linux 2.6 之前的版本仅当进程处于用户态时才允许被抢占。从 Linux 2.6 起，不但允许处于用户态的进程被抢占，而且处于核心态的进程也可以被抢占。但其抢占为有限抢占，即进程执行原子操作时，不能发生抢占。Linux 系统提供了禁止抢占函数 preempt_disable() 和打开抢占函数 preempt_enable()，提高了系统调度性能，使其满足调度要求。

2. 调度策略

Linux 系统中，进程调度的策略主要遵循周转时间短、吞吐量大、响应时间快、兼顾公平高效等原则。调度策略设计反映在内核函数 schedule() 中。该函数使用了参数 policy 来区分进程。每个进程的 PCB 中都定义了 policy 字段与这个参数对应,用于指明进程调度策略,该参数有四个取值 SCHED_NORMAL、SCHED_FIFO、SCHED_RR 和 SCHED_BATCH,分别表示非实时进程(交互式进程或批处理进程)的时间片机制、实时进程的先进先出机制、实时进程的时间片机制和批处理进程调度机制。

Linux 系统的调度策略实际实现的过程结合了进程的优先级。在 schedule() 函数中的参数 need_resched、priority、counter 和 rt_priotity 分别表示调度标志、静态优先级、动态优先级和实时优先级。need_resched 决定是否调用 schedule() 函数。priotiry 一般由系统在进程创建时确定,其值是进程每次获取 CPU 的时间片,不会随着进程的推进而发生变化,但是用户进程可以通过系统调用函数加以修改。counter 是指进程处于可运行态时的时间片的剩余值,即表示该进程的剩余时钟节拍数,初始值为 priotity 的值。rt_priotity 是一个从 1～99 的整数,这个整数表示实时进程的优先级别,其值越大,级别越高。

3. 调度算法

Linux 系统中的进程调度采用的调度算法主要是以下三种:

(1) 优先权调度算法,用于非实时进程调度。系统每次将 CPU 分配给就绪队列中优先级最高的进程。若采用抢占式的优先权调度,则在 CPU 中运行的进程是所有处于可运行态的进程中优先级最高的进程,即在一个新就绪进程进入就绪队列后,系统会立即将这个进程的优先级与正在 CPU 中运行的进程的优先级进行比较,若新进程优先级高,则立即抢占 CPU。

(2) 先进先出(FIFO)调度算法,用于实时和批处理进程调度。系统每次选择最先进入就绪队列的进程,将 CPU 分配给它,让它运行直到完成或阻塞,才重新调度下一个队首进程。

(3) 时间片轮转调度算法,用于实时进程调度。系统每次按照先进先出调度算法将 CPU 分配给就绪队列队首进程,同时赋予其一个时间片。当时间片用完时,不管该进程是否运行完成,都要将 CPU 切换给下一个队首进程。若进程在该时间片内没有运行完成,则将其放回到就绪队列末尾等待下一次调度,依次轮转,直到完成。若进程在时间片内完成,则结束进程。若进程在时间片内阻塞,则进入相应的阻塞队列。

11.3.2　实时调度

Linux 系统将非常紧迫或者比较紧迫的执行进程称为实时进程,发生进程切换时的调度称为实时调度。对于实时调度中的进程,系统采用了先进先出(FIFO)调度算法和基于时间片轮转(RR)的调度算法。

比较短小的实时进程采用优先权的先进先出调度算法,当一个正在 CPU 中运行的进程的时间片用完时,若就绪队列中无优先权比它高的进程,则该进程继续占有 CPU 运行,直到完成或有优先权比它高的进程进入就绪队列。实际上,这种情况说明时间片对该进程无效。

对于那些比较长的实时进程,一般采用优先权的时间片轮转调度算法。每个实时进程都有一个时间片,在时间片用完后,CPU 就会切换到具有相同优先级的实时进程。系统在创建进程时,会给该进程分配一个时间片,并用一个参数 counter 来表示该进程运行时在当前时间片中所剩下的时间,即当一个进程占有 CPU 时,该进程的 counter 会随着时间不断减小,直到为 0,此时就会重新发生进程调度。时间片的大小可以根据进程的优先级高低动态调整,从而保证了优先级高的进程执行频率高。

实时调度中的进程优先权是静态的,内核不会主动去调整进程的优先权。若需要调整,则由进程自身调用特定的系统调用去修改它的优先权。

11.3.3 非实时调度

非实时调度是相对实时调度而言的,Linux 系统将不怎么紧迫或要求不严格的任务的进程调度称为非实时调度。非实时调度直接采用优先权调度算法,Linux 系统会定时检查就绪队列处于可运行态的进程优先权,优先级高的进程具有较高的优先权。当发生 CPU 切换时,系统首先将 CPU 分配给优先级较高的进程,让它运行,直到完成或阻塞。

非实时调度中的进程一般都是交互式进程或批处理进程,它们的优先权都是动态可变的。系统在创建进程时,会给它一个静态优先级和时间片。在该进程被调度运行后,系统利用内核函数 recalc_task_prio() 计算出该进程新的优先级。函数 recalc_task_prio() 的输入参数是进程的静态优先级和最近的过去进程阻塞时间。若这个时间长,表示进程可能是一个交互式进程,会提高它的优先权,让它获得一个更高的优先级。

11.4 进程同步

Linux 系统为了保证多个任务的并发执行,内核提供了功能强大的同步机制。本节主要介绍原子操作、自旋锁、信号量和屏障等四种同步方法。

11.4.1 原子操作

Linux 系统内核数据结构经常需要进行一些简单的更新和修改操作,但是必须要保证这些操作的原子性。为此,Linux 系统内核定义了 atomic_t 类型的数据结构,提供了一些专门的原子操作原语。体系结构不同,实现这些原子操作的原语有所不同。

Linux 系统常用的原子操作原语主要有 atomic_read、atomic_set、atomic_add、atomic_sub、atomic_sub_and_test、atomic_inc、atomic_dec、atomic_dec_and_test、atomic_inc_and_test、atomic_add_negative 等。

11.4.2 自旋锁

Linux 系统中,自旋锁是多处理器中应用比较广泛的一种同步机制,大量用于内核中断处理,防止多个并发内核任务同时进入临界区。自旋锁仅能被一个内核任务拥有。若某个内核任务试图请求一个已被分配出的自旋锁,那么这个任务就会一直执行忙循环,即自旋转,等待锁的重新可用。若锁尚未分配出去,则请求它的内核任务可立即获得它而继续执行。这样就可以有效避免内核的并发进程竞争共享资源,但是自旋锁不能长时间分配给某个进程,因为锁自旋转非常浪费 CPU 的时间。

自旋锁的定义如下：

```
typedef struct{
                volatile unsigned int lock;
        } spinlock_t;
void spinlock_init(spinlock_t * s)
{   s- > lock =  0;//初始化为 0}
void spin_lock(spinlock_t * s)
{   while (atomic_dec_and_test(&s- > lock) < =  0)
     while ( s- > lock < =  0)//空循环
}
void spin_unlock(spinlock_t * s)
{   s- > lock = 0;}
int spin_trylock(spinlock_t * s)
{ return( atomic_dec_and_test(&s- > lock) >  0);}//返回值为 1 表示失败,返回值为
```
0 表示成功

自旋锁实现同步的基本形式如下：

```
spinlock_t mr_lock =  spin_lock_unlocked; //spin_lock_unlocked初始值为 0
spin_lock(&mr_lock);
  critical section//临界区
spin_unlock * (&mr_lock);
```

对于抢占式进程调度,若调用 spinlock(),则当自旋锁还尚未获得锁时,进程是可抢占的。但是,当进程获得了 spinlock()时,则进程是不可抢占的。

11.4.3　信号量

信号量机制是 Linux 系统中能传递少量控制信息、解决多进程访问共享资源的一种低级通信方式。Linux 系统中的信号量分为内核信号量和信号量集,前者只能被内核使用,后者既可以被用户使用,也可以被内核使用。

1. 信号量的定义

系统内核信号量的定义如下：

```
struct semaphore {
                atomaic_t count;
                int sleepers;
                wait_queue_head_t * wait;
            };
```

其中,count 是资源计数器,也是一个原子变量,表示系统可用的某类资源数。若 count>0,则说明系统有可用资源提供给进程。若 count=0,则说明信号量处于忙状态,进程尚未等待这类资源。若 count<0,则说明有至少一个进程处于等待这类资源的状态。sleepers 是一个唤醒计数器,记录等待该类资源的进程数。wait 是一个存放因等待某类资源而阻塞的进程所组成的队列。若 count≥0,则说明该队列为空,即无等待进程。

Linux 系统中的信号量集由一个数组 semary 来描述。该数组元素的类型是一个指向

semid_ds 结构的指针。semid_ds 中包含了信号量集 sem_base、信号量操作的阻塞队列 sem _pending 及撤销操作的序列 undo。

semid_ds 结构定义如下:

```
struct semid_ds {
            struct ipc_perm sem_perm;       //描述信号量集的认证信息
            _kernel_time_t sem_otime;        //最后一次操作信号量集的时间
            _kernel_time_t sem_ctime;        //最后一次修改信号量集的时间
            struct sem * sem_base;           //指向一个信号量集
            struct sem_queue * sem_pending;  //信号量操作的阻塞队列
            struct sem * * sem_pending_last; //信号量操作的阻塞队列的队尾指针
            struct sem_undo * undo;          //信号量集的 undo 序列
            unsigned short sem_nsems;        //信号量集中的信号量数
    };
```

信号量集中的每个信号量的结构如下:

```
struct sem {
            int semval;                     //信号量当前值,默认为二元信号量
            int sempid;                     //最后一个操作该信号量的进程标识符
    };
```

2. 信号量的应用

Linux 系统内核定义了 down()和 up()函数,以便对信号量进行操作,并定义了 down_ interruptible()、wake_up()等函数以用于获取信号量、唤醒等待进程。down()函数用于接收信号,up()函数用于发送信号,分别相当于 wait 和 signal 操作。最简单的信号量使用方法如下:

```
static DECLARE_MUTEX(m_sem);          //定义并初始化互斥信号量
if(down_interruptible(&m_sem))        //收到信号,但尚未获取
    critical section                  //临界区
up(&m_sem);
```

down_interruptible()函数用于判断是否成功获取信号。若获取信号,则说明某个等待进程将被唤醒。当返回值为−EINTER 时,说明尚未获得所需资源;当返回值为 0 时,说明获得了所需资源。若未能获取信号,则该进程进入可中断阻塞态。

当进程完成对临界资源的访问时,运行 up()函数以释放指定的信号量,唤醒相应阻塞进程。

11.4.4 屏障

Linux 系统通过定义一些屏障宏来阻拦它前面或后面的读/写内存操作,以保证它们在屏障之前完成或之后发生。最简单的屏障宏 barrier()是一个编译器提示,告诉编译器不要在优化时调整屏障前后读/写内存的顺序。由于现代操作系统都具有异步性,这使得 CPU 中的指令执行顺序很难预料,因此,系统内核通过一些屏障宏来解决这个问题,以保证其异步执行的结果一致。这些屏障宏主要有以下三个:

(1) wmb():任何在 wmb()之前的写操作须比 wmb()之后的写操作先可预见。

(2) rmb():任何在 rmb()之前的读操作须比 rmb()之后的读操作要先读到数据。

(3) mb():为 wmb()和 rmb()之和。

11.5　内存管理

Linux 系统作为一个多用户、多任务的操作系统,既要对系统的物理内存进行管理,也要对虚拟存储空间进行有效管理,这样才能保证系统高效、安全地运行。

11.5.1　物理内存管理

Linux 系统中的物理内存管理是由物理内存管理器负责完成的。物理内存的初始化是在 Linux 系统启动过程中完成的。图 11.3 所示的是物理内存初始化后的布局。随后,物理内存管理器会根据进程页面所占用的虚拟空间情况,为该进程分配相应的物理块以存储这些虚拟页面,在进程运行完成后,回收进程所占用的物理块。

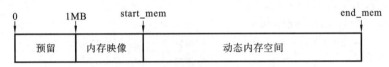

图 11.3　物理内存初始化后的布局

1. 物理内存描述

硬件结构不同,Linux 系统的物理内存管理也不尽相同,但是都是将物理内存空间划分为若干物理块(即帧或块),其大小与页面大小相等,如 Intel CPU 的每个物理块大小为 4 KB(32 位操作系统)。Linux 系统为了支持多种硬件结构,构建了一个数组 mem_map 来描述内存中所有的物理块。每个物理块对应一个页面,即数组中每个元素表示一个物理块,其值大小由系统实际物理内存大小决定,用一个 mem_map_t 结构描述,又称 page 结构。

mem_map_t 的结构定义如下:

```
typedef struct page {
    struct page * next;            //指向下一个空闲物理块的指针
    struct page * prev;            //指向上一个空闲物理块的指针
    struct inode * inode;          //物理块中所存放代码或数据所属文件的 inode
    unsigned long offset;          //物理块中所存放代码或数据所属文件的位移量
    struct page * next_hash;       //Hash 表中链表的后继指针
    atomic_t count;                //访问某物理块的进程数
    unsigned flags;                //页面状态标志位
    unsigned dirty;                //物理块中的虚拟页是否被修改的标志位
    unsigned age;                  //物理块年龄,用于进程页面交换
    struct wait_queue * wait;      //阻塞队列
    struct page * prev_hash;       //Hash 表中链表的前向指针
```

```
        struct buffer_head * buffers;        //物理块作为缓冲区时的地址
        unsigned long swap_unlock_entry;     //未锁定的交换空间入口地址
        unsigned long map_nr;                //物理块在mem_map表中的下标
    } mem_map_t;
```

数组 mem_map 是一个全局变量，随着用户进程的执行和结束，Linux 系统不断地读/写mem_map中的值，即为用户进程分配和回收物理块。在低端内存位置紧跟数组mem_map后的数组 bitmap 利用位示图的方法记录了系统所有空闲物理块的情况。这两个数组都由内核函数 free_area_init()在系统初始化时创建。

2. 物理块分配

Linux 系统采用 Buddy 算法(伙伴算法)分配和回收物理块。Buddy 算法定义了一个数据结构 free_area 数组，如图 11.4 所示。该算法将所有的空闲物理块分为 10 个链表，每个链表中的一个块是 2^m 个(m=0,1,2,…)物理块。第 0 个链表中块大小均为 2^0 个物理块，第 1 个链表中块大小均为 2^1 个物理块，依次类推，第 9 个链表中块大小均为 2^9 个物理块。

free_area 数组的定义如下：

```
    struct free_area_struct {
        struct page * next;      //指向下一个空闲块的指针
        struct page * prev;      //指向上一个空闲块的指针
        unsigned int * map;      //指向对应的位示图
    } free_area[10];
```

在图 11.4 中，2 个物理块连续的空闲内存块有 1 个，其物理块号为 1 和 2；4 个物理块连续的空闲内存块有 2 个，第一个从物理块号 5(5、6、7、8)开始，第二个从物理块号 47(47、48、49、50)开始。

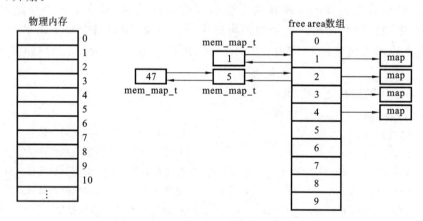

图 11.4　Buddy 算法的数据结构

Buddy 算法每次试图分配一个或多个连续物理块组成的内存块时，通过内核函数_get_free_pages()在数组 free_area 中查找满足大小要求的一个内存块(2^m,m=0,1,2,…)。Buddy 算法分配物理块的过程如图 11.5 所示。

图 11.5 中 order 是所请求内存块，min 表示系统中空闲物理块数的最低值，low 表示

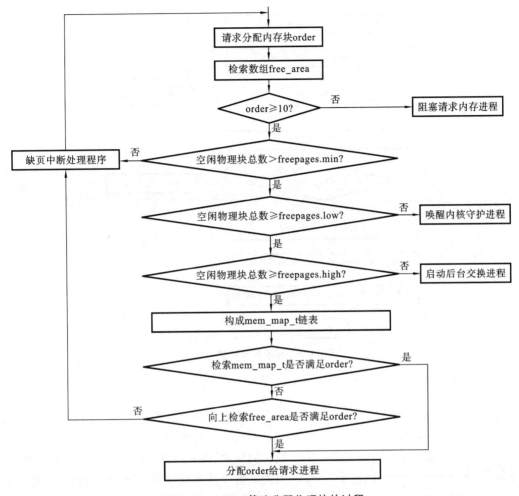

图 11.5　Buddy 算法分配物理块的过程

系统需加大页面交换时的空闲物理块数,high 表示系统可以启动后台交换的空闲物理块数。

3. 物理块回收

Linux 系统在实现物理块的分配过程中,将大内存块分成很多小内存块,不断地增加了系统中零碎空闲物理块数,降低了内存空间的利用率。因此,物理块回收需要解决的关键问题是如何快速地确定回收物理块是否与已存在的相邻空闲物理块合并以形成更大空闲内存块。系统通过内核函数 free_pages()来实现物理块的回收,回收物理块的过程如图 11.6 所示。

在图 11.6 中,nr_free_pages 是一个全局变量,表示空闲物理块总数。回收的内存块加入链表时,若其伙伴不在链表中,则直接加入,否则将它与其伙伴合并成一个大的空闲内存块,并重新计算它在数组 mem_map_t 中的位置,然后加入数组 free_area 对应 order 指定的链表中,同时修改其对应的位示图。

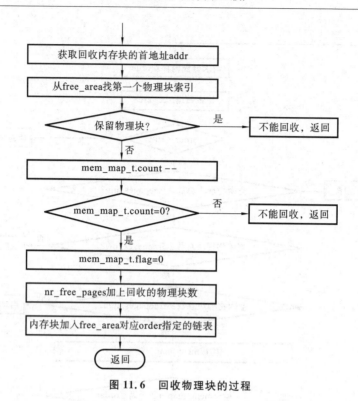

图 11.6 回收物理块的过程

11.5.2 虚拟内存管理

在计算机系统中,不同的硬件结构有不同的虚拟存储空间管理方法。Linux 系统采用了请求调页的虚拟存储技术,实现了对内存的虚拟存储管理,使其内存能够为多个进程共享使用,由内核负责进程页面的动态换入和换出、将虚拟页地址转换为物理块地址等。在 Intel x86 硬件平台的 32 位系统中,Linux 系统内存的虚拟存储地址空间为线性固定空间大小 4 GB,分为内核空间和用户空间两部分,如图 11.7 所示。

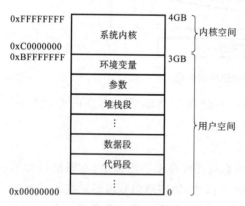

图 11.7 Linux 系统内存的 虚拟存储地址空间

内核空间大小为 1 GB,处于内存较高端的空间位置,从 3 GB 到 4 GB,即内存虚拟地址从 0xC0000000 到 0xFFFFFFFF,存放供内核进程能够访问的共享代码和数据。用户空间大小为 3 GB,处于内存较低端的空间位置,从 0 到 3 GB,即内存虚地址从 0x00000000 到 0xBFFFFFFF,存放的用户进程独占使用,用户进程之间是不可见的。

1. 用户空间管理

在 32 位的 Linux 系统中,每个进程拥有 3 GB 的私有虚拟地址空间被划分为堆栈段、数据段、代码段和堆四个部分。系统通过两个数据结构来描述每个进程所拥有的这 3 GB 的用户空间,一个是用于描述进程整个用户空间的数据结构 mm_struct,另外一个是用于描述进程用户空间中各虚存区的数据结构 vm_area_struct。这个虚存区就是 Linux 系统中的进程实际用到的虚拟地址空间。

mm_struct 数据结构的定义如下:

```
struct mm_struct {
    atomic_t count;//引用 mm_struct 结构的计数器
    pgd_t * pgd;//进程一级页表指针(页目录表起始地址)
    int map_count;//进程的用户空间中虚存区数
    struct semaphore mmap_sem; //对 mm_struct 结构互斥访问的信号量
    unsigned long start_code,end_code,start_data,end_data; //代码段和数据段的
起止地址
    unsigned long start_brk,brk,start_stack,start_mmap; //进程未初始化数据段的
起止地址、堆栈段和虚拟段双向链表的起始地址
    unsigned long arg_start,arg_end,env_start,env_end; //参数段和环境段的起止
地址
    unsigned long rss,total_vm,locked_vm; //进程所占用的总物理块数、总虚拟页面数
和已上锁的虚拟页面数
    unsigned long def_flags; //特征位
    struct vm_area_struct * mmap; //vm_area_struct 形成的一个单链表
    struct vm_area_struct * mmap_avl; //vm_area_struct 形成的一棵 AVL 平衡树
    struct vm_area_struct * mmap_cache; //指向存放最近用到虚存段的高速缓存指针
};
```

每个进程的 PCB 都包含 mm_struct,mm_struct 结构含有指向 vm_area_struct 结构的指针。因此,进程可以非常顺利地访问到虚拟段。

vm_area_struct 数据结构的定义如下:

```
struct vm_area_struct {
struct mm_struct * vm_mm; //指向虚存段所属进程 mm_struct 的指针
    unsigned long vm_start,vm_end;//虚存段的起止地址
    pgprot_t vm_page_prot;//虚存段的访问权限
    unsigned short vm_flags; //虚存段标志
    short vm_avl_height;//虚存段 AVL 树的高度
    struct vm_area_struct * vm_avl_left; //指向虚存段 AVL 树的左节点
    struct vm_area_struct * vm_avl_right; //指向虚存段 AVL 树的右节点
    struct vm_area_struct * vm_next; //指向虚存段链表的下一个节点
    struct vm_area_struct * vm_next_shared; //指向共享同一个文件的下一个虚存段
    struct vm_area_struct * vm_prev_shared; //指向共享同一个文件的上一个虚存段
    struct vm_operations_struct * vm_ops; //封装了对本虚存段进行操作的函数
    unsigned long vm_offset;//文件中共享内存的起点位移量
    unsigned long * vm_inode;//指向文件的索引节点
    unsigned long vm_pte; //指向共享内存的页表入口
};
```

当创建每个进程时,系统会为它建立一个 PCB,这是一个 task_struct 结构,这个结构包含了 mm_struct 结构信息。一个进程往往会用到几个虚存段,系统通过这个数据结构对这

些虚存段进行管理。一个进程的 task_struct 结构、mm_struct 结构和 vm_area_struct 结构之间关系如图 11.8 所示。

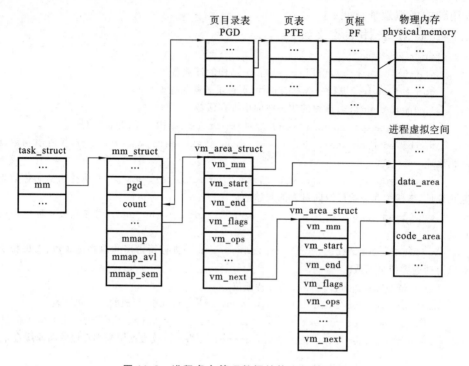

图 11.8 进程虚存管理数据结构之间的关系

2. 虚拟存储实现原理

实现 Linux 系统虚拟存储的请求分页系统除了系统提供的硬件支持外,还需要地址变换机制、请求页表机制、内存分配与回收机制、交换机制、缓存和刷新机制等的支持。

1) 地址变换机制

系统中的进程被编译和连接后,所形成的指令和符号地址是逻辑地址(虚拟地址)。要执行这些指令,需要将它们的逻辑地址转换成物理地址。地址转换是由系统内核和硬件内存管理单元(memory management unit,MMU)共同完成的。对于内核空间地址,其物理地址由需要转换的逻辑地址 PAGE_OFFSET 直接得到。PAGE_OFFSET 是 32 位 Linux 系统中的内存地址 0xC0000000(3 GB),即物理地址与逻辑地址之间的位移量。对于用户空间地址,逻辑地址到物理地址的转换由请求页表机制来完成。

2) 请求页表机制

在 Linux 系统中,请求分页系统所使用的主要数据结构是页表,负责将用户空间的逻辑地址转换为物理地址。不同的硬件平台,页表项的内容也不同,对于 Intel x86 系列的 CPU,其页表项有 32 位,页面大小为 4 KB,高 20 位是页目录索引和页表索引,分别表示下一级页表和物理块号,低 12 位是表示对应页面的各种属性,如图 11.9 所示。

Intel x86 系统保存页目录地址的寄存器是 CR3。另外,系统为了加快地址变换的速度,往往需要增加快表,快表存放在后备缓存中。

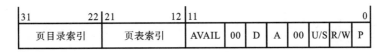

31	22	21	12	11						0
页目录索引		页表索引		AVAIL	00	D	A	00	U/S R/W	P

图 11.9　Intel x86 平台的页表

3）内存分配与回收机制

Linux 系统通过内核函数 vmalloc() 和 vfree() 实现对用户进程所需内存空间的分配和回收。系统分配给用户进程的内存空间在逻辑地址空间是连续的，范围由常量 VMALLOC_START 和 VMALLOC_END 确定，其对应的物理块需缺页中断处理例程分配，但不一定是连续的。

4）交换机制

Linux 系统为了保证用户进程能够正常运行，需要让用户进程能够申请到足够的物理内存。虽然用户进程可以使用的逻辑地址空间达 3 GB，但是实际上能用的空间不大，一般只有几十千字节到几兆字节那么大。当系统中的进程数目达到一定数量时，系统的物理内存空间很难满足要求。因此，Linux 系统内核设置了一个定期将页面换出去的守护进程 kswaped。系统内核启动时，会创建 kswaped 并被内核交换定时器周期性地调用去检查系统中的空闲页面数 nr_free_pages。若 nr_free_pages＜free_pages_high，则 kswaped 就会将符合交换条件的页面换出去。若 nr_free_pages＜free_pages_low，则 kswaped 会加快交换的速度（将其睡眠时间缩短一半）。若 nr_free_pages≥free_pages_high，则 kswaped 进入阻塞态。kswaped 在执行过程中，也会完成缺页中断处理以及将满足条件的页面调入内存。

5）缓存和刷新机制

Linux 系统为了加快用户进程的运行速度，提高内存空间的利用率，使用与内存管理相关的多种高速缓存。这些高速缓存主要包括缓冲区高速缓存、页高速缓存、交换高速缓存和硬件高速缓存。缓冲区高速缓存由设备标识号和块标号索引组成，能快速找出数据块，其数据结构为 buffer_head。页高速缓存用于加快对磁盘文件的访问速度，其数据结构为 page_hash_table——一个很典型的 Hash 表。交换高速缓存用于加快未修改页面的交换速度，其数据结构为一个交换表 swap_cache。硬件高速缓存用于存储页表的部分内容，如快表，用于提高逻辑地址到物理地址的转换速度，利用内核函数 kmalloc() 和 kfree() 实现。

这几种机制之间的相互关系如图 11.10 所示。

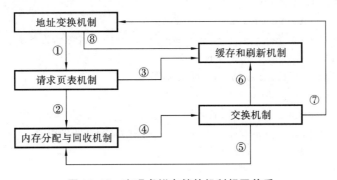

图 11.10　实现虚拟存储的机制相互关系

11.6　设备管理

I/O 系统是 Linux 系统的一个重要组成部分,包括用于实现信息输入、输出和存储功能的设备和相应的设备控制器等。设备管理的对象主要是 I/O 设备,基本任务是实现用户提出的 I/O 请求,提高 I/O 速率及 I/O 设备的利用率。Linux 系统中的 I/O 设备分为字符设备、块设备和网络设备三种类型。

Linux 系统将硬件设备看成特殊的文件来操作,这些文件称为设备文件,如 IDE 硬盘可以表示为/dev/hda。每个设备文件有设备名、设备类型、主设备号和次设备号等属性。系统通过 mknod()系统调用来创建一个设备文件,使用标准的文件操作函数对设备文件进行打开、读取、写入和关闭等有关操作。

因此,Linux 系统没有将管理硬件设备控制器的代码放在应用程序中,而是由系统内核统一管理,即设备管理是由一组运行在特权级上且驻留内存及能对底层硬件进行操作的驱动程序来完成。我们将这些管理和处理硬件设备控制器的软件称为设备驱动程序。设备驱动程序作为 Linux 系统内核的一部分,包含设备服务子程序和中断处理程序两个内容。设备服务子程序就是对设备进行操作的相关程序代码。中断处理程序主要负责通过中断方式处理设备向设备驱动程序发出的 I/O 请求。

11.6.1　字符设备驱动程序

字符设备是以字符为单位进行数据访问的一类设备,通常无法编址,不需要进行寻址操作,如键盘、打印机、虚拟控制台、串口等。在 Linux 系统中,访问字符设备是通过文件系统内的设备名进行的,主设备号标识了设备对应的驱动程序,次设备号由主设备号所确定的字符设备驱动程序使用且只能传递给该驱动程序。

1. 字符设备驱动程序的注册与注销

Linux 系统内核定义了一个用于保存所有字符设备驱动程序信息的数组 chrdevs[]。这个数据结构是系统一个专门用于注册字符设备的数据结构。数组 chrdevs[]共有 255 个元素,每一项表示一个字符设备驱动程序,内核就是通过系统调用 register_chrdev()向该数组插入一个新的字符设备文件来完成字符设备驱动程序注册的。

数组 chrdevs[]描述如下:

```
static struct char_device_struct {
    struct char_device_struct * next; //指向下一个字符设备驱动程序
    unsigned int major;//主设备号
    unsigned int baseminor; //次设备号
    int minorct;//次设备数
    char name[64]; //某类设备名称
    struct file_operations * fops; //指向文件操作表的指针
    struct cdev * cdev;//设备介质
} * chrdevs[CHRDEV_MAJOR_HASH_SIZE];
```

若注册函数 register_chrdev()的返回值为 0,则表示该字符设备驱动程序注册成功,其参数 major 是一个给定的主设备号；若其返回值为－EINVAL，则表示获得的主设备号非法；若其返回值为－EBUSY，则表示需获得的主设备号正被其他设备驱动程序占用；若其返回值为一个正数，则表示所需获得的主设备号是一个动态分配的主设备号。在设备驱动程序注册成功后，系统利用 mknod 命令在文件系统中创建一个设备文件以标示一个设备实例。

字符设备驱动程序的注销很简单，只需在卸载时调用内核函数 unregister_chrdev()即可实现。在卸载字符设备驱动程序后，若需要再次启动该设备，则必须重新注册。

2. 字符设备驱动程序的结构

Linux 系统的字符设备驱动程序对 I/O 设备的操作是通过一组 fops 指针指向的函数来实现的，系统对 I/O 设备的存取都是依靠这些函数所提供的一组固定入口点来进行的。字符设备驱动程序所提供的函数主要有以下几个：

（1）open()，主要完成初始化设备、识别次设备号并进行相应的操作、设备递增使用计数、检查设备特定错误、分配并填写相关数据结构等操作。

（2）release()，与 open()的功能相反，主要是释放一个被分配出去的设备。

（3）read()，主要通过设备实现从内核地址空间复制数据到用户地址空间。

（4）write()，与 read()功能相反，主要通过设备实现从用户地址空间复制数据到内核地址空间。

（5）ioctl()，完成读和写之外的操作，主要用于获取或改变正在运行的设备参数。

（6）llseek()，用于修改文件当前读或写的位置，并将新位置作为返回值返回给调用者。

3. 字符设备驱动程序的数据结构

字符设备驱动程序中的相关操作会用到一个非常重要的数据结构 file_operations。这个数据结构的每一个成员名称对应一个系统调用。每个系统调用通过设备文件的主设备号就能够找到相对应的字符设备驱动程序。

file_operations 的定义如下：

```
struct file_operations {
  struct module * owner;
  loff_t(* llseek)(struct file,loff_t,int);
  ssize_t(* read)(struct file* ,char_user* ,size_t,loff_t* );
  ssize_t(* aio_read)(struct kiocb* ,char_user* ,size_t,loff_t);
  ssize_t(* write)(struct file* ,const char_user* ,size_t,loff_t* );
  ssize_t(* aio_write)(struct kiocb* ,char_user* ,size_t,loff_t);
  int(* readdir)(struct file* ,void* ,filldir_t);
  unsigned int(* poll)(struct file* ,struct poll_table_struct* );
  int(* ioctl)(struct inode* ,struct file* ,unsigned int,unsigned long);
  long(* unlocked_ioctl)(struct file* ,unsigned int,unsigned long);
  long(* compat_ioctl)(struct file* ,unsigned int,unsigned long);
  int(* mmap)(struct file* ,struct vm_area_struct* );
  int(* open)(struct inode* ,struct file* );
  int(* flush)(struct file* ,fl_owner_t id);
```

```
int(* release)(struct inode* ,struct file* );
int(* lock)(struct file* ,int,struct file_lock* );
    ⋮
};
```

file_operations 结构的定义在 linux/fs.h 文件中,Linux 系统内核版本不同,其内容也不同,版本越高,内容越多。编写字符设备驱动程序的主要工作就是编写相关的子函数来填充数据结构 file_operations 的域。

字符设备驱动程序的 file_operations 实例化定义如下:

```
struct file_operations chr_fops = {
    .open = scull_open;
    .read = scull_read;
    .release = scull_release;
    .ioctl = scull_ioctl;
};
```

每个进程对设备的存取操作,都会依据该设备的设备号将其转换成对 file_operations 数据结构的访问。

11.6.2 块设备驱动程序

块设备是以数据块为单位进行数据访问的一类设备,信息存储在可寻址的固定大小的数据块中,每个数据块包含 $2^n \times 512$ B($n=1,2,3,\cdots$)的数据,并且可以独立进行读/写操作和随机访问,如 IDE 硬盘、SCSI 硬盘、U 盘等。为了提高系统的整体性能,加快数据的访问速度,系统中往往在块设备和应用程序之间设置了数据缓冲区,而且块设备的接口必须支持可安装文件系统(mount)。

1. 块设备驱动程序的注册

和字符设备驱动程序相似,系统内核也定义了一个用于保存所有块设备驱动程序信息的数组 blkdevs[]。这个数据结构也是系统专门用于注册块设备的数据结构。内核通过系统调用 register_blkdev()来实现块设备驱动程序的注册。

数组 blkdevs[]描述如下:

```
static struct block_device_struct {
    struct block_device_struct * next; //指向下一个块设备驱动程序
    unsigned int major;//主设备号
    unsigned int first_minor; //第一个次设备号,一般为 0
    int minorct;//次设备数
    char name[32]; //主设备名称
    struct block_device_operations * fops; //指向块设备操作函数表的指针
    struct request_queue queue;//内核管理块设备 I/O 请求的队列
    void private_data;//读/写的数据
    sector_t capacity;//扇区容量大小
    int flags; //块设备驱动程序状态标志位
} * blkdevs[BLKDEV_MAJOR_HASH_SIZE];
```

　　块设备驱动程序比字符设备驱动程序复杂,上述 block_device_struct 中只定义部分有关块
设备信息。其因 Linux 系统内核版本不同而有所不同。但是系统调用 register_blkdev()时,都
会首先调用函数 alloc_disk()获取一个 block_device_struct 结构,然后再调用函数 add_disk
()将该结构加入设备链表中,在设备号和驱动程序之间建立一个关联,从而完成该设备
注册。

　　块设备驱动程序的注销只需调用内核函数 unregister_blkdev()即可完成。

2. 块设备驱动程序的结构

　　和字符设备驱动程序一样,块设备驱动程序也提供 open()、release()、ioctl()等函数操
作,但是没有 read()和 write()函数操作。块设备驱动程序的数据读/写操作是通过函数 re-
quest()实现的。具体的块设备不同,request()函数也不同,每个块设备捆绑一个 request()
函数,读/写请求存储在 request 结构的链表中。

3. 块设备驱动程序的数据结构

　　块设备驱动程序也定义了类似字符设备驱动程序的数据结构,以完成对块设备的操作。
重要的数据结构主要有块设备驱动程序接口数据结构 block_device_operations 和数据请求
结构 request。

block_device_operations 结构描述如下:

```
struct block_device_operations {
  int(* open)(struct inode* , struct file* ); //打开块设备文件
  int(* release)(struct inode* , struct file* ); //关闭对块设备文件的最后一个
引用
  int(* ioctl)(struct inode* ,struct file* ,unsigned,unsigned long); //对块
设备文件 ioctl()调用
  int(* check_media_change)(kdev_t); //判断设备介质是否发生变化
  int(* revalidate)(kdev_t);//检查块设备上的数据是否有效
  ⋮//不同的内核版本,结构域的内容不尽相同
};
```

request 结构描述如下:

```
struct request {
  struct list_head queuelist;//块设备 I/O 请求队列链表
  sector_t hard_sector;//下一个将要传输的扇区位置
  unsigned long sector;//本次请求传输的第一个扇区号
  unsigned long hard_nr_sectors; //等待传输扇区的总数
  unsigned long current_nr_sectors; //当前 bio 中剩余的扇区数目
  struct bio * bio;//本次请求的 bio 结构链表(驱动程序执行请求的全部信息表)
  unsigned short nr_phys_segments; //相邻页合并时,本次请求所占的物理内存中的
段数
  char * buffer;//写入或读出数据的缓冲区
  struct buffer_head * bh; //本次请求对应的缓冲区链表中的第一个缓冲区
  ⋮//不同的内核版本,结构域的内容不尽相同
};
```

每个进程对块设备的读/写数据操作都会申请一个请求,并将该请求插入请求队列,这个请求队列被传递到驱动程序的 request()函数,最后由 request()完成具体的数据传递操作。

11.6.3 网络设备驱动程序

发生的网络事件需经过一个网络接口,这种能够和其他主机交换网络数据的设备称为网络设备,可能是硬件设备,也可能是软件设备,如网卡、路由器、交换机、网桥等。网络设备是 Linux 系统中一种独立的设备类型。网络接口属于 Linux 的文件系统,需要在系统初始化时生成。网络设备由系统内核中的网络子系统驱动来实现数据包的发送和接收。

1. 网络设备驱动程序的加载

网络设备驱动程序的加载有两种形式,一种是内核加载,一种是模块加载。内核加载是在系统内核启动时加载网络设备驱动程序的。模块加载是系统根据用户进程的需要而动态加载网络设备驱动程序的。模块加载和卸载的过程如图 11.11 所示。

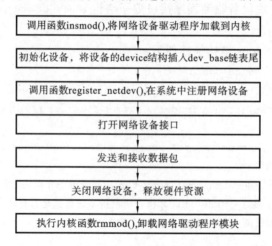

图 11.11 网络设备驱动程序加载和卸载的过程

其中,网络设备不是以文件形式存在的,不支持文件读/写等操作,不支持设置地址、修改传输参数、维护流量等管理任务,仅具有异步接收外部数据并将数据包发给系统内核的功能。

2. 网络设备驱动程序的结构

网络设备驱动程序由网络设备媒介层、网络设备驱动层、网络设备接口层和网络协议接口层构成。网络设备媒介层包括物理网络设备和传输媒介。网络设备驱动层实现网络设备初始化、数据包发送和接收。网络设备接口层包括用 net_device 结构表示的网络设备接口。网络协议接口层提供网络接口驱动程序的抽象。网络设备驱动程序的结构及其相互关系如图 11.12 所示。

其中,hard_start_xmit()函数负责发送数据包;net_device 是网络设备的数据结构;netif_rx()函数负责把数据传送给上层协议层;dev_queue_xmit()函数负责从网络设备队列

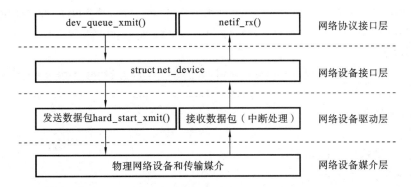

图 11.12　网络设备驱动程序的结构及其相互关系

上获取需要发送数据包的头。

3. 网络设备驱动程序的数据结构

网络设备驱动程序相关的数据结构主要有 net_device 和 sk_buffer。net_device 存放网络接口的信息,是网络设备驱动程序的核心,逻辑上分为可见部分和隐藏部分。

net_device 结构的描述如下:

```
struct net_device {
    char name[IFNAMSIZE]; //网络设备名称
    unsigned long state;//网络设备状态
    unsigned long rmem_start, rmem_end;//网络设备共享内存接收数据的起止地址
    unsigned long mem_start, mem_end;//网络设备共享内存发送数据的起止地址
    unsigned long base_addr;//网络设备接口的 I/O 基址
    unsigned char irq;//中断号
    unsigned char dma;//网络设备的 DMA 通道
    unsigned mtu;//最大传输单元长度
    unsigned short type;//网络设备接口的硬件类型
    unsigned short hard_header_len;//网络设备的硬件头信息长度
    unsigned long tx_queue_len;//设备传输队列允许的最大帧数
    unsigned char addr_len; //硬件地址长度
    unsigned char dev_addr[MAX_ADDR_LEN]; //设备硬件地址
    unsigned short flags;//接口属性标志,只读、测试、环路广播、组播等
    int(* open)(struct device * dev); //打开接口
    int(* stop)(struct device * dev); //关闭接口
    int(* hard_start_xmit)(struct sk_buff * skb,struct device * dev);
                                                    //初始化传输包
    int(* hard_header)(struct sk_buff * skb,struct device * dev,unsigned
short type, void * addr,void * saddr, unsigned len);//形成硬件头信息
    int(* rebuild_header)(void * eth,struct device * dev,unsigned long raddr,
struct sk_buff * skb);//重建硬件头信息
    void(* set_multicast_list)(struct deive * dev);//设置组播列表
```

```
    int(* set_mac_address)(struct device * dev,void * addr); //设置 MAC 地址
    int(* do_ioctl)(struct device * dev,struct ifreq * ifr,int cmd); //对接口执
行控制命令
    void(* set_config)(struct device * dev,struct ifmap * map); //变更接口配置
    void(* header_cache)(struct heighbour * neigh,struct hh_cache * hh); //给
hh_cache 赋值
    };
```

sk_buffer 结构的描述如下：

```
    struct sk_buffer {
    struct sk_buff * _alloc_skb(unsigned int size,gfp_t priority, int fclone,
int node); //申请一个 sk_buffer 并初始化
    struct sk_buffer * skb_get(struct sk_buff * skb); //定义一个 sk_buff 指针
    int skb_cloned(const struct sk_buff * skb); //复制一个 sk_buff
    int skb_shared(const struct sk_buff * skb); //判断是否多个用户使用 sk_buff
    void skb_queue_head(struct sk_buff_head * list,struct sk_buff * newsk); //
sk_buff 链表头部插入一个新的 sk_buff
    void skb_queue_tail(struct sk_buff_head * list,struct sk_buff * newsk); //
sk_buff 链表尾部插入一个新的 sk_buff
    void skb_insert(struct sk_buff * old,struct sk_buff * newsk,struct sk_buff
_head * list); //sk_buff 链表的 old 元素前插入一个元素
    void skb_append(struct sk_buff * old,struct sk_buff * newsk,struct sk_buff
_head * list); //sk_buff 链表的 old 元素后插入一个元素
    unsigned char * skb_push(struct sk_buff * skb,unsigned int len);
                                        //将 sk_buff 缓冲区长度增加 len
    unsigned char *  skb_pull(struct sk_buff * skb,unsigned int len);
                                  //从 sk_buff 缓冲区头部将缓冲区长度增加 len
    unsigned char * skb_put(struct sk_buff * skb,unsigned int len);
                                  //在 sk_buff 缓冲区头部将缓冲区长度减 len
    };
```

Linux 系统通过数据结构 sk_buff 在网络设备各层之间传递数据，sk_buff 是一个双向链表，能够对网络设备的缓冲区进行有效管理。

11.6.4　内核与驱动程序接口

在 Linux 系统中，字符设备、块设备和网络设备的驱动程序与系统内核之间使用标准的交互接口。系统为 I/O 设备的管理提供了一种可安装模块机制，即系统运行时，可根据需要动态地安装和卸载内核模块。设备驱动程序及与设备驱动紧密相关的部分都是使用可安装模块机制实现的。系统通过命令或函数在系统内核核心部分与设备驱动模块之间建立一个链接，实现系统内核与驱动程序模块动态互联，如图 11.13 所示。

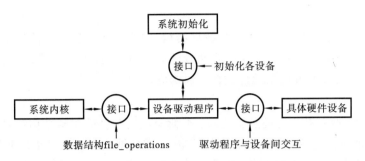

图 11.13　系统内核与驱动程序模块动态互联

11.7　文件管理

Linux 系统虽然借鉴了 UNIX 系统的文件系统模型，但是它能支持多种文件系统，如 MINIX、MSDOS、HPFS、VFAT、NTFS、SYSV、ISO9660、PROC 等。20 世纪 90 年代也专为本系统设计出了高效的文件系统 EXT（extended file system，扩展文件系统），目前常用版本是 EXT2 和 EXT3。

11.7.1　基本概念

1. 文件结构

文件结构是对存放在存储介质上的文件的组织方法，主要是组织文件和目录。Linux 系统采用了标准的树形目录结构，在安装系统时就会为用户创建文件系统和目录组织形式，并确定每个目录的作用和存放该目录下的文件类型，如图 11.14 所示。

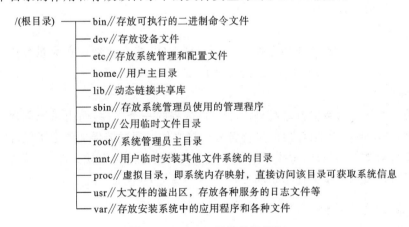

图 11.14　Linux 系统目录结构

2. 文件

文件是一个抽象的概念，是由创建者所定义的、具有文件名的一组相关元素的集合，是一个存放了系统中所有的数据或信息的仓库。Linux 系统的文件是指能够提供 I/O 流进行操作的对象，不但包括软件，也包括硬件设备，如设备驱动器、网卡等。

3. 文件目录

文件目录是指实现按名存取的主要数据结构,主要功能是负责文件目录的建立、删除、更名、检索等。Linux 系统的文件目录是树形目录结构,能按不同方法组织。例如,文件控制块将文件名、文件属性和磁盘地址放在一起构成。

4. 文件系统

Linux 文件系统包括文件的逻辑结构和物理结构。文件的逻辑结构针对其虚拟文件系统。文件的物理结构是指文件所存放的物理空间,即数据或信息在存储介质上的组织形式,就是我们通常所说的具体文件系统,如 EXT2、NTFS 等。Linux 系统中的每个分区表示一个文件系统,每个分区有自己的目录结构。

5. 文件类型

为了便于管理和控制,Linux 文件系统将文件分为五种类型,这五种类型的文件是根据文件的性质、组织形式和处理方式不同进行划分的。

1) 常规文件

将存放用户和操作系统的数据、程序等信息的文件称为常规文件。它能长期存放在外存储器中,如磁盘、光盘、U 盘等。根据组织形式,常规文件又可以分为文本文件和二进制文件。

2) 目录文件

在 Linux 文件系统中,文件索引节点号和文件名被同时保存在目录中。因此,为了方便管理,将文件名和它的索引节点号结合在一起的一张表称为目录文件。目录文件由系统修改,用户进程只能读取目录文件。

3) 设备文件

Linux 文件系统将所有的 I/O 设备都当成文件来处理。在/dev 目录中,可以找到每种 I/O 设备所对应的设备文件。

4) 管道文件

管道是指进程间通信所传递数据的一个共享文件,能有效地传送大量数据。Linux 系统将管道作为文件进行处理,即按文件操作的方式进行操作。

5) 链接文件

为了使一个用户进程能共享另外一个用户进程的一个文件,而由系统创建一个 LINK 类型的文件,该文件称为链接文件,又称符号链接文件。通过链接文件中所包含的指向文件的指针来实现对文件的访问,即提供了一种共享文件的方法。常规文件、目录文件和其他类型的文件都可以使用链接文件来访问。

11.7.2 虚拟文件系统

Linux 的虚拟文件系统(virtual file system,VFS)是物理文件系统与服务之间的一个接口层,对每个具体文件系统的所有细节进行抽象,是内核的一个子系统。它所提供的抽象界面由一组标准的、抽象的操作构成,即一组内核函数,能够被用户程序调用。所以 Linux 用户对不同的文件系统使用同一个接口。虚拟文件系统与其他具体文件系统之间的关系如图 11.15 所示。

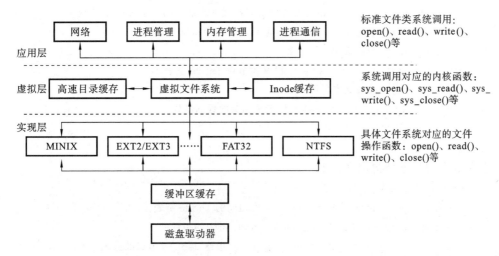

图 11.15　虚拟文件系统与其他具体文件系统之间的关系

1. 虚拟文件系统描述数据结构

虚拟文件系统中使用了超级块、索引节点、目录项和文件等数据结构。超级块用于描述已安装的整个文件系统的信息,代表一个文件系统。若虚拟文件系统是基于磁盘的文件系统,则超级块对应存放在磁盘上的文件系统控制块。索引节点用于描述文件、目录和符号链接等信息,代表一个文件。若虚拟文件系统是基于磁盘的文件系统,则索引节点对应存放在磁盘上的文件控制块。每个索引节点由 inode 结构表示,该结构描述了文件的属性并唯一标示一个文件,记录了文件的物理属性。与 inode 结构相对应的数据结构是目录项 dentry,dentry 结构中有一个 d_inode 指针指向 inode 结构,描述了文件的逻辑属性。一个索引节点 inode 可能对应多个目录项。每个文件由一个 file 结构和 inode 结构表示,file 结构描述了文件操作,如读、写、打开和关闭等。

超级块的数据结构定义如下:

```
struct super_block {
    struct list_head s_list;//链接其他文件系统的超级块的链表
    kdev_t s_dev;//文件系统的设备标识符
    unsigned long s_blocksize;//以字节为单位的盘块大小
    unsigned char s_blocksize_bites; //以 2 的幂次表示块的大小
    unsigned long s_maxbytes; //文件大小上限
    unsigned char s_lock;//锁定标志,用于进程同步与互斥
    unsigned char s_rd_only; //只读标志
    unsigned char s_dirt;//已修改标志
    struct file_system_type * s_type;//指向注册表 file_system_type 结构的指针
    struct super_operations * s_op;//指向超级块提供的文件操作函数集的指针
    struct dquot_operations * dq_op;//指向超级块提供的磁盘限额配置操作集的指针
    struct dentry * s_root;//指向安装目录的目录项对象的指针
    struct rw_semaphore s_umount;//卸载信号量
    struct inode * s_covered;//指向安装目录项的 inode 节点,对根目录无效
```

```
    struct inode * s_umount;//指向被安装文件系统的第1个inode节点
    struct wait_queue * s_wait;//超级块上的等待队列
    int s_count;//超级块引用计数
    struct list_head s_dirty;//已修改节点inode链表
    char s_id[32];//文本名称
    void * s_fs_info;//各具体文件系统私有的数据结构
      ⋮
};
```

索引节点的数据结构定义如下:

```
struct inode {
    struct list_node i_hash;//Hash值相同的inode链表
    struct list_head i_list;//指向inode链表的指针
    struct list_head i_dentry;//与inode相连dentry节点的链表
    unsigned long i_ino;//inode号
    unsigned int i_count;//inode节点正在访问的计数
    kdev_t i_dev;//文件系统的主次设备号
    kdev_t i_rdev;//inode描述的具体设备号
    umode_t i_mode;//文件类型及存取权限
    nlink_t i_nlink;//连接到该inode的硬连接数
    uid_t i_uid;//文件拥有者的用户ID
    gid_t i_gid;//用户所在组的ID
    loff_t i_size;//以字节为单位的文件大小
    time_t i_atime, i_mtime, i_ctime; //文件最近访问、修改和创建的时间
    unsigned long i_blksize; //块的字节数
    unsigned long i_blocks; //文件占用的块数
    unsigned long i_nrpages;//文件在内存中的页数
    struct semaphore i_sem, i_atomic_write; //inode节点操作信号量和原语写操作
    union {
        struct pipe_inode_info * i_pipe; //管道信息
        struct block_device * i_bdev;//块设备信息
        struct cdev * i_cdev;//字符设备信息
    };
    struct address_space * i_mapping; //文件所有页的集合
    unsigned long i_state;//inode状态标志
    unsigned int i_flags;//文件系统标志
    struct vm_area_struct * i_mmap;//inode内存映像
      ⋮
};
```

目录项的数据结构定义如下:

```
struct dentry {
    atomic_t d_count;//当前目录项引用计数
```

```
        unsigned int d_flags;//目录项状态标志
        struct inode * d_inode;//指向与文件名关联的索引节点的指针
        struct dentry * d_parent;//指向父目录的目录项表的指针
        struct list_node d_hash;//目录项形成的 Hash 表
        struct list_head d_lru;//引用数为 0 的目录项的 lru 双向链表指针
        struct list_head d_child;//目录项的兄弟目录项的双向链表指针
        struct list_head d_subdirs;//目录项的所有子目录项的双向链表指针
        struct list_head d_alias;//硬连接时,索引节点别名的链表
        int d_mounted;//是否为安装点目录项
        struct qstr d_name;//用于快速查找的目录项名
        struct dentry_operations * d_op; //指向目录项的操作函数集的指针
        struct super_block * d_sb;//指向目录项超级块的指针
        unsigned long d_vfs_flags;//虚拟文件系统标志
        unsigned long d_time;//重新生效时间
        ⋮
    };
```

文件的数据结构定义如下:

```
    struct file {
        struct dentry * f_dentry;//指向相关目录项的指针
        struct vfsmount * f_vfsmnt;//指向虚拟文件系统安装点的指针
        struct list_head f_list;//所有打开的文件形成的一个链表
        struct file_operations * f_op;//指向文件操作函数的指针
        struct file_ra_state f_ra;//文件预读取状态
        mode_t f_mode;//文件的打开模式
        loff_t f_pos;//文件当前偏移量
        unsigned int f_flags;//打开文件时指定的标志
        atomic_t f_count;//使用该文件的进程数
        unsigned int f_uid;//使用者的用户标志
        unsigned int f_gid;//使用者的用户组标志
        void * private_data;//私用信息
        ⋮
    };
```

2. 虚拟文件系统操作数据结构

为了更好地描述逻辑文件系统的细节,Linux 的虚拟文件系统设计了一些接口,这些接口就是有关虚拟文件系统操作的数据结构,主要包括 super_operations、inode_operations、dentry_operations 和 file_operations 等。这些数据结构成为 Linux 系统所支持的各种逻辑文件系统自己的操作函数。当这些数据结构被安装时,其成员初始化后指向对应的函数。

super_operations 结构主要用于描述将虚拟文件系统对超级块的操作转为逻辑文件系统处理这些操作的函数,其结构定义如下:

```
        struct super_operations {
```

```
        struct inode * (* alloc_inode)(struct super_block * sb);
                                                        //分配一个 inode
        void (* write_super)(struct super_block * , int);//将超级块写回磁盘
        void(* put_super)(struct super_block * );//释放超级块所占用的内存
        void(* read_inode)(struct inode * );//从磁盘上读取某个文件的 inode
        void(* write_inode)(struct inode * , int);
                                                //将某个文件的 inode 写回磁盘
        void(* dirty_inode)(struct inode * );//将 inode 标记为"修改"
        void(* put_inode)(struct inode * );//逻辑上释放 inode
        void(* delete_inode)(struct inode * );//物理上释放 inode
        void(* clear_inode)(struct inode * ); //清除 inode 中的信息
        void(* statfs)(struct super_block, struct statfs, int size);
                                                //获取文件系统的统计信息
        void(* remount_fs)(struct super_block,int flags,int options);
                                                //更改文件系统所赋予的参数
        ⋮
    };
```

inode_operations 结构用于将虚拟文件系统对索引节点的操作转化为逻辑文件系统处理相应操作的函数,其结构定义如下:

```
    struct inode_operations {
      int(* create)(struct inode* ,struct dentry* ,int,struct nameidata* );
                                                //为新文件创建一个 inode
      struct dentry * (* lookup)(struct inode * ,struct dentry * );
                                                //检索一个 inode 所在的目录
      int (* link)(struct dentry * ,struct inode * ,struct dentry * );
                                                //创建一个新的硬连接
      int (* unlink)(struct inode * , struct dentry * ); //删除一个硬连接
      int (* symlink)(struct inode * , struct dentry * ,const char * );
                                                //为符号链创建一个新 inode
      int (* mkdir)(struct inode * , struct dentry * ,int);
                                                //为目录项创建一个新 inode
      int (* rmdir)(struct inode * , struct dentry * ); //删除目录项的一个 inode
      void (* readlink)(struct dentry * , struct buffer * ,int buflen);
                                                //读取符号链的内容
        ⋮
    };
```

dentry_operations 结构用于将虚拟文件系统对目录项的操作转化为逻辑文件系统处理相应操作的函数,其结构定义如下:

```
    struct dentry_operations {
      int(* d_revalidate)(struct dentry * ,struct nameidata * );
                                                //判断目录是否有效
```

```
      int(* d_hash)(struct dentry * ,struct qstr * ); //生成一个 Hash 值
      int(* d_compare)(struct dentry * ,struct qstr * ,struct qstr * );
                                              //比较两个文件名
      int(* d_delete)(struct dentry * ); //删除 d_count 域为 0 的目录项对象
      int(* d_release)(struct dentry * ); //释放一个目录项对象
      int(* d_iput)(struct dentry * ,struct inode * ); //丢弃目录项对应的 inode
      ⋮
   };
```

　　file_operations 结构用于将虚拟文件系统对文件的操作转化为逻辑文件系统处理相应操作的函数,其结构定义如下:

```
   struct file_operations {
      loff_t(* llseek)(struct file * ,loff_t,int); //定位文件并修改其指针
      ssize_t(* read)(struct file * ,char _user * ,size_t,loff_t * );
                                              //从文件中读取若干字节
      ssize_t(* aio_read)(struct kiocb * ,char _user * ,size_t,loff_t * );
                                       //以异步方式从文件的偏移处读取若干字节
      ssize_t(* write)(struct file * ,const char _user * ,size_t,loff_t * );
                                       //向文件指定偏移处写入若干字节
      ssize_t(* aio_write)(struct kiocb * ,const char _user * ,size_t,loff_t * );
                                       //以异步方式向文件的偏移处写入若干字节
      int(* mmap)(struct file * ,struct vm_area_struct * ); //文件到内存的映射
      int(* open)(struct inode * ,struct file * ); //打开文件
      int(* ioctl)(struct inode * ,struct file * ,unsigned int, unsigned long);
                                              //向硬件设备发送命令
      int(* flush)(struct file * ,fl_owner_t id);
                                  //关闭文件时刷新文件,减少对 f_count 计数
      int(* release)(struct inode * ,struct file * );
                                  //释放文件对象,f_count 置为 0
      int(* fsnc)(struct file * ,struct dentry * ,int datasysnc);
                                  //将文件在缓冲的数据写回磁盘
      int(* lock(struct file * ,struct cmd, int file_lock); //对文件上锁
      ⋮
   };
```

3. 主要数据结构之间的关系

　　在 Linux 系统中,一个进程由两个数据结构描述其与文件的相关信息。进程的位置信息由 fs_struct 结构描述,它包含了两个指向虚拟文件系统的 dentry 指针:根目录节点 root 和当前目录节点 pwd。进程所打开的文件信息由 file_struct 结构描述,每个进程同时打开文件数最多为 OPEN_MAX(默认值 256),用 fd[0]~fd[255]所表示的指针指向对应的 file 结构。一个进程与文件相关的数据结构之间的关系如图 11.16 所示。

4. 文件系统的安装与卸载

　　在 Linux 系统中,用户进程必须通过一个初始化例程调用内核函数 register_

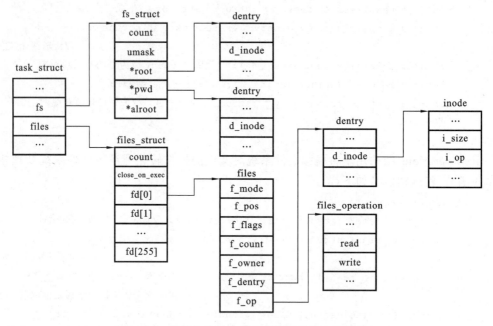

图 11.16   虚拟文件系统的主要数据结构之间的关系

filesystem()在虚拟文件系统注册后才能安装该文件系统,然后才可使用。一般在安装 Linux 系统时,根文件系统自动在硬盘上的一个分区中安装了 EXT2 或 EXT3 文件系统。如果超级用户想再安装别的文件系统,则需要指定文件系统类型、所在的物理设备名和已有的安装点三种信息,最后用 mount 命令进行安装。

1) 文件系统安装

第一步,内核检查安装参数的合法性。

第二步,虚拟文件系统通过检索 file_systems 指向的注册表,查找匹配的 file_system_type。若找到匹配项,则读取文件系统超级块函数的地址,并查找该文件系统安装点的虚拟文件系统的索引节点。

第三步,虚拟文件系统安装程序分配一个虚拟文件系统超级块并传递安装信息给这个被装载的文件系统的超级块读取程序。

第四步,虚拟文件系统申请一个 vfsmount 结构并指向所分配的虚拟文件系统超级块,该结构包含了文件系统所在的块设备标识、安装点和指向虚拟文件系统超级块的指针。一个文件系统安装后,它的根索引节点常驻 inode 高速缓存。

2) 文件系统卸载

第一步,检查文件系统能否被卸载。若文件系统正在使用,则不能卸载。若文件系统中的文件或目录正在使用,则虚拟文件系统索引节点高速缓存中可能包含相应的虚拟文件系统索引节点。

第二步,根据文件所在设备的标识符,检查缓存中是否有来自该文件系统的虚拟文件系统索引节点。若存在这样的索引节点且计数大于 0,则说明该文件系统正在使用,不能卸载。否则,查看对应的虚拟文件系统超级块标志,若修改过,则需将超级块写回磁盘。

第三步,完成上述过程后,释放对应的虚拟文件系统超级块,将 vfsmount 结构从 vfs-mntlist 链表中删除。超级用户一般使用 umount 卸载一个文件系统。

11.7.3　文件系统的系统调用

在 Linux 系统中,设计了一组用于实现各种系统功能的子程序给用户程序使用。这组子程序是系统内核提供给用户的接口,是由各种类型的系统调用所组成的,是用 C 语言和汇编语言共同编写的。用户程序只能通过系统调用才能访问 Linux 系统所提供的各种服务。

每个系统调用是由一张系统调用表和一个系统调用入口完成的。当用户进程需要使用系统调用时,首先会在系统调用位置即系统调用入口进行跳转,检索系统调用号并向内核进程请求某项服务;然后,内核检索系统调用表,找到系统调用函数的地址并执行该函数,完成后再返回。系统调用号一旦确定就不能再进行更改,否则将导致编译好的程序无法正常执行。

1. creat( )系统调用

在 Linux 系统中,creat()系统调用实现指定的路径下,用确定的文件名和操作模式创建一个文件,是通过系统调用 sys_creat()实现的。用系统调用 sys_creat()实现文件创建的过程如下:首先,调用内核函数 get_unused_fd(),从进程的可用文件描述符中找到一个尚未被使用的文件描述符;然后,调用内核函数 flip_open()打开一个创建的文件并返回该文件描述符;最后,调用内核函数 fd_install()将新创建文件的文件描述符复制到进程的打开文件表中即可完成文件的创建。

2. chmod( )系统调用

系统调用 chmod()用于对文件属性和权限进行相关的操作,具体由系统调用 sys_chmod()来实现。系统调用 sys_chmod()就是通过对文件索引节点的属性字段 i_mode 和权限检测函数 inode_change_ok()进行操作从而实现对文件属性和权限改变的。

3. read( )系统调用

read()系统调用实现从文件当前位置中读取若干数据并送到用户进程相应的内存区。具体实现过程如下:首先,根据打开文件所获得的文件描述符查找相应的文件控制块,确定操作的合法性,初始化工作单元;然后,将文件的逻辑块号转换为物理块号并向系统申请缓冲区;最后,启动 I/O 操作,将盘块中的信息读入缓冲区,再送到用户进程指定的内存区并修改读指针。

4. write( )系统调用

write()系统调用实现从文件当前位置开始向文件写若干数据。若当前位置不是文件尾,向文件写数据时,从当前位置开始的现有数据将被覆盖且不能恢复。否则,直接将数据添加在文件的尾部,但要修改其文件长度。具体实现过程如下:首先,根据文件描述符检索文件控制块,确定操作的合法性,初始化工作单元;然后,从当前写指针获取逻辑块号并申请空闲物理盘块和缓冲区;最后,将指定要写入的信息从用户进程内存区中写入缓冲区,再启动 I/O 操作将缓冲区中的信息写到指定的盘块上并修改写指针。重复以上过程,直到所有的数据写完。

11.8　系统安全

在设计 Linux 操作系统时,为了保障同一台计算机上的不同用户之间相互不被干扰,系统设计的安全性尤为重要。Linux 系统通过系统调用、中断、异常和特殊进程等四种方式为系统提供了安全功能。针对每种方式和用户进程行为,系统采用不同的处理方式,从而保证了系统的安全性。

11.8.1　认证

Linux 系统的各种资源都由超级用户 root 管理。它控制系统中的用户账号、文件和目录、网络资源、硬件资源等,为各种资源的变更提供权限操作,例如,为用户通过标识符和密码、允许哪些用户可以访问哪些资源。

Linux 系统中的每个用户,需要用自己的标识符和密码才能进入。因此,系统为每个用户提供保密功能,由超级用户 root 进行管理和控制。当用户需要登录系统时,提示用户输入标识符和密码进行认证,以判断其身份,每个用户在系统中都有唯一的标识号。一般用户标识号信息放在系统文件/etc/passwd 中,包括用户的登录名、经过加密的密码、用户号、用户组号、用户注释、用户主目录及用户所有的 shell 程序等。用户和同组用户的访问权限由用户标识符和用户组号唯一标识,超级用户的标识符为 0。

用户密码采用改进的数据加密标准算法进行加密并将其存在/etc/passwd 或 NIS(SUN 公司的网络信息系统)文件中。当用户登录时,会将输入的密码与其进行比对,以判断用户的合法性。

通过认证机制,可以保证进入系统的用户的合法性,避免了非法用户进入系统,从而保证了系统的安全性。

11.8.2　访问控制

Linux 系统中为了防止系统资源非法访问,通过访问控制技术对用户的操作权限进行限制。通过对用户访问权限的设置,可以限制用户只能访问允许访问的资源。Linux 系统的访问控制机制是通过其文件系统来实现的,即存取权限和变更权限。

通过系统命令 ls 可以实现用户对文件或目录进行操作的存取权限。存取权限分为 3 组,共有 9 位,指出了不同类型的用户对文件或目录进行操作的权限。用户分为文件所有者 owner、同组用户 group 和其他用户 other。权限分为允许读 r、允许写 w 和允许执行 x,权限可以组合,同组用户的权限也可以组合。

系统通过命令 chmod 对用户的存取权限进行变更。系统命令 chown 和 chgrp 分别用于变更文件的属主和文件所属组。

Linux 系统也提供了审计机制,用于对系统中发生的事件进行监控,保证系统正常运行并对异常事件进行报警提示。审计结果放在系统日志文件中,这些日志文件主要包括记录每个用户使用过的命令的日志 acct 和 pacct、记录用户最后一次成功登录或失败的时间日志 lastlog、记录不良登录尝试的日志 loginglog、记录当前登录的每个用户日志 utmp、记录每次用户登录和注销的历史消息日志 wtmp 及记录 ftp 存取情况的日志 xferlog 等。

Linux 系统同时提供了网络访问控制,使系统能有选择性地允许用户和主机与其他主机进行连接、访问等操作。连接操作的配置信息存放在/etc/inetd. conf、/etc/services、/etc/hosts. allow 和/etc/hosts. deny 中,inetd. conf 文件指出系统提供哪些服务,services 文件列出连接的端口号、协议和对应的名称,/etc/hosts. allow 和/etc/hosts. deny 分别列出了哪些 IP 地址允许登录和不允许登录。网络访问操作是通过 telnet、ftp、rlogin、route 等网络操作命令来实现的,通过 help 联机帮助命令可以查看这些命令的详细功能。

小　　结

Linux 系统是 1991 年 10 月,由芬兰一位名叫林纳斯·本纳第克特·托瓦兹的学生最先开发并免费发布到 Internet 上的一个类 UNIX 操作系统。随着 Internet 和个人计算机的快速发展,它吸引了世界各地的 Linux 爱好者对其进行修改和完善,Linux 得到了全世界的技术支持,功能越来越强,用户越来越多。本章从 Linux 系统的发展历史、进程管理、并发机制、进程调度、内存管理、设备和文件管理及安全性等方面对 Linux 系统做了简要介绍,让读者对 Linux 系统的基本原理有一个大概的了解。

习　题　11

1. Linux 系统的发展经历了哪几个阶段?
2. Linux 系统的设计原则是什么?
3. Linux 内核由哪几个部分组成? 各部分的功能是什么?
4. Linux 系统进程控制块包含哪些基本信息?
5. Linux 进程有哪几种状态? 请画图说明这些状态之间转换的典型原因。
6. Linux 进程调度算法主要有哪几种?
7. Linux 进程同步主要有哪几种方法?
8. 画出分配和回收物理块的流程图。
9. 虚拟文件系统的索引节点采用了什么数据结构?
10. 如何注册字符设备驱动程序?

参 考 文 献

[1] William Stallings. 操作系统——精髓与设计原理[M].7 版.陈向群,陈渝,译.北京:电子工业出版社,2013.

[2] 汤小丹,梁红兵,哲凤屏,等. 计算机操作系统[M].4 版. 西安:西安电子科技大学出版社,2014.

[3] 庞丽萍,阳富民. 计算机操作系统[M].2 版. 北京:人民邮电出版社,2014.

[4] 王志刚,胡玉平,张如健,等. 计算机操作系统[M].武汉:武汉大学出版社,2005.

[5] 辛庆祥.操作系统实现之路[M].北京:机械工业出版社,2013.

[6] 潘爱民.Windows 内核原理与实现[M].北京:电子工业出版社,2013.

[7] Dave Smith,Jeff Friesen. Android Recipes:A Problem-Solution Approach[M]. 3rd ed. Apress,2014.

[8] 韩超. Android 核心原理与系统级应用高效开发[M].北京:电子工业出版社,2014.

[9] 林学森. 深入理解 Android 内核设计思想[M].北京:人民邮电出版社,2014.

[10] Bill Phillips,Brian Hardy. Android 编程权威指南[M].王明发,译. 北京:人民邮电出版社,2014.

[11] 王向辉,张国印,赖明珠.Android 应用程序开发[M].2 版.北京:清华大学出版社,2012.

[12] 邓凡平. 深入理解 Android(卷Ⅰ/卷Ⅱ)[M].北京:机械工业出版社,2012.

[13] 张勇,夏家莉,陈滨,等. Google Android 开发技术[M]. 西安:西安电子科技大学出版社,2011.

[14] Daniel P. Bovet,Marco Cesati. 深入理解 Linux 内核[M].3 版.陈莉君,张琼声,张宏伟,译.北京:中国电力出版社,2008.

[15] Robert Love. Linux 内核设计与实现[M].3 版.陈莉君,康华,译.北京:机械工业出版社,2011.

[16] 刘忆智. Linux 从入门到精通[M].北京:清华大学出版社,2010.

[17] Mike Gancarz. Linux/Unix 设计思想[M].漆犇,译.北京:人民邮电出版社,2012.

[18] 赵炯.Linux 内核完全注释[M].北京:机械工业出版社,2004.

[19] Jonathan Levin. 最强 Android 书:架构大剖析[M].崔孝晨等,译. 北京:电子工业出版社,2018.

［20］ Nikolay Elenkov. Android 安全架构深究［M］. 刘惠明,刘跃,译. 北京:电子工业出版社,2016.

［21］ 欧阳燊. Android Studio 开发实战:从零基础到 App 上线［M］.2 版. 北京:清华大学出版社,2018.

［22］ 罗升阳. Android 系统源代码情景分析［M］.3 版. 北京:电子工业出版社,2017.

［23］ 安辉. Android App 开发从入门到精通［M］. 北京:清华大学出版社,2018.